T0222135

Le Stelle
Collana a cura di Corrado Lamberti

Capire l'Universo

L'appassionante avventura della cosmologia

Corrado Lamberti

 Springer

ISBN 978-88-470-1967-6   e-ISBN 978-88-470-1968-3
DOI 10.1007/978-88-470-1968-3

© Springer-Verlag Italia 2011

Questo libro è stampato su carta FSC amica delle foreste. Il logo FSC identifica prodotti che contengono carta proveniente da foreste gestite secondo i rigorosi standard ambientali, economici e sociali definiti dal Forest Stewardship Council

Foto nel logo: rotazione della volta celeste; l'autore è il romano Danilo Pivato, astrofotografo italiano di grande tecnica ed esperienza
In copertina: la galassia M51 ripresa dal Telescopio Spaziale "Hubble" (*M. Regan et al.; HHT, NASA, ESAV*)
Layout copertina: Simona Colombo, Milano

Impaginazione: Erminio Consonni, Lenno (CO)
Stampa: GECA Industrie Grafiche, Cesano Boscone (MI)

Springer-Verlag Italia S.r.l., Via Decembrio 28, I-20137 Milano
Springer fa parte di Springer Science+Business Media (www.springer.com)

A Giusi,
che, dopo trent'anni di riviste,
desiderava un libro

Prefazione di Margherita Hack

Con questo libro Corrado Lamberti accompagna il lettore passo passo attraverso il faticoso cammino che ha portato a conoscere l'evoluzione dell'Universo da quasi 14 miliardi di anni fa fino ad oggi.

Per secoli l'uomo è stato incuriosito e affascinato dalle stelle, quei misteriosi puntini luminosi che sembravano incollati sopra una grande cupola girevole che avvolgeva la Terra. Fra queste, che mantenevano invariate le loro posizioni relative – e che perciò erano chiamate stelle fisse –, si distinguevano cinque corpi splendenti che si muovevano fra le stelle in modo complesso e perciò chiamati dai greci pianeti, che significa "stelle erranti", oltre naturalmente ai signori del giorno e della notte – il Sole e la Luna.

Fino al XVIII secolo gli astronomi hanno cercato di capire il perché di questi moti e hanno concentrato la loro attenzione su quello che rappresentava il loro Universo, il Sistema Solare. Già gli antichi avevano capito che la sfera delle stelle fisse aveva un raggio incommensurabilmente più grande di quello entro cui si muovevano i pianeti, il Sole e la Luna, e per molti secoli la sfera delle stelle fisse era rimasta un remoto scenario.

Galileo, grazie alle sue prime osservazioni col cannocchiale, aveva capito che la fascia della Via Lattea e le altre "stelle nebulose" altro non erano che "una congerie di innumerevoli stelle riunite insieme", ma il suo principale interesse, in conseguenza della sua scoperta dei quattro maggiori satelliti di Giove – i "pianeti medicei" –, fu quello di vedervi una conferma del sistema copernicano. Inoltre, le sue misure di posizione della nova di Keplero, apparsa nel 1604, che dimostravano che essa era molto più lontana della Luna e apparteneva alla sfera delle stelle fisse, insieme con la scoperta che la Luna ha pianure e montagne come la Terra, smentivano i dogmi aristotelici secondo cui i corpi celesti erano perfetti e immutabili e addirittura fatti di materia diversa da quella terrestre.

L'interesse e le osservazioni del cielo al di fuori del Sistema Solare diventano centrali solo nel XVIII secolo, soprattutto per merito di William Herschel, coadiuvato dalla sorella Caroline e poi dal figlio John. Le ricerche di William si concentrano sulla Via Lattea: quanto è estesa, che forma ha, qual è la posizione del Sole in essa.

Per dare una risposta a queste domande manca un dato essenziale: la conoscenza delle distanze stellari. Il metodo delle parallassi si rivela inapplicabile, le distanze sono troppo grandi per potere ottenere qualche risultato con gli strumenti di allora, e infatti la prima parallasse, cioè la prima misura diretta di una distanza stellare, la si ottenne solo un secolo dopo, nel 1838, ad opera di Friedrich Wilhelm Bessel. La soluzione più semplice che si offriva ad Herschel consisteva nell'assumere che tutte le stelle avessero lo stesso splendore intrinseco e quindi che quanto più erano deboli, tanto più erano lontane. Con questa semplice grossolana ipotesi Herschel riuscì a stabilire la forma della Via Lattea, un disco molto schiacciato su cui si addensa la maggior parte delle stelle: in questo disco il Sole sembrava occupare una posizione centrale, perché eseguendo conteggi di stelle lungo un qualsiasi raggio del disco, il numero di stelle per grado quadrato pareva crescere nella stessa misura al diminuire dello splendore. Per secoli si era ritenuto che la Terra fosse al centro dell'Universo, per ragioni religiose o filosofiche, e ora di nuovo si trovava che il Sistema Solare era al centro della Via Lattea.

Allo stesso risultato giunse più di un secolo dopo Jacobus Cornelius Kapteyn, utilizzando misure molto più attendibili di distanza delle stelle. Una decina d'anni dopo, fu Harlow Shapley, studiando la distribuzione degli ammassi globulari, invece di quella delle singole stelle, a ribaltare questa visione, scoprendo che il Sole occupa una posizione periferica. Ma la stessa causa che aveva tratto in errore Herschel, e poi Kapteyn, fece sovrastimare a Shapley la distanza del Sole dal centro della Via Lattea: la causa era l'ignoranza dell'esistenza delle polveri interstellari, scoperte solo nel 1930 dallo svizzero Trumpler.

Nel decennio che va dal 1920 al 1930 vengono avviate le esplorazioni che porteranno alla nascita della cosmologia osservativa. Con quello che è stato il primo grande telescopio moderno – il 2,5 metri di Monte Wilson, in California – ci si comincia a chiedere se la Via Lattea abbraccia tutto l'Universo, e se le "nebulose bianche" sono anch'esse immensi continenti stellari come la Via Lattea, oppure nubi di gas e polveri facenti parte della nostra Galassia.

Già dall'inizio del XIX secolo si aveva a disposizione la tecnologia necessaria per rispondere a domande sulla natura fisica delle stelle e delle nebulose – la spettroscopia –, ma solo il grande telescopio di Monte Wilson permetterà di ottenere spettri di oggetti così deboli come le nebulose. E gli spettri rivelano che ci sono due tipi di nebulose: quelle come la Via Lattea, formate da un enorme numero di stelle, e quelle che invece sono soltanto nubi di gas rarefatto.

Intanto, un'altra fondamentale scoperta, necessaria per stimare le distanze delle nebulose, è stata fatta da Henrietta Leavitt. Le stelle variabili di una data classe, quella delle Cefeidi, hanno l'importante proprietà che il loro splendore intrinseco è tanto maggiore quanto più lungo è il periodo di variabilità, cioè l'intervallo temporale che intercorre fra due massimi di splendore. Se in una nebulosa è presente una Cefeide, misurandone le variazioni luminose, e quindi il periodo, potremo risalire al suo splendore assoluto e, conoscendo dalle misure quello apparente, anche alla distanza.

Gli anglosassoni definiscono *serendipity* una scoperta del tutto inaspettata, quando si cerca una cosa e se ne trova un'altra. Le osservazioni degli spettri delle nebulose dovevano chiarire qual era la loro natura fisica, ma oltre a ciò si scopre che le "nebulose extragalattiche", chiamate anche "universi-isole" e infine "galassie", hanno spettri indicanti forti spostamenti verso il rosso di tutte le righe spettrali, che interpretate come effetto Doppler indicano che stanno tutte allontanandosi da noi a velocità di migliaia o anche decine di migliaia di km/s. Ma non soltanto: le velocità di allontanamento crescono proporzionalmente alla loro distanza: $V = H \cdot d$ è la famosa legge di Hubble, dove V è la velocità di allontanamento, d la distanza e H la costante di Hubble.

Queste osservazioni indicano che lo spazio in cui sono immerse le galassie si sta espandendo a una velocità tanto maggiore quanto maggiore è H. La conseguenza più immediata di queste osservazioni è che ci fu un tempo, tanto più remoto quanto più piccola è H, in cui tutto l'Universo osservabile, che si estende per miliardi di anni luce, doveva essere compresso in un punto a temperature e densità praticamente infinite. Questo istante, generalmente detto l'istante di inizio dell'Universo, è soltanto l'inizio dell'Universo osservabile. Così pure si parla comunemente del Big Bang e della fuga delle galassie, inducendo l'idea che si sia verificata una grande esplosione che avrebbe scaraventato le galassie in tutte le direzioni. È una rappresentazione sbagliata: non sono le galassie che fuggono, ma è lo spazio che si espande e ciò spiega perché ci sembra che le galassie si allontanino a velocità proporzionali alla loro distanza. Se a una certa epoca t_1 la galassia A si trova a distanza d e la galassia B alla distanza d' e al tempo t_2 la scala dell'Universo si è raddoppiata, tutte le distanze saranno raddoppiate, anche quelle delle due galassie; perciò sembrerà che la galassia A abbia velocità $d/(t_2-t_1)$ e la galassia B velocità $d'/(t_2-t_1)$, proporzionali alla distanza. Lo spostamento verso il rosso, comunemente interpretato come un effetto Doppler, indica in realtà che anche la lunghezza d'onda della radiazione, come tutte le lunghezze, viene stirata dall'espansione dello spazio.

Le prime misure della costante di Hubble davano per H un valore superiore a 500 km/s ogni 3,26 milioni di anni luce, da cui seguiva che l'età dell'Universo era di 2 miliardi di anni, un risultato assurdo perché in tal caso la Terra sarebbe molto più vecchia dell'Universo! Quel valore di H si basava su misure sbagliate delle distanze, dovute a errori nell'assunzione dello splendore assoluto delle Cefeidi. Successive correzioni nella misura delle distanze hanno portato il valore di H a 200, poi a 100, infine al valore oggi accettato di circa 70, cosicché il tempo trascorso dal Big Bang è compreso fra 13,6 e 13,7 miliardi di anni, con un'incertezza di solo 100 milioni di anni. Soltanto una trentina di anni fa si stimava che l'età dell'Universo fosse compresa fra 10 e 20 miliardi di anni.

Dall'osservazione dell'espansione dell'Universo prendono le mosse le cosmologie moderne, con due modelli contrapposti: quello dell'Universo evolutivo, originato dal Big Bang, e quello dell'Universo stazionario, in cui la densità resta costante malgrado l'espansione perché si ipotizza che l'energia di espansione si trasformi in creazione di materia, conseguenza dell'equivalenza fra massa ed energia. Nel primo caso, l'Universo ha avuto un inizio ad altissime temperature, di cui si dovrebbero oggi osservare le conseguenze, mentre nel secondo caso non c'è mai stata una fase calda. La scoperta della radiazione fossile ad opera di Penzias e Wilson, nel 1965, e poi le successive sempre più dettagliate osservazioni dallo spazio col satellite COBE, il pallone stratosferico BOOMERanG, i satelliti WMAP e per ultimo Planck, ci hanno fornito l'immagine dell'Universo bambino, all'epoca cosmica di circa 400mila anni dopo il Big Bang, e con essa la prova definitiva a favore del modello evolutivo.

Oggi siamo in grado di ricostruire quello che è avvenuto nei primi 400mila anni, quando la materia era sotto forma di plasma, con i fotoni in moto zigzagante da una particella carica all'altra, senza potersi propagare per arrivare fino a noi a mostrarci l'immagine dell'Universo primordiale. Ma dalla temperatura e densità medie dell'Universo odierno possiamo ricostruire le condizioni dell'Universo primordiale, con la formazione di protoni e neutroni in cui sono imprigionati i quark, le reazioni nucleari che sintetizzano l'idrogeno pesante, due isotopi dell'elio e una piccola frazione di litio; possiamo avere una conferma della giustezza dei nostri calcoli confrontando le abbondanze cosmiche osservate con quelle calcolate per questi elementi e infine, dalle strutture osservate dell'Universo bambino, possiamo risalire alla composizione dell'Universo: solo un misero 4-5% per la materia normale, quella di cui siamo fatti noi e tutto ciò che ci circonda, un 24-25% di materia oscura, che non sappiamo cosa sia, che non emette alcun tipo di radiazione, ma fa sentire la sua presenza nell'Universo con la forza gravitazionale che esercita, e

Prefazione

un 70-72% dell'ancor più misteriosa energia oscura, che sarebbe responsabile dell'accelerazione dell'espansione.

Un Universo che, entro l'ordine degli errori di osservazione, dovrebbe essere un Universo euclideo, piano, in cui la somma degli angoli di un triangolo è uguale a 180°, e non curvo e chiuso, come l'analogo tridimensionale della superficie di una sfera, su cui la somma degli angoli interni di un triangolo supera 180°, e nemmeno curvo e aperto come l'analogo della superficie di un iperboloide, su cui la somma degli angoli di un triangolo è minore di 180°.

Questo libro racconta la storia completa dei passi compiuti verso una sempre più completa comprensione dell'Universo, degli errori fatti, delle trappole contenute in quello che Galileo chiamava il grande libro della Natura, come l'illusione dei nostri sensi che sia la volta celeste a ruotare attorno a noi, o il Sole a ruotare attorno alla Terra, come l'invisibile presenza delle polveri interstellari, che ci faceva credere di essere al centro della Galassia; è anche una storia degli astronomi che hanno contribuito a questa grande impresa, della loro umanità.

Gli argomenti sono espressi con grande chiarezza e semplicità, anche in quelle parti più difficili e più lontane dal nostro senso comune che caratterizzano le ricerche cosmologiche odierne, nonché in quelle riguardanti i grandi interrogativi che sono la materia oscura e l'energia oscura.

È un libro che gli studenti dei licei dovrebbero leggere, non solo per acquisire la conoscenza delle idee più recenti sull'Universo, ma anche per toccare con mano come la fisica, scienza sperimentale, possa e debba essere impiegata per spiegare le osservazioni astronomiche.

Margherita Hack
febbraio 2011

Prologo

C'è una pulce annidata tra i peli del mio gatto, una pulce curiosa e megalomane, che si è messa in testa l'idea di indagare su chi, quando, come e perché edificò le maestose rovine del Machu Picchu. Tanta stolida arroganza mi fa solo sorridere.

Eppure, a ben pensarci, avrebbe più motivi lei, la fastidiosa Ctenocephalides, di sghignazzare beffarda di me e della mia arroganza. Non ho forse io, uomo, la goffa pretesa di raccontare in questo libro l'origine e l'evoluzione dell'Universo? In fondo, il Machu Picchu dista dalla pulce solo 6 miliardi di volte la lunghezza del suo corpo, mentre se io provassi ad allineare 6 miliardi di corpi come il mio, messi in fila uno dietro l'altro come i grani di un rosario – e dovrei impegnare nell'operazione tutti gli abitanti del mondo –, non giungerei neppure a Venere o a Marte, che sono i pianeti più vicini. E, pensate un po', noi uomini abbiamo la presunzione di indagare l'intero Universo!

Occorrerebbe una catena di novemila miliardi di corpi umani per spingerci fino al confine esterno dei pianeti che circondano il Sole, e ci troveremmo ancora sull'uscio di casa. Perché il Sistema Solare è sconsolatamente piccolo al cospetto non dico dell'Universo, ma anche solo della nostra Galassia. Per arrivare alla stella più vicina, dovremmo sistemare in fila la bellezza di 220mila miliardi di corpi umani e ce ne servirebbero 150 miliardi di miliardi per approdare al centro della Via Lattea.

Né, qui giunti, saremmo andati molto lontano. Abbiamo appena mosso qualche passo fuori casa; ci siamo lasciati alle spalle il nostro quartiere e ora ci troviamo nel centro della nostra città, o meglio della nostra "isola", che è l'immagine solitamente usata per indicare le galassie che popolano l'Universo: di galassie se ne contano a miliardi, distanti l'una dall'altra milioni di anni luce. Una sterminata distesa di isolotti sparsi alla rinfusa in quel vasto oceano che è il Cosmo.

Per raggiungere la galassia vicina più simile alla nostra, quella che gli astronomi chiamano M31 e che possiamo scorgere anche a occhio nudo nella costellazione d'Andromeda, dobbiamo percorrere un tragitto che è quasi cento volte più lungo di quello che ci ha portati nel centro della Via Lattea. E quando finalmente fossimo su M31 avremmo compiuto solo il primo timido passo d'avvicinamento al mondo delle galassie: per attraversare l'intero Universo osservabile dovremmo infatti affrontare un cammino ancora migliaia e migliaia di volte maggiore.

La malefica sifonattera ha dunque le sue buone ragioni per deridere gli uomini. Se il mio micio decidesse di trasferirsi in Perú, con una giornata di volo aereo e un'altra di trasferimento in quota sulle Ande attorno a Cuzco porterebbe la sua ospite a visitare i siti che tanto l'appassionano. Due giorni soltanto. Noi umani, invece, con il veicolo spaziale più veloce che abbiamo mai costruito, in due giorni saremmo in grado di percorrere non più di 3 milioni di chilometri, la distanza che la luce copre in 10 secondi. Allo stato delle cose, le nostre speranze di andare a visitare personalmente Proxima Centauri, la stella più vicina al Sole, distante solo 4 anni luce, sono praticamente nulle. Se anche potessimo moltiplicare per 100 la velocità di crociera delle nostre astronavi ci occorrerebbero 7 secoli per giungere alla meta. Non facciamoci illusioni: siamo prigionieri di uno spazio angusto, al di fuori del quale non abbiamo speranza di mettere piede. Almeno per il momento. Su Proxima Centauri, se partissimo adesso, potrebbero semmai approdare i nostri pronipoti della trentesima generazione.

A proposito di generazioni, il Machu Picchu venne edificato seimila generazioni di

Prologo

pulci fa. E le pulci c'erano già allora. L'*homo sapiens sapiens*, l'uomo moderno, è comparso circa seimila generazioni umane fa. L'Universo ha un'età centomila volte maggiore, eppure noi abbiamo la presunzione di raccontarne tutta l'evoluzione passata, risalendo fino a epoche tanto lontane che non erano stati ancora generati neppure gli elementi chimici che ci costituiscono e che sono essenziali per la nostra sopravvivenza. Insomma, anche il confronto temporale con l'insetto parassita sembrerebbe giocare a nostro sfavore.

Eppure, noi, piccole pulci cosmiche, annidate su un minuscolo pianeta, un giorno riusciremo a vincere la scommessa di raccontare per intero e nel dettaglio la storia dell'Universo sconfinato che ci ospita.

La nostra forza è l'intelligenza, quella strana e prodigiosa facoltà che solo noi abbiamo, qui sulla Terra, di incuriosirci di tutto ciò che ci circonda, di voler conoscere e capire, di entrare nei complessi meccanismi che plasmano il mondo per ricostruirne la storia passata e prevederne quella futura, con l'intenzione di intervenire attivamente nei processi naturali per piegarli ai nostri fini. L'intelligenza ci ha reso abili, pratici, efficienti, anche se l'abilità non sempre è illuminata dall'intelligenza. Molto spesso operiamo male, sollecitati da impellenze che mal governiamo, da egoismi di classe sociale, o nazionali, che non tengono nel dovuto conto l'interesse generale della specie. Ma un giorno riusciremo a darci forme politiche di controllo e di comando che supereranno gli orizzonti spaziali e temporali angusti entro cui ancora oggi ragioniamo e operiamo. Solo allora potremo dire d'aver dispiegato tutto il potenziale della nostra mente. Ce la faremo? Sì, perché siamo esseri intelligenti.

Studiare l'Universo, sforzarsi di capirlo, stimola a muoversi in quella direzione. Quando ci si confronta con le smisurate dimensioni spazio-temporali della scena cosmica in cui siamo attori, da un lato si coglie la nostra piccolezza materiale, dall'altro si può pienamente apprezzare il valore grandioso di quel dono che la Natura ci ha fatto, l'intelligenza.

Per quel che ne sappiamo, non esistono altri esseri intelligenti nella Galassia. Nulla vieta che esistano, anche molto più intelligenti di noi, e personalmente sono propenso a pensare che sia così. Ma finché non ne avremo una prova certa, dobbiamo pensare che solo a noi uomini del pianeta Terra sia stata concessa questa formidabile prerogativa e allora guai a non farne tesoro, anzitutto per riflettere sull'Universo, che poi significa riflettere su noi stessi, sul nostro valore, sul senso da dare alla storia della nostra specie. Non si può essere uomini, degni di questo nome, senza essere anche un po' cosmologi.

Del resto, non c'è cultura umana che, nel passato, non abbia avvertito lo stretto legame che c'è tra l'uomo e il cielo e che, attraverso i suoi filosofi, non si sia sforzata di attribuire una dimensione cosmica al nostro essere uomini. Il cosmologo è il filosofo della natura dei giorni nostri, dell'epoca in cui il cielo può essere non solo cantato dai poeti, invocato dai sacerdoti, contemplato con stupore o scrutato con inquietudine, ma anche, finalmente, indagato con razionalità, misurato e oggettivamente compreso dalla scienza.

Ecco dunque il senso di questo libro: raccontare le conquiste della cosmologia nel modo più piano possibile, per favorire l'approccio all'argomento di quanti non abbiano specifiche conoscenze fisiche e astronomiche, acquisite attraverso studi superiori.

Divulgare la scienza è difficile. La cosmologia, poi, presenta aspetti altamente tecnici che mettono a dura prova le qualità del divulgatore. Mi sforzerò di rendere i concetti il più possibile intuitivi, affinché il lettore possa coglierne almeno il senso generale, se non anche il loro significato fisico e matematico. Talvolta ricorrerò a esemplificazioni che al purista del linguaggio scientifico faranno storcere il naso, ma non esagererò in questo esercizio, ricercando il giusto equilibrio fra rigore e divulgazione, e comunque evitando che la semplificazione scivoli nella banalizzazione. Quando si renderà indispensabile, introdurrò anche qualche equazione e box d'approfondimento che però non richiedano conoscenze matematiche superiori a quelle di uno studente di liceo: questo perché il linguaggio della matematica ha una concretezza, oltre che un'elegante compattezza, che la lingua parlata non può neppure sognarsi di avvicinare.

Se, chiudendo l'ultima pagina, il lettore sarà un poco più conscio della propria dimensione cosmica, se gli capiterà di riflettere come non aveva mai fatto prima sulla storia degli uomini, inquadrandola nel contesto della storia dell'Universo, se gli si saranno spalancati davanti nuovi sconfinati orizzonti da esplorare, allora lo scopo del libro sarà stato raggiunto.

Se poi anche uno solo dei miei giovani lettori, stimolato da queste pagine, deciderà di intraprendere gli studi di fisica e la carriera del ricercatore astrofisico, allora la gratificazione per l'autore sarà massima. Ci sarà un cervello in più ad alimentare l'intelligenza collettiva della specie e tutti noi gli saremo grati per quanto egli contribuirà ad aprirci la mente, elevandoci dalla misera condizione di povere piccole pulci che non sanno guardare al di là di quattro peli di gatto.

Corrado Lamberti
cor.lamberti@virgilio.it
febbraio 2011

Sommario

Sommario

Sommario

1 I precursori

Ammaliato dall'armonia

Nel suo realizzarsi, la Storia, con la S maiuscola, spesso si snoda attraverso percorsi insoliti e contorti.

Attorno alla metà del XVIII secolo, l'attenzione degli astronomi era ancora tutta indirizzata sulla dinamica degli oggetti del Sistema Solare. La legge di gravitazione universale di Isaac Newton era relativamente fresca d'enunciazione (1687) e stava dimostrando la sua straordinaria efficacia nello spiegare la forma delle orbite e i moti periodici dei pianeti. L'attività prevalente nei grandi Osservatori statali che Francia e Inghilterra avevano fondato negli ultimi decenni del XVII secolo era la sistematica perlustrazione telescopica dei dintorni dei pianeti conosciuti, alla ricerca di eventuali satelliti, oltre che la caccia a nuove comete; attività che si rivelavano produttive e che venivano incoraggiate dal continuo miglioramento degli strumenti d'osservazione. Per gli astronomi del tempo, la dinastia dei Cassini a Parigi e gli Astronomi Reali inglesi Edmond Halley, James Bradley, Nevil Maskelyne, la realtà del Cosmo si esauriva, di fatto, entro i confini del Sistema Solare.

Più in là, a distanze che si intuiva fossero abissali, ma che ancora non si sapeva misurare, v'era il cielo delle stelle fisse, quel fondale punteggiato da astri di diversa brillantezza e colore che nessuno aveva ancora avuto l'ardire di indagare seriamente, limitandosi a sfruttarlo come sistema a cui riferire le misure di posizione di pianeti e comete. Le stelle rappresentavano niente più che una distesa di immobili puntini disegnati sul lenzuolo nero del cielo che parevano essere messi lì apposta perché gli astronomi potessero rendersi conto degli spostamenti dei corpi celesti mobili, gli "astri erranti" degli antichi, e misurarli accuratamente.

Assorbiti com'erano dagli eventi che si svolgevano sul proscenio, gli astronomi professionali non si davano cura del fondale. Fu un astrofilo a restarne dapprima incuriosito, poi affascinato, fino al punto di dedicarvi per intero la propria vita.

Quando, nel 1757, a 19 anni, il giovane Friedrich Wilhelm Herschel abbandonò la natia Germania per l'Inghilterra, a seguito della Guerra dei Sette Anni e dell'invasione della sua Hannover da parte delle truppe francesi di Luigi XV, tutto avrebbe potuto immaginare per il suo futuro, fuorché che fosse destinato a diventare il più celebrato osservatore del cielo del suo tempo, il più rinomato costruttore di telescopi, lo scopritore di Urano, l'iniziatore delle indagini cosmologiche moderne.

La Storia, dicevamo, spesso si snoda attraverso vie bizantine. Come giunse Herschel all'astronomia? Nato in una famiglia in cui il padre, bandista della Guarnigione militare, decise di educare alla musica tutti i figli maschi (erano in quattro), il giovane non frequentò scuole pubbliche, come del resto i fratelli e le due sorelle. Il reddito familiare era quel che era e non sarebbe bastato per dare un'istruzione scolastica a tutti. Il padre Isaac non poté far altro che affidare la formazione culturale dei figli al maestro della modesta

Capire l'Universo

Ritratto di William Herschel (1738-1822) più che settantenne.

scuola della Guarnigione, incaricato, in particolare, di insegnare loro il francese. Costui, tuttavia, era uomo di una certa cultura, con predilezioni per la filosofia e la scienza, e, avendo potuto apprezzare l'intelligenza vivace del piccolo Wilhelm, non disdegnò di affiancare all'insegnamento della lingua quello di altre discipline, come la logica e la metafisica. Molti anni dopo, Herschel pagò un tributo di riconoscenza al suo vecchio maestro, benedicendo la buona sorte che gliel'aveva fatto incontrare: "A questa fortunata circostanza indubbiamente io devo se, benché amassi tantissimo la musica, e facessi considerevoli progressi in quel campo, decisi che d'allora in poi mi sarei dedicato con entusiasmo, in ogni momento libero da impegni lavorativi, al perseguimento del Sapere, che riguardai come un Bene superiore, fonte di felicità, al quale risolsi di affidare tutte le mie scelte di vita" (in *Lettera al Dr. Hutton*, 1782).

Lasciata Hannover e la banda del reggimento della Guardia, in cui suonava l'oboe, giunto in Inghilterra, anglicizzato il nome in Frederick William, il giovane campava come strumentista e impartendo lezioni private di musica. Nella città termale di Bath che l'aveva accolto divenne ben presto organista della Octagon Chapel. L'armonia musicale lo ammaliava e, per puro caso, si trovò un giorno fra le mani un libro di Robert Smith, docente all'Università di Cambridge, che affrontava il tema della teoria dell'armonia sotto il profilo matematico. Se lo bevve in un sorso, apprezzando le notevoli capacità divulgative dell'autore, del quale si precipitò ad acquistare anche le opere precedentemente date alle stampe.

Tra queste, v'era un volumetto in cui Smith, che era astronomo, oltre che fisico e matematico, sviluppava la neonata teoria dell'ottica geometrica; in quelle pagine, William trovò non solo formule e grafici, peraltro utilissimi, ma anche capitoli nei quali venivano illustrati i procedimenti manuali per la lavorazione di lenti e specchi, e infine una sezione nella quale l'autore descriveva gli oggetti celesti che un buon telescopio avrebbe potuto mostrare. Fu dopo la lettura di questo *A Complete System of Optiks* che in Herschel si sviluppò la febbre dell'astronomia, che dapprima si affiancò all'entusiasmo da sempre manifestato per la musica, poi lo sopravanzò nettamente, a mano a mano che il Nostro raccoglieva consensi e risultati sempre più gratificanti.

Fu dunque un incontro del tutto casuale quello di William Herschel con l'astronomia: un incontro che si rivelerà particolarmente fortunato per la storia della scienza, essendo destinato ad aprire un capitolo nuovo nello studio del cielo. L'entusiasmo di un giovane neofita riuscirà infatti a spalancare nuove visioni e a indicare nuovi orizzonti anche all'astronomia professionale, inaugurando l'indagine sulla nostra Galassia e sull'Universo, su ciò che Herschel chiamava "la struttura dei cieli".

Caroline

Herschel cominciò a costruire lenti per telescopi, mettendo a frutto la teoria appresa sul libro di Smith. Le sue prime realizzazioni furono strumenti a lente (telescopi rifrattori), che però egli giudicò troppo costosi e soprattutto poco maneggevoli, a causa dell'eccessiva estensione del tubo che le lunghe focali imponevano. Perciò, li abbandonò quasi subito, preferendo loro i riflettori, strumenti a specchio.

Gli specchi non erano ricavati da vetro, ma da una speciale lega di bronzo (lo *speculum*) che aveva il pregio d'essere relativamente facile da lavorare; il difetto era la scarsa riflettività (non era stata ancora introdotta la tecnica dell'argentatura della superficie riflettente). Poiché uno specchio secondario deviatore, anche questo fatto in *speculum*, introducendo una seconda riflessione avrebbe ancor più ridotto la luce trasmessa all'occhio dell'osservatore, Herschel decise a un certo punto di abbandonare lo schema del classico telescopio newtoniano, che prevedeva appunto lo specchietto piano secondario, a favore di un disegno ottico in cui lo specchio primario parabolico, con l'asse leggermente disallineato da quello ottico, andava a formare l'immagine alla sommità del tubo e lateralmente ad esso, dove l'oculare poteva raccoglierla direttamente, senza ulteriori riflessioni.

L'osservatore – Herschel stesso: mai si sarebbe privato di quel piacere – doveva quindi appollaiarsi su una piattaforma rialzata, oppure arrampicarsi su una scala, per poter apprezzare la visione telescopica; là sopra, sarebbe stato poco agevole portarsi appresso il taccuino su cui annotare ciò che l'oculare via via mostrava. Oltretutto, sarebbe occorso un lume per scrivere, il che avrebbe vanificato l'adattamento dell'occhio all'oscurità, che veniva conseguito abituandolo alle condizioni di buio totale per almeno una mezz'oretta prima di intraprendere le osservazioni, il tempo necessario alla pupilla per dilatarsi al massimo e predisporsi a raccogliere anche i particolari più evanescenti degli oggetti celesti. Occorreva dunque un assistente che, dentro casa, in una stanza illuminata, trascrivesse ordinatamente le descrizioni dettate a voce dall'osservatore, insieme con le stime di luminosità e le misure di posizione. L'assistente era la sorella Caroline, con la quale William aveva tanto insistito affinché lo raggiungesse in Inghilterra.

Caroline era di dodici anni più giovane e, fra tutti i fratelli, era quella a cui William era più affezionato. Ad Hannover non aveva ricevuto alcuna educazione. La madre, di vedute ristrette, le insegnò a cucinare e a riassettare la casa, ma niente più. La tenne alla larga persino dalla scuola della Guarnigione, per tema che, appreso il francese, la giovane nutrisse qualche ambizione di autonomia economica proponendosi come governante nelle case patrizie della città. Ancora da adulta, quando ormai era da tutti considerata se non proprio una donna di scienza, almeno una provetta astronoma osservatrice, per eseguire semplici calcoli matematici Caroline doveva consultare in continuazione le tabelline.

Invitandola a Bath, William, che restò scapolo fino a età avanzata, pensava di ricevere dalla sorella un aiuto nella cura della casa. Caroline accolse l'invito nell'estate del 1772 e, sulle prime, se non se ne pentì, poco ci mancò. Lei avrebbe voluto ricevere lezioni di canto dal fratello, per poterlo affiancare nei concerti, ma questi era troppo preso dagli impegni lavorativi per impartirgliene. Come se non bastasse, nella primavera successiva, William, folgorato dall'astronomia, trasformò l'intera abitazione in un'officina ottica e meccanica. C'erano utensili dappertutto: il reparto meccanico per la costruzione delle montature era in cantina; il reparto ottico occupava tutte le stanze della casa, compresa parte della cucina. Mentre William lucidava i suoi specchi, e l'operazione poteva durare settimane, per dodici o più ore al giorno, lei gli teneva compagnia leggendogli qualche libro e talvolta, come ebbe poi a ricordare, persino imboccandolo, quando la particolare fase della politura dello specchio imponeva al fratello di proseguire ad oltranza, reprimendo persino i più elementari bisogni fisiologici.

A William aveva preso la smania dello strumento sempre più grande, sempre più perfetto. Dai 10-15 cm di diametro dei primi telescopi, passò ben presto a uno strumento di 30 cm e 6 m di focale, che però si rivelò difficile da manovrare, per cui i mesi successivi vennero dedicati allo studio e alla realizzazione di una montatura che consentisse di puntarlo agevolmente verso la regione di cielo desiderata e di inseguirla per qualche tempo, compensando la rotazione diurna della volta celeste, senza che l'osservatore dovesse distogliere lo sguardo dall'oculare.

Raggiunta una soluzione soddisfacente, la applicò alla montatura della sua successiva realizzazione, uno strumento del diametro di 46 cm, sempre con focale di 6 m, completato nel 1783, di cui Herschel fu particolarmente soddisfatto, sia per la qualità ottica (aveva introdotto la sua variante allo schema di Newton), sia per la montatura e per il disegno della piattaforma osservativa, che garantivano una certa comodità d'osservazione.

Ancora non sazio, si avventurò infine nella costruzione di un telescopio di 1,2 m di diametro e 12 m di focale, il più grosso strumento del suo tempo, che ebbe una vita tribolata e che operò solo fin verso il 1811, quando lo specchio si deteriorò, sconsigliando il prosieguo dell'attività scientifica.

Il telescopio maggiormente utilizzato dai fratelli Herschel per le loro rassegne celesti fu il riflettore di 46 cm e 6 m di focale. Da notare l'impalcatura destinata a ospitare l'osservatore. William da lì dettava misure e descrizioni; dentro casa, Caroline annotava tutto con cura maniacale.

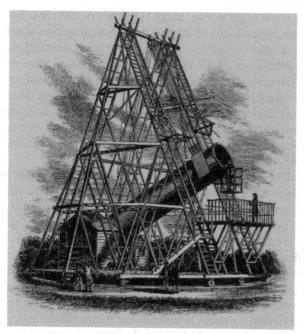

Il telescopio di 1,2 m di diametro e 12 m di focale, il più grosso strumento del suo tempo, era difficile da manovrare. Venne utilizzato solo in rare occasioni e dismesso dopo il 1811.

Ormai Herschel s'era conquistata la fama di abile ottico e costruttore di strumenti, tanto che privati e istituzioni gli commissionavano specchi e telescopi. Si valuta che ne abbia realizzati ben più di cento e la loro vendita costituiva un introito importante per il bilancio familiare, visto che gli impegni lavorativi in campo musicale si andavano progressivamente riducendo di pari passo con il crescere del suo fervore per le osservazioni astronomiche.

La struttura dei cieli

William Herschel non era particolarmente attratto da satelliti, comete e pianeti, ossia dai corpi del Sistema Solare. Benché debba la sua fama soprattutto alla scoperta di Urano (13 marzo 1781), il primo pianeta del Sole ad essere scoperto in tempi storici, e pur avendo rivelato per primo l'esistenza di un paio di satelliti di questo pianeta (Oberon e Titania, 1787, col 46 cm) e di un altro paio di Saturno (Mimas ed Enceladus, 1789, col telescopio di 1,2 m), ad affascinarlo veramente era la congerie di puntini luminosi incastonati sul fondale scuro del cielo. E si prefisse di osservarli, contarli, catalogarli. Come scrisse nel 1811: "L'obiettivo ultimo e vero di tutte le mie osservazioni è sempre stato la conoscenza della struttura dei cieli". L'Universo era il suo interesse, non il Sistema Solare. La cosmologia, non la meccanica celeste.

Avrebbe voluto perlustrare sistematicamente ogni angolo della volta celeste, ma si rese subito conto che sarebbe stata un'impresa troppo impegnativa puntare le varie regioni ed inseguirvi le sorgenti. Così, adottò la strategia di mantenere fisso il telescopio per tutta la notte, puntandolo a un'altezza che la notte successiva sarebbe stata di un poco diversa, e di descrivere ad alta voce tutto ciò che la rotazione della volta celeste via via gli portava dentro l'oculare. Caroline, dentro casa, piegata su un tavolo con la penna in mano e con un occhio all'orologio a pendolo, prendeva nota di tutto: senza il suo contributo, William non avrebbe potuto portare a termine le sue rassegne celesti, che in totale furono quattro, realizzate con strumenti sempre più potenti. Ogni notte veniva esplorata una sottile striscia di cielo; in seguito, accostando con pazienza le varie strisce, era possibile ricomporre una mappa completa di tutto il cielo osservabile dall'emisfero settentrionale, nonché catalogare gli oggetti in esso presenti.

Herschel voleva anzitutto comprendere come si distribuissero le stelle nell'Universo. Sulla volta celeste, anche chi osservi a occhio nudo si rende subito conto che la distribuzione non è per nulla omogenea: le stelle si addensano fortemente in quella striscia lattiginosa che attraversa tutto il cielo lungo un cerchio massimo e che gli antichi greci chiamarono Via Lattea. Ma a che distanza stanno le stelle da noi? C'è un metodo che renda possibile ricostruire la vera distribuzione spaziale (tridimensionale) delle stelle a partire dalla loro disposizione (bidimensionale) sulla volta celeste? Fin dove si estende l'Universo stellare? E il Sole sta nei pressi del centro del tutto, o piuttosto in posizione decentrata e periferica? Erano questi gli interrogativi che Herschel si poneva. Le sue rassegne celesti miravano a stabilire le dimensioni e il contorno del mondo siderale. Ma per farlo bisognava essere in grado di rilevare la distanza delle stelle.

La parallasse stellare

La misura delle distanze stellari era il problema che aveva angustiato generazioni di astronomi, da Copernico in poi, e che ancora nessuno aveva risolto: tra l'altro, era uno degli argomenti più convincenti che gli oppositori del modello eliocentrico agitavano per screditare l'asserito moto orbitale della Terra intorno al Sole. Per quale motivo?

Facciamo un semplice esperimento. Stendiamo il braccio davanti a noi, chiudiamo il pugno della nostra mano con l'eccezione di un dito, che terremo dritto in verticale e che ci servirà da indice. Ora guardiamo il dito con il solo occhio destro (chiuderemo il sinistro) e conserviamo memoria del punto preciso (P_1) sul muro della nostra camera in cui il dito si proietta. Ripetiamo l'operazione con l'occhio sinistro, con il destro chiuso, e prendiamo nota del nuovo punto di proiezione (P_2). I due punti saranno diversi: se chiuderemo alternativamente gli occhi vedremo il nostro dito "saltellare" da P_1 a P_2, e viceversa, come se si spostasse rispetto alla parete di fondo. È il ben noto fenomeno della *parallasse*: un oggetto relativamente vicino, se traguardato da due posizioni differenti (la distanza tra le due è detta *base parallattica*), apparirà proiettarsi in due punti diversi della parete che ci sta di fronte che assumiamo sia parecchie volte più lontana dai nostri occhi di quanto sia il dito. Anzi, portiamoci davanti alla finestra e ripetiamo l'operazione nei confronti del lontano orizzonte, in modo da essere certi che lo sfondo sia molto lontano.

Per dare un contenuto quantitativo alla nostra esperienza, misuriamo la separazione angolare tra le due posizioni proiettate: conoscendo la distanza che c'è tra i nostri occhi, con un po' di trigonometria, dalla misura di quest'angolo potremo calcolare facilmente la distanza tra i nostri occhi e il dito. E questo lo si capisce anche in modo intuitivo, senza troppi calcoli matematici. Immaginiamo infatti di piegare un poco il braccio per avvicinare il dito agli occhi: chi non capisce che le due posizioni tra le quali il dito saltellerà sono ora più discoste? In modo analogo, l'angolo parallattico risulterà maggiore se manteniamo il braccio teso come prima ma se, per qualche misterioso motivo, i nostri occhi dovessero lasciare le loro posizioni, allargandosi fino alla distanza delle orecchie. Ovvero, se aumentasse la base parallattica. Insomma, dovrebbe essere chiaro che c'è una precisa relazione matematica tra la lunghezza della base parallattica, l'angolo di parallasse e la distanza del dito, tale per cui, conoscendo le prime due è immediato ricavare la terza.

Pensiamo ora a una stella relativamente vicina al Sole, per esempio Sirio, la più brillante del cielo, che oggi noi sappiamo distare solo 8,6 anni luce. Se chiudiamo ora un occhio, ora l'altro, forse che la vedremo "saltellare" in cielo? Certamente no: la base (la distanza tra i nostri occhi) è troppo piccola e l'angolo parallattico risulta perciò essere infinitesimale, collocandosi al di sotto di ogni possibilità di concreta misurazione. Né migliora di molto la situazione se facciamo compiere la misura a due osservatori posti in città diverse, distanti centinaia di chilometri, o addirittura agli antipodi, l'uno al Polo Nord e l'altro al Polo Sud della Terra. Ancora la base è troppo ridotta in proporzione alla distanza di Sirio, e l'angolo parallattico piccolissimo.

Se vogliamo utilizzare la base più estesa che si possa immaginare qui sulla Terra, dobbiamo sfruttare quella che ci mette a disposizione il nostro pianeta nel suo moto di rivoluzione attorno al Sole. Basta infatti compiere le misure di posizione della stella a sei mesi di distanza, quando la Terra transita per due punti dell'orbita diametralmente opposti, e avremo una base estesa quanto è larga la sua orbita.

Anche così, tuttavia, a causa dell'enorme distanza che ci separa dall'Universo siderale, l'angolo che tipicamente si misura è dell'ordine di un'esigua frazione di secondo d'arco: decimi o centesimi di secondo d'arco, un angolo piccolissimo. Per averne un'idea, si pensi che 1 secondo d'arco (1"), che rappresenta la tremilaseicentesima (1/3600) parte di 1 grado (1°), è l'angolo di separazione tra le luci di posizione di un'auto che osserviamo quand'è lontana 400 km da noi. Nel caso di Sirio, che pure è una tra le stelle più vicine al Sole, l'angolo da misurare è circa un terzo di secondo d'arco: per la precisione, 0",379.

Naturalmente, tutto ciò ha un senso se la Terra davvero orbita attorno al Sole, perché altrimenti, se fosse ferma al centro del Sistema Solare, come voleva Tolomeo, la base sarebbe nulla e non ci sarebbe alcun effetto parallattico. Poiché tutti gli sforzi fatti nel XVII secolo per misurare la parallasse annua stellare non avevano dato alcun frutto, era buon gioco per i tolemaici sostenere l'immobilità della Terra. Per i copernicani, a partire da Galileo e Keplero, la spiegazione era diversa: se la misura era impossibile per i telescopi dell'epoca, occorreva solo attendere con pazienza lo sviluppo di strumenti più potenti. In effetti, bisognò attendere non poco affinché la previsione si avverasse. La prima parallasse stellare venne infatti misurata solo due secoli dopo, nel 1838, da Friedrich W. Bessel, sulla stella 61 Cygni.

La mancata rilevazione della parallasse stellare stava segnalando agli astronomi del XVII e XVIII secolo che l'Universo è sterminato nella terza dimensione spaziale, la profondità.

La parallasse e il parsec

Una stella osservata da punti diametralmente opposti sull'orbita terrestre si proietta sulla volta celeste in due posizioni diverse. Si assume come riferimento per la misura delle posizioni un insieme di stelle (o di altre sorgenti celesti) che siano molto lontane, così da non essere soggette esse stesse ad alcun effetto di parallasse. La misura dello spostamento apparente consente di ricavare la distanza della stella da noi; anzi, questo è il metodo più sicuro (l'unico veramente affidabile) che gli astronomi abbiano a disposizione per misurare le distanze degli astri.

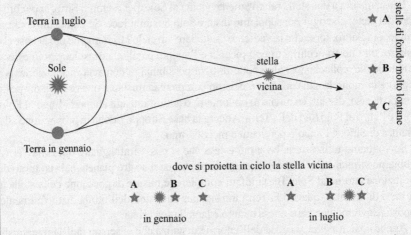

Osservata a sei mesi di distanza, per effetto della parallasse una stella relativamente vicina sembra mutare posizione rispetto alle stelle lontane.

Gli astronomi definiscono l'angolo di parallasse *p* di una stella come la metà dello spostamento parallattico (vedi figura) o, equivalentemente, come l'angolo sotteso

---

Una vecchia idea di Galileo

Dopo che anche James Bradley, terzo Astronomo Reale, attorno al 1725 aveva tentato senza successo di misurare la parallasse di una stella (per la precisione, della *gamma Draconis*), Herschel attaccò il problema riprendendo in considerazione un ingegnoso suggerimento che Galileo aveva espresso nel *Dialogo sopra i due massimi sistemi del mondo*: lo spostamento parallattico di una stella sarebbe stato assai più semplice da misurare se, invece di riferire la posizione stellare a un punto "canonico" del cielo, come il polo celeste, oppure lo zenit dell'osservatore, con tutti gli errori che ciò potrebbe comportare in sede di riduzione delle misure, la si fosse riferita a un punto angolarmente vicino alla stella in questione, discosto solo pochi primi d'arco da essa (1 primo d'arco, 1', è pari a 60") e perciò presente nello stesso campo telescopico.

dall'Unità Astronomica (la distanza media Terra-Sole, pari a circa 150 milioni di km) alla distanza della stella in esame. Definiscono inoltre come unità di misura delle distanze astronomiche il *parsec*, simbolo pc, che è la distanza di una sorgente la cui parallasse è pari esattamente a 1".

Essendo gli angoli in gioco così piccoli, v'è una relazione matematica molto semplice tra la distanza (*d*, espressa in pc) e la parallasse (*p*, in secondi d'arco) di una stella: $d = 1 / p$. La prima è l'inverso della seconda, e viceversa. Così, una stella che abbia una parallasse $p = 0",2$ (un quinto di secondo d'arco) disterà 5 parsec: $d = 1 / 0,2 = 5$ pc.

Il parsec è l'unità che normalmente gli astronomi utilizzano nella letteratura tecnica; nei testi divulgativi risulta invece più intuitivo usare l'anno luce (al), definito come la distanza che la luce, spostandosi alla velocità di 300.000 km/s, percorre in un anno. Dunque:

$$1 \text{ al} = 300.000 \times 365 \times 24 \times 3600 = 9,46 \cdot 10^{12} \text{ km}$$

La notazione esponenziale 10^{12} è un modo compatto di scrivere "mille miliardi" ($10^3 = 1000$; $10^6 = 1.000.000$ e così via, con tanti 0 dopo l'1 quanti ne indica l'esponente del 10).

Poiché un parsec equivale a 3,26 anni luce (1 pc $= 3,08 \cdot 10^{13}$ km), Sirio dista da noi 2,64 pc, come si può anche evincere dal fatto che la sua parallasse è $p = 0",379$. Infatti $d = 1 / 0,379 = 2,64$ pc.

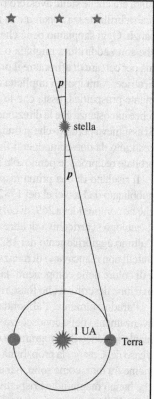

La parallasse di una stella viene definita come la metà dello spostamento parallattico, o anche come l'angolo sotteso dalla Unità Astronomica stando alla distanza della stella considerata.

L'idea era perciò quella di individuare coppie di stelle angolarmente vicine, quelle che chiamiamo *stelle doppie*, utilizzando la più debole delle due, che presumibilmente è la più lontana, come riferimento per la misura di posizione, e la più brillante, verosimilmente più vicina a noi, come la stella di cui misurare la parallasse. La prima è il lontano orizzonte e la seconda è il dito. Quello che ci si aspettava di trovare era che la stella più brillante mostrasse un effetto di parallasse rispetto alla debole vicina, ossia che le "saltellasse" attorno con cadenza periodica annua.

Sia per Galileo, sia per Herschel, la spiccata differenza di brillantezza tra le due stelle dava garanzia sul fatto che la stella di fondo non fosse soggetta a spostamento parallattico, o comunque che questo fosse trascurabile rispetto all'altro: l'ipotesi implicitamente assunta era che le stelle avessero pressoché la stessa luminosità intrinseca, di modo che la scarsa brillantezza apparente di una delle due fosse sintomo di una sua maggiore lontananza. Oggi sappiamo bene che si tratta di un'ipotesi grossolana perché esistono stelle che sono addirittura migliaia o milioni di volte intrinsecamente più luminose di altre, ma per cercare di affrontare il problema si doveva pur partire da qualche ipotesi semplificatrice. Altra ipotesi implicita era che la vicinanza in cielo delle due stelle fosse puramente prospettica, ossia che le due si trovassero angolarmente così vicine solo per la felice circostanza che la direzione d'osservazione era praticamente la stessa per entrambe. Si assumeva pertanto che si trattasse di stelle doppie visuali, e non di un *sistema binario*, costituito da due componenti fisicamente legate fra loro dalla forza di gravità, in moto orbitale reciproco, e perciò alla stessa distanza da noi.

Il risultato di una prima rassegna completa del cielo alla ricerca di stelle doppie fu pubblicato da Herschel nel 1782: coadiuvato da Caroline, aveva compilato un catalogo che ne comprendeva 269, di cui oltre l'80% erano nuove scoperte. Ma già due anni dopo il catalogo si arricchiva di altre 434 coppie e ulteriori 145 sarebbero poi comparse nell'ultimo aggiornamento del 1821, portando il totale a 848. Per ogni stella doppia, i due fratelli non mancavano di menzionare le separazioni angolari, le differenze di luminosità e di colore delle componenti, la direzione della loro congiungente, più ogni altra informazione descrittiva che fosse ritenuta degna di nota.

Paradossalmente, l'abbondante messe di scoperte, mentre costituiva un indubbio avanzamento nella conoscenza del cielo, si abbatteva come un colpo di maglio sull'impianto ipotetico del programma di Herschel e lo sgretolava. Se le stelle fossero distribuite a caso nel Cosmo, la probabilità a priori di trovarne due così brillanti e così angolarmente vicine fra loro, come sono, per esempio, le componenti di Albireo (la stella *beta* Cygni), che hanno magnitudine rispettivamente 3,1 e 4,6 e sono separate solo da una trentina di secondi d'arco, oppure quelle di Mizar, di Cor Caroli, di Castore e di molte altre ancora, sarebbe dell'ordine di 1:1000 o anche di 1:10.000. Dunque, mentre già sarebbe esigua la probabilità di scovare uno solo di tali casi, gli Herschel ne avevano scoperti quasi un migliaio!

Evidentemente, c'era qualcosa di sbagliato nell'ipotesi di partenza. La statistica stava suggerendo a Herschel che le due componenti non potevano essere vicine per un mero effetto prospettico e che invece, nella stragrande maggioranza dei casi, dovevano essere legate da un vincolo gravitazionale, ossia che costituivano un vero sistema binario. In tal caso, dovevano anche essere fisicamente vicine fra loro, quindi alla stessa distanza dalla Terra, vanificando la speranza di Herschel di mettere in evidenza la parallasse differenziale. Niente stella più brillante che "saltella" attorno all'altra: semmai, si sarebbero potuto vedere entrambe le componenti "saltellare" nella stessa misura attorno a un eventuale astro lontanissimo sullo sfondo; ma i tempi non erano ancora maturi perché l'effetto potesse essere rilevato.

Un paio di decenni dopo la pubblicazione del suo primo catalogo, quando a seguito di ripetute osservazioni seppe mettere in luce che almeno in una mezza dozzina di sistemi le componenti andavano soggette a esigue variazioni di posizione dovute al reciproco moto orbitale, Herschel aveva incontrovertibilmente dimostrato che si era di fronte a genuini sistemi binari e non a stelle doppie visuali. Nei casi in cui poté determinare il periodo orbitale, lo trovò dell'ordine dei secoli o dei millenni.

Albireo, *beta* Cygni, è una delle più spettacolari stelle doppie del cielo per il contrasto cromatico tra le due componenti, la primaria giallo-arancio (quella più in alto) e la secondaria bianca-azzurra. William e Caroline Herschel compilarono un catalogo di 848 stelle doppie, nella speranza, che si sarebbe rivelata vana, di riuscire a misurare un effetto di parallasse differenziale.

Il programma delle parallassi differenziali era fallito, ma Herschel poteva lenire la delusione con due risultati rilevanti: da un lato, aveva documentato che le stelle esibiscono luminosità intrinseche largamente differenziate e, dall'altro, che la forza gravitazionale agiva fra i corpi celesti dell'intero Universo, non solo fra quelli del Sistema Solare. Quest'ultima conclusione era particolarmente ricca di significato e di conseguenze, in quanto spingeva un passo più in là la scoperta da parte di Newton che la medesima forza di gravitazione è responsabile tanto della caduta delle mele dagli alberi, qui sulla Terra, quanto del moto orbitale della Luna attorno al nostro pianeta. Per certi versi, questo lavoro sulle stelle doppie stabiliva definitivamente la natura universale della gravità, matematicamente espressa dalla legge di Newton dell'inverso del quadrato della distanza, e legittimava gli astronomi ad applicare in ogni ambito cosmico le leggi fisiche ricavate nei laboratori terrestri.

Herschel era ben conscio non solo della portata scientifica, ma anche del valore epistemologico che si doveva attribuire a quell'apparentemente asettico catalogo di stelle doppie stilato in tanti anni di lavoro e sacrifici condivisi con la fedele sorella. Tanto che un giorno, riferendosi all'episodio biblico dell'incontro di Saul con il sacerdote Samuele, ebbe a dire che anch'egli, proprio come Saul, era uscito per ricercare il branco delle asine perdute dal padre ed era ritornato a casa con la corona di re d'Israele.

Carotaggi galattici

L'ipotesi che le stelle avessero tutte sostanzialmente la stessa luminosità intrinseca si era dunque rivelata falsa. Eppure, Herschel si trovò nella necessità di doverla assumere di nuovo quando cominciò a interrogarsi sulla forma e sulle dimensioni dell'Universo siderale. D'altra parte, nell'impossibilità di misurare la parallasse stellare, non c'era altra strada da imboccare se non quella; l'alternativa sarebbe stata arrendersi di fronte alla difficoltà dell'impresa.

E non solo. Egli assunse pure che fosse omogenea la distribuzione spaziale (nelle tre dimensioni) delle stelle. Anche questa un'ipotesi dura da accettare e abbastanza inverosimile, quando si consideri quanto appare disomogenea, già ad occhio nudo, la loro distribuzione (bidimensionale) sulla volta celeste, con un affollarsi di astri dentro quella specie di collare biancastro della Via Lattea che attraversa il cielo in tutte le stagioni come un ponte gettato da orizzonte a orizzonte, in certe parti più luminoso, in altre più debole, in certe costellazioni più largo, in altre più stretto.

Prima dell'avvento del telescopio, non era così evidente che il chiarore lattiginoso della Via Lattea fosse il risultato dell'emissione luminosa di milioni e milioni di stelle, più vicine fra loro del potere risolutivo dell'occhio umano e perciò indistinguibili come singole sorgenti puntiformi.

Gli antichi avevano esercitato tutta la loro fantasia nel tentativo di spiegare questa curiosa e spettacolare anomalia. Chi ne diede una lettura mitologica (uno schizzo del latte materno di Giunone, che ritrasse il seno dalla bocca di Ercole infante), chi religiosa (era l'Ade, la sede delle anime dei defunti); chi si sforzò di interpretarla in chiave scientifica, ritenendola uno Zodiaco dei tempi andati, un precedente percorso del Sole tra le costellazioni prima che l'asse del mondo venisse scosso da un misterioso cataclisma in epoche antiche (Enopide di Chio, V sec. a.C.), o la giuntura dei due emisferi celesti (Teofrasto, III sec. a.C.), o anche una fessura nella sfera del cielo al di là della quale si intravede una luce più vivida (i Pitagorici, e poi Macrobio, V sec. d.C.). Solo Democrito di Abdera (V sec. a.C.) ebbe l'intuizione giusta: una congerie di stelle, raggruppate così strettamente da riempire ogni interstizio e dare l'impressione di una fascia luminosa senza soluzione di continuità. Ma restò inascoltato.

Herschel attaccò il problema della forma dell'Universo siderale ipotizzando, come si diceva, che le stelle fossero distribuite in modo omogeneo nello spazio. Vuol dire che, ritagliando idealmente due cubetti di Universo, comunque collocati, ma con i lati uguali e abbastanza lunghi, e poi contando il contenuto di stelle di ciascuno, il numero che ne risulta è circa lo stesso.

Immaginiamo ora di indirizzare il telescopio verso un certo punto della volta celeste: nell'oculare compariranno tutte le stelle contenute entro un cono stretto e lunghissimo, che avrà per base l'estensione angolare del campo visivo del telescopio (15', nel caso dello strumento usato da Herschel: circa un quarto del disco lunare) e per altezza la massima distanza a cui la visione telescopica si può spingere nel Cosmo. A questo riguardo, Herschel fece una terza ipotesi, decisamente impegnativa e che egli stesso, anni dopo, ammise essere sbagliata: che il suo telescopio più potente gli consentisse di vedere tutte le stelle effettivamente presenti nel campo, ossia che non ne restasse nascosta alcuna, come potrebbe capitare se ce ne fossero di troppo deboli (e perciò lontane) per essere rivelate dal suo strumento. In altre parole, assunse che il suo telescopio, in qualunque direzione puntasse, gli avrebbe consentito di giungere fino agli estremi confini del sistema siderale.

Il programma consisteva perciò nel contare, per ogni puntamento, quante stelle comparivano dentro l'oculare: un numero elevato avrebbe significato che in quella direzione l'Universo siderale si estende più lontano, e viceversa se il numero fosse stato piccolo. Completando la rassegna su tutta la volta celeste, si sarebbe potuta ricavare una mappa del contorno del sistema stellare in cui viviamo.

Certamente, il programma non era scevro da incertezze e ambiguità. È come se, per sondare il fondo roccioso di un laghetto di montagna, ci servissimo di un'asta di una data lunghezza, da immergere perpendicolarmente in ogni punto della superficie. La profondità del lago, punto per punto, è pari alla lunghezza della parte di asta che riemerge bagnata. Ma se in qualche punto il lago fosse più profondo della nostra asta? E se spuntoni di roccia, o qualche relitto, intercettassero il puntale prima che questo potesse giungere fino al fondo vero? Fuor di metafora: se esistessero stelle più fioche della magnitudine limite dello strumento (la magnitudine della stella più debole che il telescopio può rivelare)? E se nubi di polveri o nebulosità gassose impedissero di vedere le stelle che stanno al di là di esse?

Per semplificare la ricerca e per avere una prima rozza stima della forma del sistema in cui viviamo, Herschel trascurò questi problemi. E non è da biasimare per questo. Quando si affrontano sfide scientifiche formidabili come quella che l'organista di Bath aveva intrapreso è naturale assumere qualche ipotesi che metta lo scienziato nelle condizioni di operare con gli scarsi mezzi di cui dispone e di ottenere un sia pur minimo risultato. Da questa prima rozza conclusione (che dovrà essere stimata nel giusto, per quel che è) si può star certi che scaturiranno uno o più spunti per ulteriori ricerche, che porteranno a un affinamento dei risultati. Così va la scienza, per avvicinamenti progressivi alla realtà delle cose.

Il metodo del "conteggio stellare", come Herschel lo chiamava – e che noi potremmo ribattezzare "carotaggio galattico" – venne esposto, con i primi risultati, nel 1785. I fratelli Herschel avevano effettuato 683 puntamenti su tutta la volta celeste, prendendo nota per ciascuno di essi del numero di stelle che comparivano nell'oculare. Talvolta erano pochissime, quando lo strumento puntava dalle parti della Chioma di Berenice, di Arturo o di Cor Caroli, ossia nei dintorni del polo nord galattico, in direzioni ortogonali al piano della Via Lattea; talvolta comparivano a migliaia, o anche a decine di migliaia, nei puntamenti verso costellazioni come lo Scorpione, l'Ofiuco o il Sagittario, dove c'è il centro della Via Lattea.

La conclusione di Herschel fu che evidentemente lungo tutte le direzioni che puntano la Via Lattea il sistema siderale si estendeva per una distanza ben maggiore che nelle altre, così che si rendevano visibili, per accumulazione, stelle poste a distanze via via crescenti e notevolmente grandi, mentre guardando nelle direzioni perpendicolari a queste lo sguardo incontrava, per così dire, un minor numero di "strati" sovrapposti di stelle: lungo quelle direttrici il sistema stellare era meno esteso, meno profondo, e il bordo esterno era più vicino a noi.

L'Universo siderale doveva dunque essere una struttura larga e appiattita, a forma di disco, oppure di lente, e il Sole doveva trovarsi immerso in quel disco (per questo la Via Lattea ci avvolge completamente, proiettandosi sulla volta celeste come un cerchio massimo), benché in posizione leggermente discosta dal centro. Un'intuizione in questo senso era già stata avanzata nel 1750 dall'astronomo e matematico inglese Thomas Wright, secondo il quale la Via Lattea ha la forma di una macina, di una ciambella, di un cilindro molto largo e piuttosto basso, contenente il Sole, ed era stata ripresa dal grande filosofo tedesco Immanuel Kant, ma si trattava per l'appunto solo di intuizioni o di speculazioni filosofiche, che non poggiavano su dati empirici.

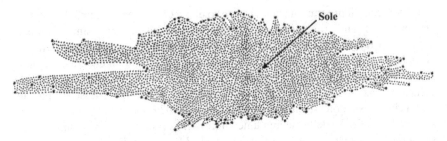

Il contorno del sistema stellare in cui viviamo secondo Herschel, ricostruito con il metodo dei "conteggi stellari". La mappa fu pubblicata nel 1785.

Quanto al contorno del disco, è ben noto lo schizzo della pianta del sistema siderale che Herschel presentò nel suo storico lavoro pubblicato nel 1785 nelle *Philosophical Transactions of the Royal Society*, la più antica e prestigiosa rivista scientifica inglese. E poco importa quanto (poco) egli si sia avvicinato al vero con quel disegno. Conta invece che esso segnò un punto di svolta decisivo nella storia dell'astronomia: da allora in poi, il sistema siderale cessò di essere un vago fondale di natura ignota e senza profondità, venendo ad acquisire una sua realtà fisica, con una forma tridimensionale e con dimensioni finite che lanciavano agli astronomi la sfida di darne una misura.

Stimare quanto misurasse il disco e il suo spessore era al di là delle possibilità di Herschel, che, non sapendo come misurare la distanza delle stelle, non poteva disporre di una scala spaziale assoluta di riferimento. Di una scala relativa invece sì, e infatti il Nostro azzardò un rapporto 5:1 tra il diametro del disco e il suo spessore, ricavato da considerazioni sulla brillantezza delle stelle e sul diametro del telescopio utilizzato per le osservazioni. A questo riguardo, Herschel ragionava all'incirca così: immaginiamo di osservare due stelle, che indicheremo con A e B, e di trovarle della stessa brillantezza (il termine tecnico è *magnitudine apparente*; lo definiremo in seguito) quando osserviamo la A in un telescopio del diametro di 15 cm e la B in uno di 45 cm, cioè 3 volte maggiore. Il telescopio più piccolo ha una capacità di raccolta di luce 9 volte minore dell'altro, perché tale, 9 volte minore, è la superficie del suo specchio (la superficie è proporzionale al quadrato del diametro). Ciò vuol dire che, se osservassimo la stella B con lo strumento più modesto, essa ci apparirebbe 9 volte più debole della A. Nell'ipotesi che la luminosità intrinseca sia la stessa per le due stelle, poiché il calo di luce di una sorgente puntiforme è inversamente proporzionale al quadrato della distanza a cui la si osserva, ciò comporta che la stella B sia 3 volte più lontana della A. In pratica, Herschel utilizzava i diametri della sua ricca collezione di telescopi come altrettanti regoli per stimare le distanze, almeno in senso relativo.

Non solo stelle

Una ventina d'anni dopo, nei primi anni del nuovo secolo, Herschel era ben conscio di quanto rozze fossero state le ipotesi alla base del suo lavoro. Del fatto che le stelle non avessero tutte la stessa luminosità intrinseca si è già detto: il suo catalogo di sistemi binari lo testimoniava esemplarmente. Quanto all'omogenea distribuzione spaziale, erano le osservazioni degli ammassi stellari a smentirla.

Ci sono regioni celesti occupate da raggruppamenti di stelle di alta (ammassi aperti) o altissima (ammassi globulari) densità: Herschel ne aveva scoperti a centinaia. La sua vecchia ipotesi (maggiore densità, maggiore profondità) lo avrebbe costretto a immaginare che in quelle regioni il sistema stellare presentasse lunghe e sottili sporgenze, come le spine di un riccio, il che gli sembrava poco verosimile. Ormai si era fatta strada in lui la convinzione che il suo lavoro pionieristico doveva essere riguardato come l'apripista, ma niente di più, con tutti i limiti e le approssimazioni tipiche delle ricerche volte ad indicare a chi verrà quali sono le nuove strade da battere.

Qualche anno prima che William Herschel avviasse il suo programma di scandaglio sistematico del cielo, in Francia Charles Messier aveva pubblicato un catalogo di un centinaio di "oggetti nebulosi", intendendo con questo termine tutte le sorgenti celesti che non si presentano puntiformi come le stelle, ma con un diametro angolare apprezzabile, con aspetto diffuso, scarsamente luminoso, come sfocato. Messier non aveva studi scientifici alle spalle. Era entrato come addetto di segreteria nel piccolo e poco influente Osservatorio privato diretto dall'astronomo Joseph-Nicolas Delisle e lì, poco per volta, aveva sviluppato la passione per le osservazioni telescopiche di comete. In particolare, egli fu il primo in Francia ad osservare la cometa di Halley nel suo ritorno previsto per il 1758-59 e per questo ebbe molti onori. La sua fama crebbe negli anni successivi, a seguito della scoperta di 21 comete e dell'osservazione sistematica di altre 23.

Nell'agosto 1758, mentre seguiva l'evoluzione di una grande cometa (la De la Nux) che stava attraversando la costellazione del Toro, nei pressi della stella *zeta* Tauri scorse un oggetto nebuloso abbastanza simile alla cometa nell'aspetto, ma che cometa non era perché se ne stava assolutamente immobile, sempre nella stessa posizione. Era la Nebulosa Granchio, un celebre resto di supernova noto anche con la sigla M1, essendo il primo degli oggetti del *Catalogo* che Charles Messier quella sera stessa decise di compilare: lo scopo era di offrire ai colleghi uno strumento di consultazione che evitasse di prendere cantonate, avendo sperimentato lui stesso quanto fosse facile confondere con una cometa un oggetto diffuso di natura non meglio precisata, appartenente non al Sistema Solare, ma al sistema siderale.

A M1 seguì M2, un ammasso globulare, e poi ammassi aperti, come M6, nebulose, come M8, nebulose planetarie, come M27, galassie, come M31: nel *Catalogo* di Messier, che gli astrofili dei giorni nostri ben conoscono e utilizzano, sono registrati tutti gli oggetti non stellari, diffusi e relativamente brillanti, che si rendono visibili o a occhio nudo, oppure attraverso piccoli strumenti. Nella prima edizione del 1774 la lista si fermava a M45 (le Pleiadi). L'ultima edizione (1781) contava 103 sorgenti diffuse e altre 7 furono aggiunte dopo la morte dell'autore, per un totale di 110. William e Caroline Herschel pensarono bene di proseguire a modo loro, con puntigliosa sistematicità, la schedatura delle sorgenti celesti non stellari.

A Messier premeva di escludere la natura cometaria di questi oggetti. Ad Herschel di comprendere quale fosse la loro vera natura. Messier prendeva nota della loro presenza solo quando, per puro caso, si imbatteva in qualcuno di essi. Herschel si era votato a un programma di scandaglio completo della volta celeste, per registrare tutti quelli che i suoi telescopi gli rivelavano. A partire dal 1782 e per vent'anni, fino al 1802, con la fidata sorella compilò un catalogo uscito in varie edizioni che alla fine contava circa

L'ipotesi originariamente assunta dell'omogenea distribuzione spaziale delle stelle venne smentita dalle osservazioni degli ammassi stellari che Herschel andava scoprendo a centinaia. Almeno in quelle regioni, la densità di stelle era ben maggiore della media. Nella foto, l'ammasso aperto NGC 6791, nella costellazione del Cigno. (DSS, STScI/AURA, Palomar/Caltech, UKSTU/AAO)

2500 sorgenti non stellari; il figlio di William, John, lo ereditò, lo ampliò e infine, attorno al 1880, John Dreyer lo completò: ora il catalogo è noto come *New General Catalogue* (in sigla, NGC) e contiene quasi 8000 oggetti. Per esempio, M1 è anche NGC 1952; M13 è anche NGC 6205; M42, la Grande Nebulosa d'Orione, è anche NGC 1976.

Nebulae

Messier chiamava genericamente *nebulae*, alla latina, questi strani batuffoli luminosi. Herschel, dopo averne scoperti un migliaio, si rese ben conto che un solo termine non poteva descrivere la straripante ricchezza di oggetti, così diversi per forma, colore, dimensioni, brillantezza, che il telescopio gli mostrava.

Tanto per incominciare, sono davvero nebulose, oppure semplicemente appaiono tali? Sono cioè costituite da un "fluido luminoso di natura sconosciuta", per usare le sue parole, oppure sono agglomerati di stelle così densamente ammassate e così lontane che la nostra vista non riesce a distinguerle singolarmente?

Per Messier erano tutte ugualmente *nebulae* sia M45, le Pleiadi, che M42, la Grande Nebulosa d'Orione, o M13, l'ammasso globulare in Ercole, o M27, la Nebulosa Anello. Può essere che tali possano apparire a chi ha una vista poco acuta, o a chi usi telescopi di bassa qualità e di scarso potere risolutivo, ma Herschel vedeva bene le differenze profonde tra i quattro oggetti. Le Pleiadi sono un ammasso stellare sparso, di quelli che oggi chiamiamo *ammassi aperti*, che già a occhio nudo mostra una mezza dozzina di componenti e ne rivela decine al telescopio. La Nebulosa d'Orione ha invece un'apparenza "lattiginosa" per la gran parte della sua estensione, e sembrerebbe perciò una vera nebulosa, anche se qua e là si distinguono alcune stelle. L'ammasso in Ercole, descritto da Messier in modo categorico come "una nebulosa che sicuramente non contiene stelle", è invece proprio un agglomerato stellare del tipo che oggi chiamiamo *ammasso globulare*, al cui centro gli astri si addensano così strettamente da conferirgli un aspetto omogeneo e diffuso. Infine, la Nebulosa Anello, nella costellazione della Lira, è diversa dagli altri per il fatto di mostrare una nebulosità anulare, con un "buco" scuro nella parte centrale, occupato solo da una debole stellina (Herschel non la vide, ma altri sì). È una *nebulosa planetaria*, che Herschel interpretò come una stella nascente: al contrario, oggi sappiamo che si tratta di una stella alla fine dei suoi giorni.

In un primo tempo, Herschel provò a classificare le *nebulae* in varie classi e categorie. Poi però cedette a una visione unitaria per la quale, andando dalle Pleiadi alla Nebulosa d'Orione, vi sarebbe una vasta gamma di morfologie che sfumano con gradualità l'una nell'altra, tanto che "ogni gradino intermedio vi è rappresentato". E qual era la comune natura di tutti questi oggetti? Erano tutti aggregazioni di stelle. Stelle singolarmente ben visibili negli ammassi più sparsi e più vicini al Sole, ma che si confondono in un'indistinta nebulosità negli ammassi più compatti e lontani. Così Herschel la pensò fin verso la fine degli anni Ottanta del suo secolo, probabilmente influenzato dall'idea di Kant che le *nebulae* che gli astronomi stavano scoprendo erano altrettante galassie, simili per natura e dimensioni alla Via Lattea, ma esterne a essa e poste a grandissime distanze. Era la famosa teoria degli "universi-isole". Del resto, se la Nebulosa d'Orione non è risolvibile in stelle per via della grande lontananza, eppure si presenta in cielo con un'estensione angolare paragonabile a quella di dieci Lune Piene, deve avere dimensioni lineari davvero smisurate, che potrebbero ben confrontarsi con quelle della nostra Galassia.

Poi, però, Herschel cominciò a ripensare criticamente alla sua convinzione, e pare che a insinuare il dubbio fu l'aspetto delle nebulose che egli stesso aveva battezzato "planetarie" nei suoi primi cataloghi, per indicare che si trattava di sorgenti piccole, tonde e diffuse, dall'aspetto non troppo diverso da quello di un pianeta osservato con il telescopio non perfettamente a fuoco. Descrivendo la planetaria NGC 1514, nella costellazione del Toro, che aveva scoperto nel 1790, scriveva tra le altre cose: "Fenomeno assai singolare! Una stella di magnitudine 8 con un'atmosfera debolmente luminosa di forma circolare [...] Non v'è dubbio che vi sia una connessione tra le due [...]", visto che la stella se ne sta esattamente al centro del cerchio. "L'atmosfera è così tenue e di uniforme luminosità in tutta la sua estensione, che non si può pensare sia costituita da moltitudini di stelle."

Conclusione perfettamente logica: se c'è un legame fisico tra la stella centrale e l'atmosfera attorno, vuol dire che la distanza è la stessa, e se la stella centrale è risolvibile dal telescopio, perché non dovrebbero esserlo le altre eventuali costituenti l'atmosfera estesa? Così, si fece strada in lui una nuova convinzione: che ci fossero *nebulae* risolte in stelle, *nebulae* di stelle che però non sono risolte perché molto lontane e *nebulae* fatte di quel non meglio precisato e misterioso "fluido luminoso".

Curiosamente, restò dell'idea che le *nebulae* non risolte fossero altrettanti universi-isole, di taglia comparabile con quella della Via Lattea ed esterni ad essa, pur se la loro distribuzione sulla volta celeste avrebbe potuto fargli sorgere qualche dubbio. Si era infatti accorto che quegli oggetti sono presenti soprattutto nelle regioni di cielo lontane dal piano della Via Lattea. Il dubbio, legittimo, doveva essere il seguente: se sono oggetti esterni alla Via Lattea, e indipendenti da essa, perché mai assecondano una distribuzione la cui legge è dettata dalla posizione in cielo della Via Lattea? Allora in qualche modo dipendono da essa. Non è un controsenso?

In effetti, oggi sappiamo che le *nebulae* di stelle non risolte, le galassie, non vengono scorte dentro la *zone of avoidance* (la "zona d'assenza", o "zona d'ombra galattica"), come gli inglesi chiamano la regione dentro e immediatamente attorno alla fascia della Via Lattea, per il fatto che le polveri e il gas del nostro piano galattico assorbono completamente la loro luce, allo stesso modo in cui, in una giornata di brutto tempo, la luce del Sole non ce la fa a penetrare una spessa distesa di nuvole scure. Come vedremo, le polveri trarranno in inganno anche astronomi ben posteriori a Herschel e ben più dotati di mezzi strumentali.

Nasce la cosmologia

Il contributo alla cosmologia fornito dall'organista di Bath, e dalla sorella Caroline, che spesso gli storici dimenticano ingiustamente di citare, si può riassumere in questi pochi ma decisivi punti.

In primo luogo, viene ad acquistare peso e importanza lo studio del sistema siderale, del tutto trascurato dagli astronomi delle prime generazioni successive a Galileo. Secondariamente, dopo gli Herschel si ha una precisa percezione dell'incommensurabilità delle scale spaziali dentro e fuori il Sistema Solare. Il regno del nostro Sole è un angusto cortile, da confrontare con la vasta metropoli della Via Lattea.

Le *nebulae* di Messier si rivelano ammassi stellari con gradi di compattezza diversi appartenenti alla nostra Galassia, oppure nebulosità composte da una misteriosa materia fluida e luminosa, sempre appartenenti alla nostra Galassia. Talune, però, potrebbero essere galassie, grandi come e più della Via Lattea, e immensamente distanti da essa: sembrano nebulose solo perché i telescopi non riescono a risolverle in stelle. Se così è, l'Universo è una realtà sconfinata, rispetto alla quale non il Sistema Solare, ma la nostra Galassia è un angusto cortile in una vasta metropoli. Si apre quindi un campo del tutto nuovo della ricerca astronomica: quella dell'astronomia extragalattica. Dopo Herschel, gli scienziati dovranno porsi il problema di spiegare come si sono formati gli universi-isole, come si distribuiscono nello spazio, quanto è grande l'Universo che li contiene. È l'atto di nascita della moderna cosmologia.

Sotto il profilo del metodo, i meriti degli Herschel sono l'aver dimostrato quanta importanza abbia lo sviluppo di strumenti sempre più potenti e precisi, inevitabilmente artefici di nuove scoperte, e quanta la programmazione delle osservazioni e la loro sistematicità; infine, quanto preziosa sia la capacità di ordinare in cataloghi, a futura memoria, e di suddividere in categorie le diverse sorgenti che si scoprono in cielo.

Caroline Herschel (1750-1848) negli ultimi anni di vita. (G. Busse)

William Herschel morì nel 1822. Poco dopo la scoperta di Urano, era stato nominato Astronomo di Corte (che è una carica diversa da quella di Astronomo Reale), e da Bath si era trasferito a Datchet e poi a Slough, sempre nei pressi del Castello di Windsor, residenza della famiglia reale inglese. Abbandonata la musica, si votò completamente all'astronomia. Caroline lo seguì. Ormai era diventata una provetta osservatrice e non mancava di porre lei stessa l'occhio all'oculare ogniqualvolta il fratello fosse assente per qualche motivo: fu la scopritrice di ben otto comete.

Morto William, Caroline ritornò ad Hannover. Il nipote John, figlio di William, che lei aveva accudito con affetto, anch'egli destinato a una brillante carriera d'astronomo osservatore, le chiese se potesse far qualcosa per migliorare la fruibilità dei cataloghi che ella aveva compilato insieme al padre, intenzionato com'era a verificare una per una tutte quelle sorgenti e ad aggiungerne eventualmente di nuove. Caroline era già negli anni della vecchiaia, ma non si sottrasse alla richiesta. I cataloghi originali erano ordinati per data di scoperta dell'oggetto, e ne riportavano la descrizione, con la posizione relativamente alle stelle vicine: lei si propose di ridurre tutte le misure, convertendo una ad una le posizioni da relative ad assolute, fornendone le due coordinate celesti, l'ascensione retta e la declinazione; poi enumerò gli oggetti in ordine di ascensione retta (la coordinata che sulla Terra corrisponde alla longitudine). Un lavoro massacrante per chiunque, specie se vicino agli ottant'anni, ma non per lei, campionessa di perseveranza e di precisione.

Morì a 98 anni, pochi mesi dopo aver avuto la soddisfazione di vedere pubblicato il nuovo catalogo, comprendente gli oggetti nebulari della volta celeste meridionale che John era andato a osservare al Capo di Buona Speranza. Espresse il desiderio di essere sepolta con l'almanacco astronomico usato dal padre e con una ciocca di capelli di William. Fu esaudita.

2 Il problema della distanza

La nascita dell'astrofisica

All'alba del XX secolo la visione che gli astronomi avevano della Via Lattea non era molto diversa da quella, incerta e confusa, abbozzata cent'anni prima da William Herschel. Il che, certamente, non significa che l'astronomia non avesse fatto progressi significativi per un intero secolo.

Al contrario, la meccanica celeste aveva raggiunto nei decenni precedenti la sua piena maturità, celebrata con il massimo dei suoi trionfi: la scoperta di Nettuno, ottavo pianeta del Sistema Solare, ad opera del francese Urbain Le Verrier. Una scoperta spettacolare in quanto effettuata "a tavolino", solo attraverso il calcolo, a partire dalla misura delle tenui perturbazioni orbitali subite nel corso degli anni da Urano, che pareva non voler rispettare la tabella di marcia assegnatagli dalla legge di gravitazione, presentandosi ora troppo in anticipo, ora troppo in ritardo rispetto alle effemeridi previste. Le Verrier, convinto della bontà della fisica newtoniana, sospettando che la causa potesse essere un corpo celeste perturbatore di taglia planetaria e non ancora noto agli astronomi, aveva applicato le leggi della meccanica classica e quella di gravitazione universale per calcolare l'orbita dell'ipotetico perturbatore. Dopo molto lavoro teorico, riuscì a desumere la posizione che il fantomatico pianeta avrebbe dovuto occupare in quel periodo e la comunicò all'Osservatorio di Berlino per una verifica osservativa: lì, Johann G. Galle ed Heinrich d'Arrest, il 23 settembre 1846, non ebbero difficoltà a scovarlo a meno di 1° di distanza dal punto previsto. La scoperta del nuovo pianeta riscosse entusiastici consensi tra gli scienziati di tutto il mondo ed ebbe profonde ripercussioni anche negli ambienti culturali europei, con l'affermazione di atteggiamenti favorevoli al determinismo scientifico: certamente, contribuì alla fioritura della scuola positivista destinata ad affermarsi nei decenni successivi.

Il XIX secolo vede anche l'introduzione in astronomia della fotografia e soprattutto della spettroscopia, disciplina che porrà su solide basi la nascente astrofisica, con le prime classificazioni degli spettri stellari, premesse osservative indispensabili per le teorie sulla struttura e sull'evoluzione stellare che si svilupperanno compiutamente nel secolo successivo. Come vedremo, la spettroscopia fornirà i dati fondamentali anche per la nascita della cosmologia moderna.

Nonostante questi enormi avanzamenti, nei primi anni del XX secolo erano ancora molto vaghe le idee sulla forma del sistema siderale. Quant'era grande la Galassia? La Via Lattea esauriva l'Universo, oppure era solo uno degli innumerevoli universi-isole ipotizzati da Wright, Kant e da William Herschel? Qual era la natura delle *nebulae* catalogate da Messier, da John Herschel e da Dreyer? C'era chi pensava alla Galassia come a un'immensa distesa stellare di forma appiattita, chi a un sottile disco di estensione finita (ma indeterminata), chi a una nube circondata da un anello di stelle lontane. Non si aveva un'idea della scala spaziale e si riteneva che il Sole fosse comunque in una posizione molto prossima al centro. Qualche voce isolata (per esempio, l'olandese C. Easton) suggeriva la possibilità che la Via Lattea fosse una *nebula* con bracci a spirale, come tante di quelle che si vedevano in cielo, ma senza poter appoggiare questo suo convincimento su dati empirici certi.

Distanze e velocità

Tra i maggiori progressi realizzati nel XIX secolo sono ancora da citare la prima parallasse stellare misurata da Bessel, nel 1838, e l'applicazione dell'effetto Doppler agli spettri stellari per ricavare la velocità dei corpi celesti. Vale la pena di soffermarci un poco su queste due tecniche di misura, alle quali ci richiameremo spesso in seguito.

Friedrich Wilhelm Bessel (1784-1846) per primo misurò la distanza di una stella con il metodo della parallasse.

Friedrich Wilhelm Bessel (1784-1846), tedesco di Minden-Ravesberg, non aveva studi universitari alle spalle. La forte passione per l'astronomia e l'innata predisposizione per la matematica lo portarono giovanissimo, nel 1804, ad applicarsi al calcolo dell'orbita della cometa di Halley, di cui seppe migliorare i parametri orbitali. Heinrich W. Olbers, uno degli astronomi più influenti del Paese, al quale Bessel aveva sottoposto i risultati per averne un parere, fu così impressionato da quel lavoro da invitare il giovane ad abbandonare il tranquillo impiego nella marina commerciale e a diventare assistente astronomo presso l'Osservatorio Lilienthal, vicino a Brema.

Qui Bessel si applicò all'analisi delle osservazioni dell'Astronomo Reale inglese James Bradley, effettuate quasi un secolo prima, ma mai pubblicate, e ne estrasse un catalogo stellare che riscosse notevole interesse: gli astronomi restarono ammirati per la precisione delle posizioni stellari ricavate e per certe brillanti soluzioni matematiche adottate nella riduzione dei dati. Ciò gli valse la nomina a sovrintendente dell'erigendo Osservatorio di Königsberg, di cui in seguito ricoprì la carica di direttore, fino alla morte.

Fu proprio a Königsberg che Bessel realizzò la misura per la quale passò alla storia. Voleva misurare la distanza di una stella ed era particolarmente interessato alla 61 Cygni, un sistema binario poco appariscente, a malapena visibile a occhio nudo sotto cieli tersi e bui, eppure estremamente interessante per due motivi.

Il primo è che si sposta sulla volta celeste molto velocemente (per gli standard astronomici): tra le stelle allora conosciute, la 61 Cygni era quella che esibiva il maggior moto proprio, circa 5"/anno, tanto da meritarsi l'appellativo di "Stella Volante" da parte di Giuseppe Piazzi, direttore dell'Osservatorio di Palermo. Un così rapido spostamento angolare doveva essere sintomo di una notevole vicinanza: se infatti due stelle si muovono alla stessa velocità lineare e l'una dista dal Sole il doppio dell'altra, trascorso un certo lasso di tempo noi vedremo che la più vicina si è spostata sulla volta celeste di un tratto che è il doppio di quello dell'altra. Gli spostamenti lineari sono i medesimi, ma traguardati da una diversa distanza appaiono angolarmente diversi. Una stella che ha un grande moto proprio è perciò probabile che sia anche vicina, altrimenti bisognerebbe pensare che si muove a una velocità irrealisticamente elevata. E, se è vicina, l'effetto di parallasse sarà più marcato, e più facilmente misurabile. Questo il motivo che rendeva appetibile la 61 Cygni agli occhi di Bessel. Il secondo motivo è che nello stesso campo telescopico compaiono altre stelline, molto più deboli e verosimilmente molto più lontane, che ben si prestano a fare da riferimento per una misura di parallasse differenziale, del tipo di quelle che Herschel si era illuso di poter eseguire sulle stelle doppie.

Bessel alla fine ebbe successo: misurò una parallasse corrispondente a una distanza di circa 3 pc (oggi sappiamo che il valore corretto è 3,5 pc, ovvero 11,4 anni luce). Di lì a poco, sarebbero state misurate le parallassi anche di Vega e di *alfa* Centauri, ed entro la fine del secolo già si disponeva di cataloghi con parecchie decine di stelle di distanza nota. Gli strumenti e le tecniche del tempo consentivano di rilevare angoli parallattici non più piccoli di qualche decimo di secondo d'arco, e ciò permetteva di rilevare la distanza di stelle fino a un centinaio di anni luce, ma non più in là.

Finalmente, dopo tre secoli di vani tentativi, si aveva dunque almeno un'idea di quali fossero le distanze con cui gli astronomi si dovevano confrontare. Erano distanze davvero grandi. Le stelle più prossime al Sole risultavano essere da dieci a cento volte più lontane di quanto Keplero e Newton avevano immaginato fosse l'estensione dell'intero sistema stellare.

Abbiamo più sopra parlato di velocità stellari e allora chiariamo come possono essere misurate.

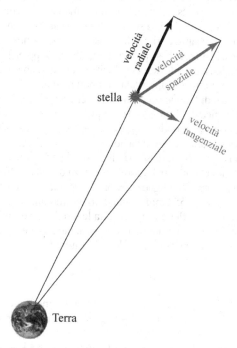

La velocità spaziale di una stella può essere scomposta in due componenti: la *velocità tangenziale*, sul piano del cielo, e la *velocità radiale*, nella direzione Terra-stella. Quest'ultima può essere misurata direttamente, in km/s, grazie all'effetto Doppler. La prima viene misurata a partire dal *moto proprio*, che è lo spostamento angolare annuo della stella sul piano del cielo, se si conosce la distanza della stella.

Le stelle, come tutti gli oggetti del mondo che ci circonda, si muovono in uno spazio tridimensionale e quindi la velocità, così come la posizione, viene descritta da tre componenti: due di queste si adagiano sul piano del cielo e insieme contribuiscono a quella che si chiama *componente tangenziale* della velocità; la terza componente è diretta lungo la congiungente Terra-stella ed è detta *velocità radiale*. Non c'è modo di conoscere per via diretta il valore della componente tangenziale, espresso in km/s; invece, si può misurare lo spostamento angolare annuo della stella sulla volta celeste, che è detto *moto proprio*, anche se non si tratta di un esercizio del tutto agevole, soprattutto se la stella è lontana. I valori tipici da misurare sono infatti dell'ordine di qualche secondo d'arco all'anno per le stelle più vicine e dunque, prima che venisse introdotta la fotografia, occorrevano ottimi strumenti, una buona dose di pazienza e misure di posizione precise, ripetute per molti anni. Dopotutto, anche la velocissima 61 Cygni di Bessel impiega quasi quattro secoli a percorrere in cielo un tratto lungo quanto il diametro della Luna Piena. Il moto proprio viene misurato in secondi d'arco all'anno: per convertirlo nella componente tangenziale, espressa in km/s, bisogna conoscere la distanza a cui la stella si trova.

Se la misura del moto proprio richiedeva impegno e costanza, quella della velocità radiale era invece diventata possibile grazie alla spettroscopia e al fenomeno fisico noto come *effetto Doppler*, scoperto a metà del secolo da Christian Doppler e, indipendentemente, da Hyppolite Fizeau. Si tratta di quel fenomeno che riguarda le onde sonore e che fa sì che il fischio di un treno che si sta avvicinando alla stazione ci sembri più acuto di quando il treno, dopo esserci passato davanti, si allontana veloce. L'onda sonora viene infatti avvertita con una frequenza diversa se la sorgente del suono si avvicina oppure si allontana dall'osservatore. Fizeau scoprì che lo stesso fenomeno interessa pure le onde elettromagnetiche, come è la luce; si basa proprio sull'effetto Doppler-Fizeau il telelaser che la Polizia Stradale utilizza per rilevare la velocità di un'auto che si avvicina o si allontana dalla pattuglia, generalmente appostata in fondo a un rettifilo.

Se una stella emette luce di lunghezza d'onda λ_0 (per esempio, $\lambda_0 = 656{,}3$ nm, che è una riga spettrale caratteristica dell'idrogeno) e se quella riga viene ricevuta dall'osservatore terrestre a una lunghezza d'onda maggiore (per esempio, $\lambda = 656{,}7$ nm), si può essere certi che la stella si sta allontanando da noi; in tal caso, nel gergo degli astronomi si dice che la riga è "spostata verso il rosso" (in inglese, si parla di *redshift*): ciò perché il rosso è il colore delle radiazioni di maggiore lunghezza d'onda nello spettro visibile. Se invece la stella si avvicinasse, la lunghezza d'onda ricevuta sarebbe minore di quella all'emissione (per esempio, $\lambda = 655{,}9$ nm), e allora avremmo uno spostamento verso il blu (*blueshift*). Ma non solo: la differenza $(\lambda - \lambda_0)$ tra le lunghezze d'onda alla ricezione e all'emissione fornisce il preciso valore della componente radiale della velocità (v_r) a cui si muove la stella, espresso in km/s, secondo la formula:

$$v_r = c \cdot (\lambda - \lambda_0) / \lambda_0 = c \cdot z \qquad (2.1)$$

dove c è la velocità della luce (300mila km/s) e con z abbiamo indicato la variazione relativa della lunghezza d'onda: $z = (\lambda - \lambda_0) / \lambda_0$. Nel nostro esempio:

$$v_r = 300.000 \cdot (656{,}7 - 656{,}3) / 656{,}3 = 183 \text{ km/s}$$

oppure, nel caso della stella in avvicinamento:

$$v_r = 300.000 \cdot (655{,}9 - 656{,}3) / 656{,}3 = -183 \text{ km/s}$$

Come si vede, il modulo della velocità è lo stesso; cambia solo il segno, a indicare il verso del moto: negativo in avvicinamento, positivo in allontanamento. In questo caso, il parametro z vale $z = 0,000609$ e, se le velocità non sono troppo elevate, rappresenta la frazione della velocità della luce a cui la sorgente si muove. Qui la velocità della stella è modesta, solo circa 6 decimillesimi di quella della luce. Si possono però incontrare velocità parecchio più elevate, generalmente in situazioni estreme come quelle offerte da esplosioni stellari, da moti orbitali di stelle attorno a buchi neri o da getti gassosi emessi da sorgenti particolarmente energetiche: in tali circostanze, se i moti sono relativistici, ossia se le velocità sono comparabili con quella della luce, la relazione (2.1) dev'essere sostituita da un'altra un poco più complessa, che tralasciamo di menzionare.

Un'ultima avvertenza. Più sopra si è dato per scontato che l'osservatore fosse fermo e che fosse la stella a muoversi: in linea di principio, potrebbe anche capitare il contrario, con la stella ferma e l'osservatore in moto, oppure una combinazione delle due situazioni. In altre parole, la formula (2.1) calcola la *velocità relativa* tra sorgente e osservatore. Quando l'astronomo vuole ricavare la velocità effettiva di una stella, deve fare il conto al netto di tutte le velocità a cui egli stesso è soggetto (il moto orbitale della Terra attorno al Sole, quello del Sole attorno al centro della Galassia ecc.). E, in ogni caso, rimarchiamolo ancora, ciò che si misura non è la velocità spaziale di una stella, ma solo la sua componente radiale, in direzione della Terra, in allontanamento o in avvicinamento. Per avere la velocità spaziale, occorre combinare con il teorema di Pitagora la componente radiale e la componente tangenziale (desumibile dal moto proprio).

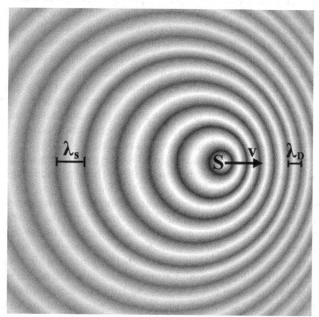

La sorgente (S) di un treno d'onde sulla superficie di un liquido si sta muovendo a velocità v verso destra. A un osservatore che sta a destra della sorgente le creste giungeranno distanziate di una lunghezza (λ_D) che è minore della lunghezza d'onda all'emissione; per un osservatore a sinistra la lunghezza d'onda sarà invece maggiore (λ_S). È l'effetto Doppler.

La Via Lattea di Kapteyn

Ora che le stelle cessavano di essere puntini luminosi fissi, incastonati sulla volta celeste, venendo ad acquisire ciascuna una propria specificità dinamica, ora che per un certo numero di esse, quelle più vicine al Sole, si poteva conoscere la distanza, e quindi la luminosità, cominciavano ad essere maturi i tempi per interrogarsi sulla struttura della realtà cosmica che ci circonda. Il panorama celeste statico e "schiacciato" che si era offerto agli occhi di Herschel ora cominciava ad assumere una prospettiva, il senso della profondità, e a brulicare di oggetti mobili, vivi, partecipi di forze e di equilibri che dovevano essere spiegati.

Proprio le distanze e le velocità radiali delle stelle furono l'oggetto di studio dell'olandese Jacobus Cornelius Kapteyn (1851-1922), che, nominato docente d'astronomia e di meccanica teorica all'Università di Gröningen quando aveva solo 26 anni, nella prolusione al corso del suo primo anno accademico già dichiarava che lo scopo dell'intera sua futura carriera scientifica sarebbe stato "il problema siderale", ossia lo studio della forma, della struttura e delle dimensioni della Via Lattea e dell'Universo. Era come se sentisse di aver ricevuto il testimone da William Herschel: infatti, vedremo come del grande osservatore inglese egli seppe rivitalizzare il programma dei "conteggi stellari", arricchendolo dei dati che i più recenti progressi dell'astronomia gli mettevano a disposizione.

Mentre era intento a un lavoro di rilevazione di parallassi stellari presso l'Osservatorio di Leida, attorno al 1885, Kapteyn venne a conoscenza che David Gill, al Capo di Buona Speranza, stava prendendo foto a largo campo di diverse regioni del cielo e subito gli scrisse per incoraggiarlo a proseguire, offrendosi di misurare le lastre per rilevare le posizioni delle stelle e compilare un nuovo preciso catalogo del cielo australe da affiancare al *Bonner Durchmusterung* (1859) di Bessel e Argelander, relativo al cielo boreale. Gill acconsentì e Kapteyn si gettò a capofitto nel lavoro, che venne concluso una quindicina d'anni dopo, con posizioni e magnitudini di ben 455mila stelle. Ma questo ancora non gli bastava per ciò che aveva in animo di fare. Una carta del cielo bidimensionale, per quanto precisa e completa, non lo metteva nelle condizioni di comprendere la dinamica del sistema siderale, né la distribuzione delle stelle nelle tre dimensioni. Gli occorreva integrare questi dati con quelli nuovi, riguardanti le distanze e le velocità stellari. L'impegno profuso nella compilazione del *Cape Photographic Durchmusterung* era comunque servito per fargli acquisire dimestichezza con l'analisi statistica, e infatti Kapteyn viene considerato l'iniziatore della statistica astronomica, insieme con il collega-rivale tedesco Hugo von Seelinger.

Padroneggiando come nessun altro a quel tempo tecniche matematiche che egli stesso sviluppava, Kapteyn si era posto il problema di capire se le stelle si muovessero alla rinfusa, oppure se i loro moti rispettassero un certo ordine, e quale fosse il moto del Sole rispetto a quello medio delle stelle circostanti (anche questo un problema già affrontato un secolo prima da Herschel). Giunse così alla conclusione che le stelle vicine, quelle di cui si conoscevano le velocità e le distanze, non si muovevano a caso, ma seguivano due "correnti" su lati opposti rispetto al Sole e anche con versi opposti, come se l'intero sistema stellare ruotasse attorno al sistema di riferimento locale; inoltre, i suoi "conteggi stellari", che, rispetto a quelli di Herschel, ora potevano basarsi in qualche misura anche su distanze note, lo convincevano del fatto che la densità spaziale delle stelle tendeva a diminuire quanto più ci si allontanava dal Sole. Insomma, il Sole sembrava trovarsi al centro del sistema.

La conclusione era decisamente imbarazzante. Per oltre duemila anni, fino a Copernico, la storia dell'astronomia era stata frenata dal pregiudizio aristotelico-tolemaico della centralità della Terra nel Sistema Solare e ora che finalmente ce ne si era liberati ecco riproporsi una nuova sorta di centralità, non meno impegnativa: la centralità del nostro Sole rispetto all'intero Universo! Kapteyn aveva presentato il suo lavoro nel 1904 al *meeting* internazionale di St. Louis (Missouri, USA), a cui parteciparono i maggiori astronomi del tempo. Egli stesso, ancora anni dopo, manifestò perplessità rispetto a quei risultati, rimarcando tuttavia come non fossero certo frutto di pregiudizi ideologici, ma discendessero dall'analisi di incontrovertibili dati empirici: "Dobbiamo am-

Jacobus Cornelius Kapteyn (1851-1922).

mettere che il nostro Sistema Solare si trova al centro dell'Universo, o perlomeno nei pressi di un centro locale. [...] Vent'anni fa avrei accolto con scetticismo le conclusioni delle mie ricerche, ora non più. Seelinger, Schwarzschild, Eddington ed io abbiamo trovato che il numero di stelle per unità di volume è maggiore nei pressi del Sole. Spesso mi sono sentito a disagio e turbato da questo risultato, anche perché nei calcoli non è stato considerato l'effetto della diffusione della luce nello spazio. Tuttavia, sembra che tale effetto sia troppo piccolo per vanificare la variazione di densità che si misura. Quasi sicuramente, questa variazione è reale".

Oggi sappiamo che non è così ed è curioso che l'astronomo olandese non abbia saputo correggere le sue conclusioni pur avendo colto nel segno nell'individuare la causa dell'errore.

Le polveri disseminate nello spazio, soprattutto nel piano galattico, assorbono efficacemente la luce delle stelle, oppure la diffondono, ossia la deflettono in tutte le direzioni, impedendole di pervenire fino a noi, e a farne le spese maggiormente sono le radiazioni della parte blu dello spettro, di modo che le stelle non solo ci appaiono più deboli di quanto siano in realtà (e perciò ci sembrano più lontane), ma anche di colorazione impoverita d'azzurro, più rossastra. L'errore di Kapteyn sta nel fatto che valutò l'effetto della diffusione soprattutto lungo direzioni diverse da quelle giacenti sul piano galattico: e lì, effettivamente, l'effetto è minimo, quasi trascurabile, poiché la luce stellare attraversa spazi ridotti (il disco è sottile) e relativamente sgombri da polveri. Invece, se guardiamo nelle direzioni giacenti sul piano della Galassia, il nostro sguardo incontra un numero così elevato di grani di polveri che più in là di una certa distanza non riesce ad andare. Anche noi, in una giornata di nebbia fitta, potremmo avere l'impressione di stare al centro della nostra città: case e palazzi, infatti ci circondano su tutti i lati fino a una certa distanza, la stessa in tutte le direzioni – così si crea l'illusione di stare al centro –, mentre più in là non si vede nulla se non un muro di nebbia. Non vedere nulla, però, non significa che non esista nulla.

La nube oscura B68, al centro dell'immagine, nasconde alla vista le stelle retrostanti, assorbendone e diffondendone la luce. Di questo effetto d'estinzione, che ingannò Kapteyn e altri astronomi del suo tempo, sono responsabili le particelle di polveri presenti nella nube; in modo analogo agiscono le polveri diffuse in abbondanza nel piano galattico. (NNT, ESO)

Anche le due "correnti stellari" contrapposte trovano una spiegazione alla luce di quanto oggi conosciamo. La Galassia non ruota su se stessa come un corpo rigido. Le stelle sono animate da velocità diverse a seconda della distanza dal centro, di modo che, se consideriamo le stelle più vicine al Sole, disposte su orbite poco più interne e poco più esterne alla nostra, dal nostro punto d'osservazione rileveremo per esse velocità di segno opposto. Da un lato ci sopravvanzano, dall'altro ce le lasciamo alle spalle. Poiché le nubi di polveri non ci lasciano vedere molto altro attorno a noi, l'impressione che ricaviamo è quella d'essere al centro di due correnti stellari che ci avvolgono, animate da un moto coerente imperniato sul Sole.

Nel 1904, e ancora per molti anni, i tempi non erano maturi perché la "nebbia" delle polveri si dileguasse. Quello di Kapteyn è un errore nel quale, come vedremo, incorreranno anche altri astronomi.

2 Il problema della distanza

Un metro per la Via Lattea

L'atmosfera che avvolge il nostro pianeta, l'aria amica della vita che ossigena il sangue dei viventi, è nemica degli astronomi. Le turbolenze atmosferiche su piccola scala fanno sì che la luce di una stella non segua sempre lo stesso percorso rettilineo prima di giungere all'obiettivo del nostro strumento: anche se ci trasferiamo a osservare nelle poche regioni del pianeta ove il cielo è più calmo, le deviazioni quasi impercettibili che il raggio luminoso subisce fanno sì che le immagini degli oggetti celesti siano degradate: nel migliore dei casi, la risoluzione angolare più spinta raggiungibile dal suolo è dell'ordine di mezzo secondo d'arco, ma solo per qualche ora di una o due notti all'anno. Nelle altre notti, quando va bene, ci si deve accontentare di un secondo d'arco.

Ora che i nostri strumenti sono dotati di dispositivi di ottica adattiva, oppure che volano sopra l'atmosfera, la situazione è cambiata, ma all'inizio del XX secolo era davvero problematico misurare con la dovuta precisione la parallasse stellare di stelle che fossero più distanti di poche decine di anni luce, per le quali l'angolo parallattico è minore di un decimo di secondo d'arco. Era invece ormai chiaro che la Via Lattea misurava migliaia di anni luce e forse più. Dunque, per indagarne la struttura, bisognava escogitare qualche altro metodo di rilevazione delle distanze, un "metro" magari non così preciso come la parallasse, ma che potesse essere utilizzato su scale decisamente più lunghe.

In linea di principio, un metodo ci sarebbe, ed è il confronto tra la luminosità che misuriamo di una sorgente (la sua *magnitudine apparente m*) e la sua luminosità intrinseca (espressa dalla *magnitudine assoluta M*), ipotizzando che il calo della luminosità sia dovuto unicamente alla lunghezza del cammino che la luce ha percorso per giungere sino a noi. La formuletta che gli astronomi utilizzano a questo scopo viene spiegata nel box d'approfondimento a pag. 31. Poiché si basa sul concetto di magnitudine, vale la pena di soffermarci sulla definizione di questa importante grandezza astronomica, per prendere un poco di confidenza con essa.

La scala delle magnitudini utilizzata dagli astronomi è stata ereditata (con gli opportuni adattamenti) dagli osservatori del cielo di duemila anni fa. Gli antichi parlavano di astri di prima grandezza, di seconda grandezza e così via, senza tuttavia definire chiaramente cosa intendessetro per "grandezza stellare". Gli astronomi moderni hanno introdotto il concetto di magnitudine, definendolo in modo preciso, matematico, e facendo in modo che la nuova scala delle magnitudini ricalcasse in una certa misura quella antica, per amore di tradizione.

Così, a una stella brillante come Spica, l'*alfa* della Vergine, ritenuta dagli antichi astro di prima grandezza, gli astronomi moderni attribuiscono una magnitudine apparente $m = 1$; Mizar, la *zeta* dell'Orsa Maggiore, è definita di $m = 2$ ed è più debole di Spica di circa 2,5 volte. Pherkad, la *gamma* dell'Orsa Minore, di $m = 3$, è 2,5 volte più debole di Mizar e perciò $2,5^2 = 6,3$ volte più debole di Spica. Alcor, la compagna di Mizar (le due costituiscono un sistema stellare binario), di $m = 4$, è 2,5 volte più debole di Pherkad, e dunque 6,3 volte più debole di Mizar, nonché $2,5^3 = 15,6$ volte più debole di Spica. E via di questo passo: il valore numerico della magnitudine va aumentando quanto più deboli sono le stelle. Ad ogni "gradino" di magnitudine si scende esattamente di un fattore 2,512 nel flusso luminoso. Questo numero venne convenzionalmente introdotto da N.R. Pogson nel 1856 in quanto pareva il più vicino a rappresentare fedelmente la scala delle "grandezze stellari" degli antichi e anche perché $2,512^5$ fa esattamente 100. Quando il flusso luminoso proveniente da una stella A è 100 volte maggiore di quello proveniente dalla stella B, le due stelle hanno magnitudini che differiscono esattamente di 5 unità: per esempio, $m_A = 3,2$ e $m_B = 8,2$. Da notare che la scala delle magnitudini non termina al valore 0, ma prosegue anche per valori negativi: Sirio, la stella più brillante del cielo, ha magnitudine $-1,5$. Venere in certe fasi ha magnitudine attorno a -4. Per la Luna Piena è $m = -12,6$ e per il Sole $m = -26,8$.

Anche la scala delle magnitudini assolute (M) procede per "gradini" rappresentati da un rapporto di 2,512 nel flusso. La magnitudine assoluta del Sole è $M = 4,8$. Una stella di $M = 3,8$ è 2,512 volte intrinsecamente più luminosa del Sole; una stella di $M = -0,2$ è 100 volte più luminosa.

Magnitudini assolute e apparenti hanno un punto di contatto: si assume, per convenzione, che il valore numerico della magnitudine apparente (m) di una stella coincide con quello della sua magnitudine assoluta (M) se la stella sta esattamente a 10 pc da noi, ossia a 32,6 anni luce. Se un alieno ci osservasse da 10 pc di distanza, il Sole ($M = 4,8$) gli apparirebbe come una stellina di $m = 4,8$.

Ora immaginiamo che, a una certa distanza da noi, esista in cielo una stella che si renda visibile con una magnitudine apparente $m = 6$. È una stellina molto poco brillante, che a fatica possiamo scorgere a occhio nudo: ebbene, ci appare tale perché è una stella intrinsecamente poco luminosa, oppure perché è molto distante da noi? Con il solo dato della magnitudine apparente, non siamo in grado di fornire una risposta. Certamente, se conoscessimo anche la distanza sarebbe immediato ricavare la magnitudine assoluta M. Se, per esempio, si trovasse a 10 pc, per quanto appena detto sarebbe $M = 6$, e così capiremmo che è una stellina ($2,512^{1,2} = 3$) tre volte intrinsecamente più debole del Sole; se invece fosse, diciamo, a 40 pc, quattro volte più lontana, vorrebbe dire che è 16 volte intrinsecamente più luminosa e, poiché abbiamo visto che a un fattore circa 16 nel flusso corrisponde una differenza di 3 magnitudini, la stella sarebbe di $M = 3$, ossia cinque volte più luminosa del Sole. Come si vede, dalla distanza si ricava la magnitudine assoluta. E naturalmente vale anche il contrario: dalla conoscenza della magnitudine assoluta, oltre che di quella apparente, si può ricavare la distanza (che è poi ciò che qui ci interessa). Per come fare nel concreto, si veda la formuletta nel box d'approfondimento.

Metodo complesso? No certo, anzi è persino banale, e noi stessi lo mettiamo in pratica cento volte al giorno, senza neppure accorgercene. Quando, di notte, dobbiamo attraversare una strada e c'è una motocicletta che sta sopraggiungendo, ci basta dare un'occhiata al suo fanale per avere l'immediata percezione della distanza a cui si trova, ciò che ci fa decidere se attraversare o aspettare che passi. Questo perché, rispondendo a un riflesso inconscio, il nostro cervello confronta il flusso luminoso che l'occhio riceve (la magnitudine apparente) con quello che, per esperienza, sappiamo essere la luminosità tipica (la magnitudine assoluta) di un fanale di moto. Oppure, di giorno, il cervello confronta la larghezza angolare (apparente) di un'auto che si sta avvicinando con la tipica larghezza lineare (assoluta) di un cofano d'auto, e subito abbiamo un'idea di quanto sia distante da noi. Il succo è sempre quello: confronto tra ciò che appare e ciò che sappiamo essere com'è. Ma dobbiamo saperlo com'è, e saperlo per certo!

Di una stella lontana anche migliaia o milioni di anni luce saremmo in grado di calcolare la distanza se potessimo sapere con certezza quanta energia riversa nello spazio, ossia qual è la sua luminosità intrinseca, misurabile attraverso la magnitudine assoluta M. Ma esistono stelle di magnitudine assoluta nota, quelle che gli astronomi chiamano *candele-standard*? Per nostra fortuna esistono e le scoprì Henrietta Swan Leavitt nel 1908, lavorando all'Osservatorio dell'Harvard College di Cambridge

Magnitudini e distanze

C'è una relazione molto utilizzata in cosmologia, tra la magnitudine apparente m di una stella, la sua magnitudine assoluta M e la distanza d alla quale essa si trova. Non la staremo a ricavare. Qui ci limiteremo ad esprimerla e mostreremo come utilizzarla con qualche esempio pratico:

$$m - M = 5\log d - 5 \qquad (2.2)$$

dove d è espresso in parsec (pc) e log è il logaritmo in base 10. La differenza $(m - M)$ è detta *modulo di distanza*.

Facciamo qualche esempio. Se una stella si trova alla distanza di 10 pc, poiché $\log 10 = 1$, il modulo di distanza è uguale a 0, che significa $m = M$. È proprio quanto ci aspettavamo: per convenzione, la magnitudine apparente di una stella distante 10 pc è infatti pari alla sua magnitudine assoluta.

La magnitudine assoluta del Sole è $M = 4,8$. Supponiamo che per una stella A sia $M_A = 1,6$. La sua luminosità sarà $2,512^{(4,8-1,6)} = 2,512^{3,2} = 19$ volte quella del Sole. Supponiamo di osservare al telescopio questa stella e di trovarla di $m = 7,5$. Quant'è distante da noi? Utilizziamo la (2.2): il modulo di distanza vale $(7,5 - 1,6) = 5,9$. Allora sarà:

$$\log d = (5,9 + 5) / 5 = 2,18$$

da cui: $d = 10^{2,18}$ pc $= 151$ pc $= 492$ anni luce.

Il modulo di distanza diventa molto grande quando si ha a che fare con oggetti molto lontani, come le galassie. Una galassia simile alla nostra può avere una magnitudine assoluta $M = -21$. Si noti la magnitudine negativa: la luminosità è elevatissima, circa 25 miliardi di volte quella del Sole (lasciamo al lettore il compito di verificare questa affermazione). Supponiamo di vederla al telescopio di magnitudine apparente $m = 16$. Il modulo di distanza sarà $(m - M) = 37$. Si potrebbe usare la relazione (2.2), ma quando le distanze sono così grandi è forse più comodo utilizzare quest'altra relazione che discende dalla (2.2), come il lettore può verificare da sé:

$$m - M = 5\log d + 25 \qquad (2.3)$$

con l'avvertenza che ora d risulta espresso non più in parsec, ma in Megaparsec (Mpc), in milioni di pc. Nel nostro caso:

$$\log d = (37 - 25) / 5 = 2,4$$

da cui: $d = 10^{2,4}$ Mpc $= 251$ Mpc $= 818$ milioni di anni luce.

Verifichiamo infine, come esercizio, quanto si riporta nel testo, a pag. 35, a proposito delle due Cefeidi della Piccola Nube di Magellano, la A e la B, con $m_A = 14$ e $m_B = 16$. Se la distanza dal Sistema Solare fosse di 30mila pc, il modulo di distanza sarebbe $(m - M) = 5\log 30.000 - 5 = 17,4$ e dunque $M_A = 14 - 17,4 = -3,4$ e $M_B = -1,4$. Se fosse di 50mila pc, sarebbe $(m - M) = 18,5$ e dunque $M_A = -4,5$ e $M_B = -2,5$. In realtà, la distanza della Piccola Nube di Magellano è di 61mila pc, come verificheremo nel prossimo box d'approfondimento.

Capire l'Universo

(Massachusetts, USA). Si tratta di una classe del tutto particolare di stelle variabili, preziosissime perché grazie ad esse si aveva finalmente a disposizione un metodo per prendere le misure alla Via Lattea e, in seguito, all'intero Universo.

Quella della Leavitt fu una scoperta di importanza capitale per la cosmologia e per la nostra conoscenza dell'Universo, meritevole più di altre del Premio Nobel: purtroppo, si tardò a riconoscere quanto fondamentale fosse stato quel contributo e quando la proposta fu avanzata Henrietta non c'era già più, portata via prematuramente da un male incurabile nel 1921.

Le Cefeidi di Henrietta

Per tutta la vita, Henrietta Leavitt dovette far fronte a gravi problemi di salute. Giovanissima studentessa, aveva difficoltà di udito; sentiva poco, ma quando parlava incantava i suoi docenti per la finezza delle argomentazioni, oltre che per un'innata dolcezza nel porsi. Figlia di un pastore protestante, i suoi studi si erano indirizzati verso le discipline umanistiche. Era già laureanda, quando una serie di lezioni di astronomia cambiarono la sua vita, instillandole una passione che non l'abbandonerà più.

Henrietta Leavitt (1868-1921).

Nel 1895, Henrietta entrò come volontaria all'Osservatorio dell'Harvard College, diretto da Edward Charles Pickering (1846-1919), l'astronomo che si era prefisso il compito ambizioso di compilare un catalogo spettrale di tutte le stelle del cielo. Analizzare gli spettri era però un lavoro lungo, tedioso, ripetitivo e, per la mentalità del tempo, poco dignitoso per un astronomo. Era semmai più consono a una donna, magari senza studi alle spalle, che non coltivasse troppe ambizioni e perciò che non facesse ombra al direttore, astronomo e maschio. Così, Pickering si circondò di un gruppo di "calcolatrici": donne che, con l'applicazione, acquisivano una *forma mentis* matematica che le metteva in grado di eseguire operazioni complesse in tempi brevi, oppure una spiccata abilità nel riconoscere gli spettri stellari, classificandoli in base al tipo d'appartenenza. Ce n'era stabilmente una dozzina all'Osservatorio, forza lavoro di bassa lega, pagata 9 dollari alla settimana. Dall'*harem* di Pickering, come venne soprannominato il gruppo delle calcolatrici, in realtà, emersero poi personalità che sovrastarono quella del direttore, e che lasciarono un segno profondo nella storia dell'astronomia, come Williamina P. Fleming, Annie Jump Cannon, Antonia C. Maury. L'impronta più significativa fu però quella di Henrietta Leavitt.

La Leavitt si specializzò nella fotometria fotografica, ossia nella valutazione della magnitudine di una stella dalla lettura di una lastra fotografica. Aveva escogitato un metodo tutto suo per individuare le eventuali stelle variabili presenti nel campo fotografato. Eseguiva due lastre in tempi diversi, per esempio a un paio di giorni o a una settimana di distanza. Poi sovrapponeva la lastra negativa della seconda ripresa alla lastra positiva della prima: se per una data stella il cerchietto nero dell'immagine stellare in negativo era più grosso o più piccolo del corrispondente cerchietto bianco (l'immagine positiva), ciò indicava che era intervenuta una variazione di luminosità. In questo modo, la Leavitt scoprì poco meno di 2500 stelle variabili, all'incirca quante gli astronomi, laureati e maschi, ne avevano rivelate in tutti i secoli precedenti. Per inciso, il suo impiego precario all'Harvard College durò sette anni, fino al 1902. Poi venne assunta in pianta stabile.

La sua scoperta più significativa riguardò le variabili individuate dentro la Piccola Nube di Magellano in lastre prese dalla succursale andina dell'Osservatorio dell'Harvard College, sita ad Arequipa (Perú), ove nel 1896 era stato installato il rifrattore Bruce di 61 cm. Oggi sappiamo che le due Nubi di Magellano sono piccole galassie satelliti della Via Lattea, ma a quel tempo la loro natura era ancora dibattuta. Di una cosa si era comunque certi: che fossero molto lontane.

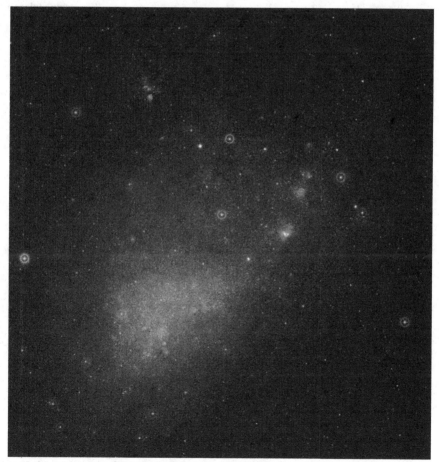

La Piccola Nube di Magellano è la galassia satellite della Via Lattea dentro la quale Henrietta Leavitt scoprì 1800 stelle variabili, tra le quali 25 Cefeidi. (ESA/HST/DSS2; Davide De Martin)

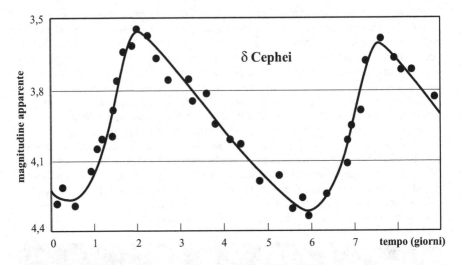

Curva di luce della *delta* Cephei, costruita a partire da misure amatoriali. Si noti la veloce salita verso il massimo di luce e la più lenta discesa al minimo. La *delta* Cephei ha un periodo di 5,4 giorni.

Nel 1907, la Leavitt pubblicò una prima lista di quasi 1800 variabili di corto periodo presenti nelle due Nubi. Subito la sua attenzione fu attratta da un gruppo di variabili (inizialmente 16), per le quali, seguendole per molti mesi, era riuscita a tracciare la *curva di luce*, ovvero il grafico che mostra come varia nel tempo la luminosità. Le curve indicavano chiaramente che si trattava di Cefeidi, una classe di variabili i cui prototipi erano la *delta* Cephei, scoperta dall'astrofilo inglese John Goodrike nel 1784, e la *eta* Aquilae, scoperta negli stessi mesi da Edward Pigott.

La caratteristica di queste variabili è che la salita al massimo di luce è molto più veloce che non la discesa al minimo. Per esempio, la *delta* Cephei impiega circa un giorno e mezzo per passare dal minimo $m = 4,3$ al massimo $m = 3,5$; ma ne impiega quattro per ridiscendere al minimo. Il suo periodo è di 5,4 giorni: tale è l'intervallo, regolarissimo, tra due minimi (o massimi) consecutivi. La *eta* Aquilae ha un periodo leggermente più lungo, 7,2 giorni, ma la forma della curva di luce è pressoché identica e lo stesso vale per tutte le componenti della famiglia delle Cefeidi, indipendentemente dalla lunghezza del periodo.

Oggi sappiamo che queste variabili sono stelle supergiganti nelle fasi finali del loro ciclo evolutivo, nate come astri di massa elevata. Sono di colore e di temperatura variabili, hanno diametri smisurati, e presentano luminosità variabili perché pulsano come muscoli cardiaci: si comprimono e si dilatano a ritmi regolari. Poco sotto la loro fotosfera v'è uno straterello di elio parzialmente ionizzato che agisce come una "valvola" che incamera energia quando la stella si contrae e la rilascia quando la stella si espande; variando il grado di ionizzazione dell'elio, varia anche l'opacità dello straterello, che in certe fasi si oppone più che in altre al passaggio della radiazione dall'interno della stella alla superficie. Il risultato complessivo è la variazione delle caratteristiche fisiche e geometriche che determinano la tipica curva di luce che tutte le Cefeidi esibiscono, sia che oscillino con periodi di pochi giorni, sia che la variazione periodica duri alcuni mesi. E proprio la forma di quella curva le rende ben riconoscibili tra la selva di variabili regolari o irregolari che affollano l'Universo.

Guardando solo ai due prototipi fin qui menzionati, la *delta* Cephei e la *eta* Aquilae, gli astronomi non avrebbe potuto cogliere la singolare proprietà che rende le Cefeidi preziose candele-standard. Per un puro caso, le due stelle oscillano entrambe tra le magnitudini apparenti 4,3 e 3,5. Ma che dire delle loro magnitudini assolute? Non è possibile dare risposta a questa domanda per il fatto che non si conosce la loro distanza. Entrambe le stelle sono così lontane dal Sole che l'angolo parallattico è al di sotto della sensibilità dei telescopi al suolo (ancora oggi è così). E sì che la *delta* Cephei è una delle Cefeidi più vicine: per tutte le altre, va ancora peggio. Niente parallasse, niente distanza.

Le 16 Cefeidi della Leavitt (che erano cresciute a 25 nel 1912) appartenevano tutte alla Piccola Nube di Magellano: neppure di queste era nota la distanza, che si sapeva essere grandissima, ma perlomeno si era certi che fosse la stessa per tutte, visto che erano ospiti dello stesso complesso. Così, le varie stelle erano tra loro direttamente confrontabili. Se osservava due Cefeidi che al massimo di luce (oppure al minimo) differivano tra loro di 2 magnitudini (per esempio, $m_A = 14$ e $m_B = 16$), Henrietta sapeva per certo che anche le magnitudini assolute differivano di 2 unità: non poteva conoscere i valori precisi di M_A e di M_B, poiché non sapeva quale fosse la distanza della Piccola Nube di Magellano, ma di sicuro la stella A era 6,3 volte intrinsecamente più luminosa della B. Per scendere nel concreto, se la Piccola Nube distasse 30mila pc, risulterebbe $M_A = -3,4$ e $M_B = -1,4$ (il facile calcolo è riportato nel box d'approfondimento a pag. 31). Se distasse 50mila pc, sarebbe $M_A = -4,5$ e $M_B = -2,5$. In ogni caso, la stella che appariva più brillante era anche quella intrinsecamente più luminosa, esattamente di 2 magnitudini.

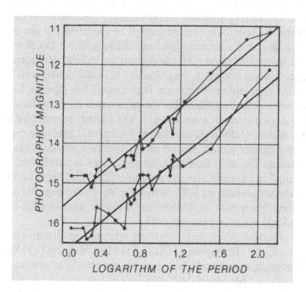

Il grafico originale della Leavitt mostra la stretta relazione tra le magnitudini fotografiche delle Cefeidi della Piccola Nube di Magellano e il loro periodo di variabilità (in giorni), riportato in scala logaritmica: 0,4 sta per 2,5 giorni; 0,8 = 6,3 giorni; 1,2 = 15,8 giorni; 1,6 = 39,8 giorni; 2,0 = 100 giorni. I due insiemi di dati si riferiscono alla magnitudine al massimo e al minimo di luce e le due linee rette che interpolano i dati osservativi evidenziano la relazione P-L scoperta dalla Leavitt: più lungo è il periodo, più luminosa è la stella.

Capire l'Universo

All'occhio attento della Leavitt non sfuggì che quanto più le Cefeidi erano brillanti tanto più lenta era la loro variazione di luce. Per esempio, quelle che completavano la pulsazione in circa 4 giorni erano di magnitudine apparente attorno alla 14,5 al massimo di luce; quelle con un periodo di circa 16 giorni giungevano alla magnitudine 13, e così via. Quando poi provò a mettere in grafico la magnitudine apparente delle sue Cefeidi in funzione del periodo restò impressionata dalla regolarità della curva: veniva infatti evidenziata una stretta relazione matematica tra le due grandezze, tra la magnitudine apparente e il periodo, o, per quanto detto, tra la magnitudine assoluta e il periodo.

La *relazione periodo-luminosità* (relazione P-L) trovata dalla Leavitt era manna piovuta dal cielo per gli astronomi: d'ora in poi sarebbe stato possibile conoscere la magnitudine assoluta di una Cefeide di un lontano ammasso stellare semplicemente avendo la pazienza di raccogliere parecchie misure fotometriche, compilare la curva di luce e misurarne il periodo. Dal periodo si ricava la magnitudine assoluta. Da questa e dalla magnitudine apparente si ricava la distanza. Così, si poteva risalire alla distanza di ogni ammasso stellare a partire da una misura temporale relativamente semplice. Le Cefeidi erano le tanto sospirate candele-standard che gli astronomi andavano cercando per misurare le distanze nella Via Lattea e nell'Universo! Oltretutto, essendo supergiganti estremamente luminose, era possibile osservarle anche a distanze dell'ordine dei milioni di anni luce (oggi, grazie al Telescopio Spaziale "Hubble", le sappiamo individuare in galassie distanti anche più di 50 milioni di anni luce).

C'era solo un ultimo problema da risolvere, un grosso problema, ed era la precisa calibrazione del grafico della Leavitt, in modo da poterlo tradurre in una formula matematica con tutti i parametri ben precisati. Abbiamo detto che le Cefeidi della Piccola Nube di Magellano con periodo di 16 giorni hanno una magnitudine apparente 13: ma qual è la loro magnitudine assoluta, che è ciò che ci interessa per davvero? Se trovassimo una Cefeide con un periodo di 16 giorni in un ammasso stellare, con quale valore di magnitudine assoluta dovremmo confrontare la sua magnitudine apparente per ricavare la distanza? Per saperlo, bisognerebbe conoscere la distanza della Piccola Nube, ma questa non era nota. Lasciamo allora la Piccola Nube e guardiamoci attorno nella Via Lattea: basterebbe misurare la distanza di tre o quattro Cefeidi galattiche per calibrare il grafico e risolvere ogni dubbio. Purtroppo, queste variabili sono piuttosto rare e non ce n'era alcuna che si situasse abbastanza vicino al Sole da poterne rilevare la parallasse. (Per inciso, si sarà notata l'implicita assunzione che abbiamo fatto: che vi sia una sostanziale omogeneità di comportamento tra le Cefeidi della Via Lattea e quelle della Piccola Nube di Magellano. Su questo ci sarebbe da discutere, ma, almeno in prima approssimazione, si può accettare che sia così.)

Con metodi indiretti di stima delle distanze, operando su gruppi ristretti di Cefeidi, ci provarono Ejnar Hertzsprung (1913) e Harlow Shapley (1918) a calibrare la relazione; il secondo la migliorò, lavorando su un campione statisticamente più significativo. Da allora, i parametri della relazione P-L sono stati via via affinati nel corso di tutto il XX secolo e oggi la legge assume una forma matematica del tipo:

$$M = -1,43 - 2,81 \cdot \log P$$

dove M è la magnitudine assoluta visuale media (la media aritmetica tra il massimo e il minimo) e P è il periodo, espresso in giorni. Si veda nel box d'approfondi-

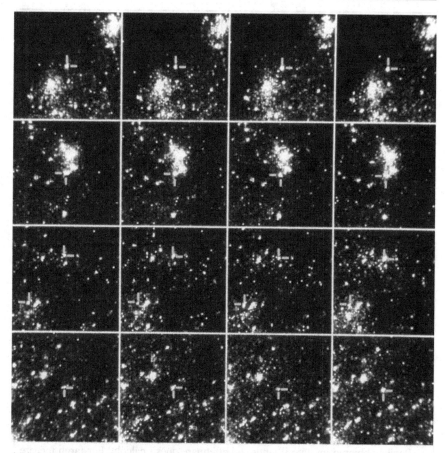

Il Telescopio Spaziale "Hubble" rivela variabili Cefeidi anche in galassie distanti più di cinquanta milioni di anni luce. In queste riprese del 1993, vengono segnalate da trattini alcune Cefeidi presenti nei bracci a spirale della galassia M81. (NASA; STScI)

mento di pag. 38 in che modo utilizzare la relazione per ricavare la distanza della Piccola Nube di Magellano. In letteratura si trovano decine di relazioni analoghe, ricavate a partire da campioni diversi di Cefeidi; i parametri numerici variano (ma di poco) a seconda che la relazione consideri le magnitudini visuali, quelle infrarosse, fotografiche ecc., oppure la magnitudine del massimo (o del minimo) invece che quella media. Ma non è il caso di addentrarci in troppe complicazioni.

Vale invece la pena di menzionare la più significativa delle correzioni apportate alla relazione, quella operata da Walter Baade nel 1952. Baade si accorse che esistevano due diverse popolazioni di Cefeidi, quelle dette di Popolazione I, più giovani e calde, che si osservano nei bracci di spirale delle galassie, e quelle di Popolazione II, che compaiono negli ammassi globulari. Le prime sono circa quattro volte intrinsecamente più luminose delle seconde, a parità di periodo. Fino ad allora, la relazione P-L, che era stata calibrata perlopiù sulle Cefeidi degli ammassi globulari (di Popolazione II), veniva applicata indifferentemente a tutte le Cefeidi, anche a quelle (di Popolazione I) che venivano osservate nei dischi delle galassie

La distanza della Piccola Nube

Quanto è lontana la Piccola Nube di Magellano? La distanza di questa galassia irregolare, satellite della Via Lattea, visibile anche a occhio nudo nei cieli dell'emisfero meridionale della Terra, è stata oggetto di molti studi per tutto il secolo scorso: conoscerla significa infatti poter calibrare con precisione la relazione P-L della Leavitt. Oggi viene stimata in circa 61mila pc (200mila anni luce), con un'incertezza del 5% (61 ± 3 kpc).

Per esercizio, proviamo a ricavarla per conto nostro, a partire dalle curve di luce di alcune sue Cefeidi (si veda la figura in basso) e tenendo per buona la relazione P-L riportata nel testo: $M = -1{,}43 - 2{,}81 \cdot \log P$.

Si noti che la nostra prospettiva è ribaltata rispetto a quella degli astronomi. Mentre loro hanno armeggiato per un intero secolo attorno alla misura della distanza della Piccola Nube, sfruttando ogni altro indicatore di distanza che non fossero le Cefeidi, al fine di calibrare la relazione P-L per le Cefeidi, noi qui facciamo il cammino inverso: adottiamo a priori la relazione P-L e la utilizziamo per ricavare la distanza della Piccola Nube, sfruttando come indicatori proprio le Cefeidi.

Con riferimento alla figura, consideriamo la curva di luce della stella HV 2063 (HV è la sigla del catalogo di variabili dell'Osservatorio dell'Harvard College) e rileviamone il periodo. Il primo massimo è al giorno 4; il sesto massimo è al giorno 61. Dunque il periodo è di 11,4 giorni.

Immettiamo il dato nella relazione P-L e ricaviamo la magnitudine assoluta visuale media $M = -4{,}4$. Ora rileviamo dalla curva di luce la magnitudine apparente visuale media, che è la media aritmetica tra la magnitudine al massimo e quella al minimo di luce: $m = (14{,}1 + 14{,}8)/2 = 14{,}45$. Da qui, possiamo calcolare il modulo di distanza: $m - M = 14{,}45 + 4{,}4 = 18{,}85$. Infine, dalla (2.2) otterremo: $d = 58{,}9$ kpc.

Se ripetiamo il calcolo sulla HV 1967, ci uscirà $d = 64{,}0$ kpc, circa il 10% in più (è normale che ci siano errori di misura); facendo la media delle due determinazioni, troviamo: $d = 61{,}5$ kpc, che è in linea con la distanza riportata più sopra.

Perché abbiamo invitato il lettore ad effettuare questi calcoli? Per fargli toccare con mano quanto siano delicate le misure fotometriche e quanto sia esposto a errori il lavoro del cosmologo. Per esempio, un errore di solo mezzo decimo di magnitudine, in più o in meno, sul modulo di distanza nel caso della stella HV 2063 condurrebbe a stime rispettivamente di 60,3 e di 57,5 kpc, con uno scarto di 1,4 kpc dal valore più sopra calcolato.

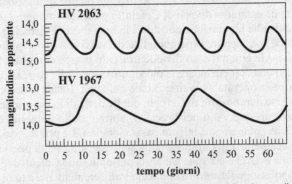

Curve di luce di due variabili Cefeidi della Piccola Nube di Magellano.

a spirale, con il risultato che se ne sottostimava sistematicamente la distanza di un fattore 2. In sostanza, nel 1952, grazie a Baade, ci si rese conto che le distanze di tutte le galassie dovevano essere raddoppiate, così come le loro dimensioni lineari.

La fondamentale scoperta della relazione P-L per le Cefeidi mise nelle mani degli astronomi il metro con cui stimare la scala dell'Universo. Se prima di allora, con il metodo della parallasse, non ci si poteva spingere più in là di qualche centinaio di anni luce dal Sole, ora le distanze potevano essere misurate fino a milioni di anni luce e il volume d'Universo affidabilmente sondabile era mille miliardi di volte più grande!

È poi da rimarcare che la conoscenza della distanza di un oggetto celeste non è fine a se stessa, ma consente agli astronomi di stimare la luminosità intrinseca di una stella, le dimensioni lineari di una nebulosa, di un ammasso o di una galassia. È la chiave che apre tutte le porte in astronomia, che svela ogni segreto. Henrietta Leavitt ce la consegnò il 3 marzo 1912 sotto forma di una nota di tre paginette, una tabella e due grafici, intitolata "Periodi di 25 stelle variabili nella Piccola Nube di Magellano". È la storica *Circolare 173* dell'Osservatorio dell'Harvard College, che porta in calce la firma non di Henrietta, ma del direttore Edward C. Pickering, astronomo e maschio.

3 Gli anni del Grande Dibattito

Un refuso fa piccola la Galassia

Negli anni successivi alla pubblicazione dei risultati della Leavitt, diversi astronomi si cimentarono nella non facile impresa di calibrare la relazione P-L per poterla utilizzare nella determinazione delle distanze cosmiche.

Il grande merito dell'astronoma dell'Harvard University fu di aver evidenziato le potenzialità delle Cefeidi quali affidabili candele-standard. Per le 25 variabili della Piccola Nube era stato accertato al di là di ogni ragionevole dubbio, in virtù del fatto che si trovano praticamente alla stessa distanza dal Sole, che il periodo di variabilità si lega alla luminosità delle singole stelle. Indicativamente, una Cefeide con un periodo di una sessantina di giorni appare circa otto volte più brillante di una che completa il ciclo luminoso in dieci giorni, e questa, a sua volta, appare all'incirca sei volte più brillante di una con un periodo di un paio di giorni. Sui rapporti di luminosità si andava sicuri, ma sulle luminosità assolute non si sapeva che dire, stante il fatto che la distanza della Piccola Nube di Magellano non era nota.

Fu il danese Ejnar Hertzsprung il primo ad applicarsi nella calibrazione della relazione P-L sulle Cefeidi della Via Lattea. Però a quei tempi se ne conosceva un numero abbastanza limitato, solo una dozzina, e non ce n'era neppure una per la quale si fosse in grado di misurare la parallasse annua. Erano tutte troppo lontane dal Sole. Una vera disdetta: sarebbe bastato conoscere la distanza di tre-quattro Cefeidi, con la precisione che solo il metodo della parallasse può garantire, per chiudere il cerchio aperto dalla Leavitt e disporre di un metro affidabile col quale prendere le misure all'Universo. Invece, l'angolo parallattico da misurare risultava sempre troppo piccolo per i telescopi e per le tecniche del tempo.

Hertzsprung pensò che una possibile soluzione fosse quella di ampliare la base parallattica. Se il diametro dell'orbita terrestre era una base troppo angusta, si sarebbe potuto utilizzarne un'altra, assai più estesa, sfruttando il moto del Sole dentro la Galassia. Sarebbe bastato confrontare le posizioni attuali delle Cefeidi con quelle rilevate anni o decenni addietro. Oggi sappiamo che il Sole, con tutti i suoi pianeti, viene trascinato attorno al centro della Via Lattea da un moto orbitale che lo sposta ogni anno di una cinquantina di Unità Astronomiche, ossia di circa due dozzine di diametri orbitali terrestri (l'Unità Astronomica è la distanza media tra la Terra e il Sole). Due fotografie della stessa Cefeide scattate a dieci anni di distanza equivalevano a osservazioni effettuate dagli estremi di una base parallattica 250 volte maggiore di quella annua tradizionale. Un indubbio vantaggio!

Purtroppo, però, i calcoli si rivelarono tremendamente complicati per la ragione che il campo di velocità della Galassia a quei tempi non era ben conosciuto. Il moto del Sole veniva misurato relativamente alle stelle vicine, ma queste non erano ferme. Oltre a ruotare ordinatamente attorno al centro galattico, ciascuna di esse era anche soggetta a moti disordinati, con componenti della velocità variamente orientate e di intensità molto diverse. Dentro un tale guazzabuglio cinematico ci si doveva accontentare al più di stime statistiche, che risultavano però parecchio incerte.

Come se non bastasse, ci si mise anche un malizioso refuso (o un banale errore di calcolo) nell'articolo che Hertzsprung pubblicò sulle *Astronomische Nachrichten* del novembre 1913, di cui l'autore evidentemente non si avvide (ma neppure i colleghi del tempo) perché mai sulla rivista comparve un *errata corrige* al riguardo. Le distanze delle Cefeidi galattiche erano sottostimate di un fattore 10 per la scomparsa di uno 0 in uno dei valori pubblicati: vi si leggeva 3000 anni luce al posto di 30.000. Un bel pasticcio, da cui scaturiva una scala spaziale della Galassia sbagliata per difetto.

Negli Stati Uniti, Henry Norris Russell, professore a Princeton, aveva a sua volta tentato di calibrare la relazione P-L della Leavitt sulle Cefeidi galattiche, ma anch'egli con risultati incerti e discutibili. Errori abbastanza grossolani nella stima delle distanze lo avevano portato a ritenere che le Cefeidi galattiche avessero all'incirca tutte la medesima luminosità intrinseca, ciò che suonava implicitamente come una sconfessione della relazione P-L della Leavitt. Russell sbagliava di grosso, ma comunque, da quella sua errata conclusione, scaturiva che la Piccola Nube di Magellano, le cui Cefeidi apparivano più deboli di quelle galattiche mediamente di 10 magnitudini, doveva essere circa 100 volte più lontana di queste. Era dunque una distanza enorme quella che cominciava a prospettarsi per la Piccola Nube, dell'ordine delle centinaia di migliaia di anni luce. O si trattava di un oggetto esterno alla Galassia, oppure il nostro sistema stellare aveva dimensioni spaventosamente grandi.

Certamente, Russell discusse le sue conclusioni anche con un suo allievo, Harlow Shapley, allora impegnato nella tesi di dottorato, e ciò fu la scintilla che accese l'interesse di questo giovane e promettente astronomo verso le Cefeidi, dapprima attentamente seguite al telescopio, poi studiate sotto il profilo teorico e infine utilizzate per delineare forma e dimensioni della Galassia, con la dimostrazione che il Sole non si trova nei pressi del suo centro, come la maggior parte degli astronomi riteneva, ma in posizione parecchio decentrata, verso la periferia del sistema.

Shapley e le Cefeidi

Harlow Shapley era nato nel 1885 nel Missouri, poco lontano da Nashville, in una famiglia contadina molto attenta ai valori della cultura. Il suo sogno da ragazzo era di fare il giornalista e infatti lavorò come cronista giudiziario per alcuni piccoli quotidiani locali; non a caso, la sua tesina d'esame alle superiori non fu una relazione di carattere scientifico, bensì un dotto saggio letterario su "I valori del Romanticismo nella poesia elisabettiana" che, pur essendo giudicato un poco pretenzioso, gli aprì le porte dell'Università del Missouri, alle quali si affacciò iscrivendosi inopinatamente al corso di astronomia. Ancora molti anni dopo, Shapley non riusciva a spiegare a se stesso le ragioni di tale scelta. Ripensando a qualche episodio che potrebbe avergli instillato da ragazzo la curiosità per le cose del cielo, gli tornava alla memoria solo che una notte d'agosto, sollecitato dal padre ad osservare lo spettacolo delle stelle cadenti, si era messo in posizione, sdraiato su un tavolaccio a fianco del fratello gemello, naso al cielo: tanto profondo fu l'interesse che in meno di mezz'ora s'addormentò.

Dopo la laurea, vinse una borsa di studio all'Osservatorio dell'Università di Princeton, dove trovò a capo del Dipartimento d'Astronomia il succitato Henry Norris Russell, astronomo conosciuto in tutto il mondo per gli studi sull'evoluzione

Harlow Shapley (1885-1972), nel suo studio all'Osservatorio di Harvard. (per gentile concessione di Mildred Shapley Matthews)

stellare, con il quale collaborò fattivamente, instaurando un rapporto di reciproca stima e amicizia.

Negli anni di Princeton, lavorando al rifrattore di 58 cm, Shapley raccolse circa 10mila misure fotometriche riguardanti un centinaio di sistemi binari a eclisse, quei sistemi di stelle doppie il cui piano orbitale è visto di taglio, di modo che le componenti si occultano vicendevolmente a intervalli di tempo regolari. Nel corso delle occultazioni, una frazione del disco della stella principale, o della secondaria, viene nascosta alla vista dell'osservatore, cosicché la luminosità totale del sistema cala per tutta la durata della sovrapposizione prospettica dei dischi. Ridotti i dati, costruite le curve di luce e ricavate le orbite, dalla loro analisi si potevano trarre informazioni sulle proprietà fisiche delle due stelle, in particolar modo sulle rispettive masse, densità, temperature.

Il programma di Shapley decuplicò il numero dei sistemi binari di cui erano note le caratteristiche fisiche ma, mentre un Russell gongolante metteva a frutto quei risultati per le sue teorie evolutive, il giovane astronomo del Missouri, incrociando le misure di luminosità e di temperatura con le dimensioni dei dischi stellari ricavate dalle eclissi, cominciava a interrogarsi perplesso su un'altra questione: se si assumevano per buoni i valori riportati nei cataloghi delle distanze di molti dei sistemi binari che egli stava studiando, si presentavano imbarazzanti incongruenze, come se i suoi predecessori avessero sistematicamente sottostimato tali distanze. Shapley si trovò così a fare i conti con la scala delle distanze all'interno della Galassia, e quindi con le Cefeidi, delle quali egli fu il primo a comprendere le peculiari caratteristiche fisiche.

Fino ad allora, l'interpretazione che si dava di queste stelle era che rappresentassero una particolare tipologia di sistemi binari. Oggi sappiamo bene che così non è e che sono invece stelle giganti pulsanti, immense sfere di gas che alternativamente si gonfiano e si contraggono. La loro superficie va incontro all'osservatore terrestre quando si gonfiano, poi se ne allontana nel corso della contrazione: questo fatto, registrato dagli spettrometri come effetto Doppler, veniva erroneamente interpretato come conseguenza del moto orbitale di una componente in un sistema binario, mentre la variazione di luce veniva imputata a un'eclisse. Insomma, le Cefeidi non erano considerate stelle intrinsecamente variabili, ma sistemi binari a eclisse.

A ben pensarci, si sarebbe dovuto comprendere che quest'interpretazione era illogica e da scartare, in primo luogo perché se le Cefeidi fossero sistemi binari non avrebbe avuto alcun motivo d'esistere la stretta correlazione tra la luminosità e il periodo che era stata scoperta dalla Leavitt: infatti, perché mai un'orbita larga (periodo lungo) avrebbe dovuto essere prerogativa delle sole stelle luminose? Anche un sistema composto da stelle relativamente deboli potrebbe esibire un semiasse orbitale di notevoli proporzioni, con un periodo orbitale lungo. Il modello di Cefeide come sistema binario era vecchio di decenni e forse per questo, per una sorta d'inerzia culturale, resisteva anche dopo la pubblicazione della relazione P-L. O forse la legge della Leavitt era troppo recente, poco conosciuta o ritenuta non del tutto convincente: forse gli astronomi non avevano ancora avuto il tempo di metabolizzarla.

Fu Shapley a demolire la vecchia interpretazione, usando argomenti fisicamente inattaccabili: bastavano quattro conti per dimostrare che le velocità e i periodi misurati implicavano che la stella secondaria del presunto sistema binario avrebbe dovuto orbitare dentro il corpo della primaria. Una vera assurdità! E allora il meccanismo giusto da considerare era quello della pulsazione, e la relazione della Leavitt sottintendeva un preciso significato fisico, legato all'intima struttura di quelle stelle.

Shapley avvertiva d'aver colto nel segno, ma si lasciò prendere la mano dalla sua intuizione. Nel tentativo di corroborarla, nel 1917 provò a calibrare la relazione P-L su una dozzina di Cefeidi della Galassia, operando tuttavia con una certa disinvoltura nella fase di riduzione dei dati: quando le misure di magnitudine non si adeguavano alla curva che la Leavitt aveva ricavato per le Cefeidi della Piccola Nube di Magellano, egli procedeva a mediarle arbitrariamente a gruppi di tre per forzarle a rispettare quella relazione che egli riteneva una legge fisica esatta. Un metodo quanto meno discutibile, che in seguito gli verrà pesantemente rinfacciato.

La Galassia di Shapley: enorme, con il Sole in periferia

Negli anni trascorsi a Princeton, lavorando a stretto contatto con Russell, Shapley si era fatto l'idea che la Via Lattea fosse un sistema di dimensioni colossali. Egli considerava le Nubi di Magellano, e tutte le altre nebulose, come oggetti appartenenti a un unico sistema stellare. La Galassia di Shapley coincideva con l'Universo stesso e le nebulosità più deboli e presumibilmente più lontane erano brandelli di gas sospesi sopra i suoi confini. Ma qual era il posto del Sole in questo sistema?

Assunto in pianta stabile all'Osservatorio di Monte Wilson, che ospitava il telescopio più grande del tempo, il riflettore di 60 pollici (1,5 m) di diametro, a partire dal 1913 Shapley si applicò a definire le dimensioni della Galassia e la collocazione in essa del Sole rivolgendo la sua attenzione al sistema degli *ammassi globulari*, ammassi stellari di forma sferica estremamente compatti, costituiti da centinaia di migliaia di stelle vecchie, che compiono le loro rivoluzioni attorno al centro della Galassia muovendosi in un ampio volume di spazio che è detto *alone*. Ai tempi di Shapley se ne conosceva già un centinaio.

Incuriosì Shapley l'anomala distribuzione in cielo di questi ammassi, che si presentano soprattutto in direzione delle costellazioni del Sagittario, dello Scorpione e dell'Ofiuco. Almeno il 40% dei globulari allora catalogati compariva in quelle ristrette regioni celesti, "evitando" comunque il piano della Via Lattea, più affollato di stelle, quella *zone of avoidance* in cui non si vedono neppure nebulose spirali. Una distribuzione così asimmetrica e peculiare doveva avere un preciso significato, ma quale?

Fotografando gli ammassi globulari con il 60 pollici, Shapley cominciò a scoprirvi la presenza di alcune Cefeidi e potè subito verificare con sua grande soddisfazione che anche in questo caso, come già nella Piccola Nube, quando ne individuava tre o quattro dentro il medesimo ammasso, invariabilmente le più luminose risultavano essere anche quelle di periodo più lungo. In tal modo Shapley si andava convincendo sempre più

NGC 300 è una bella spirale del Gruppo dello Scultore. I telescopi moderni non hanno difficoltà a risolvere le singole stelle: non possono sussistere dubbi sul fatto che la NGC 300 sia una galassia come la nostra e non una nebulosa gassosa della Via Lattea, come riteneva Shapley. (ESO)

Ingrandimento di una porzione del braccio esterno di NGC 300, in cui sono indicate alcune stelle identificate come variabili Cefeidi. (W. Gieren et al.; ESO)

dell'universalità della relazione P-L per le Cefeidi. Utilizzandola, pur con tutte le incertezze derivanti dall'imprecisa calibrazione, egli poteva farsi un quadro della distribuzione dei globulari: se non poteva stimare le loro distanze assolute, espresse in anni luce, poteva almeno fissarne le distanze relative. Se negli ammassi A e B sono presenti due Cefeidi all'incirca dello stesso periodo e se la variabile in B appare al telescopio di 3 magnitudini più debole (ossia con un flusso luminoso 16 volte minore), allora, pur nella difficoltà d'esprimersi sulla distanza assoluta, si può quanto meno affermare che il globulare B è 4 volte più lontano dell'altro.

Al contempo, le misure spettroscopiche, grazie all'effetto Doppler, rivelavano

Gli ammassi globulari (questo è M55, nel Sagittario) sono aggregazioni sferiche e compatte di stelle evolute, che popolano l'alone della Galassia. (ESO)

le velocità d'insieme di quegli spettacolari "grappoli" di stelle che sono i globulari. Combinando le misure di velocità e di distanza, Shapley riuscì a ricostruire grosso modo le orbite di molte decine di globulari, ricavandone un quadro che lo convinse fermamente: a) che il sistema degli ammassi globulari si estendeva per almeno 300mila anni luce; b) che le orbite calcolate risultavano sostanzialmente concentriche, essendo centrate in un punto del piano galattico posto nella direzione del Sagittario; c) che tale punto doveva essere considerato a tutti gli effetti come il centro dinamico della Galassia; d) che il Sole era discosto da quel punto di almeno 60mila anni luce.

Conclusioni che anche noi oggi possiamo sottoscrivere, non senza aver prima corretto le distanze, che Shapley sovrastimava di circa un fattore 2: ma questo possiamo considerarlo un errore di dettaglio, imputabile all'imprecisa calibrazione della relazione P-L, e che certamente passa in secondo piano quando si consideri l'enorme progresso realizzato da Shapley nel tratteggiare la struttura della Galassia.

Così come Copernico aveva detronizzato la Terra dal centro del Sistema Solare, ora Shapley veniva a rimuovere il Sole dal centro della Galassia, dove lo avevano

Analizzando le orbite degli ammassi globulari (contrassegnati da cerchietti in questa immagine a largo campo), Shapley si accorse che erano centrate attorno a un punto (croce) nella costellazione del Sagittario e identificò quel punto come il centro della Galassia.

collocato le osservazioni di Herschel e anche gli studi moderni di Kapteyn. La rivoluzione copernicana adesso poteva dirsi completata per davvero!

La Galassia di Curtis: piccola, con il Sole al centro

Non tutti gli astronomi del tempo erano però d'accordo con le conclusioni di Shapley. Anzi, in molti le osteggiavano decisamente. Tra gli oppositori più tenaci è d'obbligo menzionare Heber Curtis, per il fatto che con Shapley, nell'aprile 1920, fu protagonista di quello che è passato alla storia come il Grande Dibattito, un pubblico contraddittorio al quale i due si presentarono come alfieri di due visioni antitetiche relativamente alla natura e alle dimensioni della nostra e delle altre galassie: un evento scientifico-mediatico che non portò di per sé alla chiarificazione delle problematiche, ma che contribuì a mettere a fuoco le differenti tesi, a individuare i rispettivi errori e a guidare nella direzione appropriata le successive ricerche.

Nel Grande Dibattito venne esposta la *summa* delle conoscenze sull'Universo accumulate nel secolo e mezzo appena trascorso, e che stavano conoscendo un'accelerazione impetuosa proprio in quegli anni; al tempo stesso, il confronto dialettico tra i due astronomi, al cospetto di un pubblico di eminenti scienziati americani, rappresentò l'atto finale di una concezione antica dell'Universo che le ricerche moderne stavano demolendo e di cui i contendenti, senza rendersene conto, e ciascuno a suo modo, erano latori: Curtis come sostenitore della posizione centrale del Sole nella Galassia, Shapley come difensore di una visione angusta che racchiudeva l'intero Universo dentro i confini del nostro sistema stellare.

Heber Curtis, a detta di tutti i suoi colleghi, era una persona squisita e gioviale. Era nato a Muskegon, nel Michigan, nel 1872; aveva seguito studi classici, anche all'Università, e per un certo tempo insegnò greco e latino nelle scuole superiori e anche all'Università del Pacifico, in California. Fu lì che si appassionò all'astronomia, guardando dentro l'oculare dei piccoli telescopi in dotazione all'Università e, pur senza aver mai seguito corsi di fisica o di matematica, cominciò a studiare astronomia da autodidatta, accompagnando i suoi studi con le osservazioni ai telescopi del Lick Observatory quando era libero dagli impegni di insegnante. Era un tenace lavoratore e ben presto acquisì una manualità straordinaria sia nell'autocostruzione di telescopi, sia nel perfezionamento della meccanica degli strumenti con cui entrava in contatto, sia, infine, nelle tecniche d'osservazione fotografiche e spettroscopiche.

Quando aveva trent'anni, nel 1902, William Campbell lo chiamò al Lick, ove restò per quasi vent'anni. Come anche per Shapley, subito dopo il Grande Dibattito la sua carriera conobbe un balzo verso l'alto e divenne direttore dell'Osservatorio Allegheny a Pittsburgh (Pennsylvania).

Al Lick, Curtis si era specializzato nello studio dei sistemi binari spettroscopici, quei sistemi la cui duplicità viene riconosciuta non già perché si riesca a risolvere singolarmente le due stelle (il telescopio non può separarle poiché orbitano troppo vicine tra loro), ma solo grazie agli spostamenti Doppler delle righe spettrali delle due componenti, oppure di una sola, la più brillante della coppia, dovuti al moto orbitale. Con Campbell pubblicò un catalogo di 140 doppie spettroscopiche nel 1905; e subito sorse la necessità di compiere un'analoga impresa nell'emisfero sud, sicché Campbell decise di dotare di un buon riflettore la Stazione Cilena del Lick, incaricando Curtis del programma di *survey*.

Solo nel 1909 Curtis fu richiamato al Lick e questa volta per prendere il posto che era stato di James Keeler e poi di Charles Perrine, con il compito di realizzare riprese fotografiche di nebulose al riflettore Crossley di 91 cm. Questo fu il lavoro che lo assorbì per il successivo decennio e che lo portò a livelli d'eccellenza.

Quante nebulose fotografò Curtis con il Crossley? Forse alcune migliaia; comunque, giungendo al limite delle possibilità del suo strumento, stimò che ne esistessero almeno 700mila sull'intera volta celeste. Le catalogò, separando le spirali dalle altre; confrontò le sue riprese con quelle di Keeler e Perrine, conservate negli archivi, e giunse alla conclusione che le spirali, con i loro spettri di tipo stellare, con i loro bracci più o meno aperti, erano oggetti che appartenevano indubbiamente a una medesima classe: sistemi stellari a forma di lente, ossia piatti con un rigonfiamento centrale. Le differenziava semmai l'inclinazione rispetto alla nostra linea visuale, che le faceva apparire più o meno tondeggianti, oltre che la magnitudine apparente. Ma questa era indubbiamente legata alla diversa distanza da noi, tanto è vero che, di norma, le spirali più deboli risultavano essere anche le più piccole per dimensioni angolari. Se non si riusciva a risolvere le singole stelle al loro interno era solo perché le distanze in gioco erano incomparabilmente maggiori di quelle delle stelle della Via Lattea.

Per Curtis, la Galassia di Shapley, coincidente con la totalità dell'Universo, era un'assurdità. Invece, la nostra Via Lattea era solo una spirale come le altre, dello stesso rango per dimensioni e numero di stelle; inoltre, le spirali si distribuiscono uniformemente nell'Universo, come tante isole in un immenso oceano, fino a distanze grandissime, che ancora non si era in grado di stimare. È vero che le vediamo soprattutto nelle regioni di elevata latitudine galattica e che anch'esse, come gli ammassi globulari, sembrano "evitare" il piano della Via Lattea, ma ciò potrebbe essere il risultato di qualche forma di estinzione della luce da parte di materia assorbente come quella che è presente sui bordi di molte spirali e che si scorge chiaramente come una fascia oscura nelle fotografie dei sistemi che si offrono di taglio.

Heber Curtis (1872-1942).

L'anello polveroso potrebbe essere una caratteristica comune a tutte le spirali: se anche la Via Lattea è cinta da nubi opache alla periferia del suo disco, vedere le lontane spirali poste nelle direzioni giacenti sul piano galattico sarebbe difficile, se non impossibile, e ciò risolverebbe elegantemente la questione della loro peculiare distribuzione. Ben più arduo sarebbe spiegarla se le spirali fossero oggetti della Galassia, come sosteneva Shapley. Perché infatti dovrebbero evitare proprio le regioni ove invece è maggiore la densità delle altre componenti galattiche, come stelle e gas?

Infine, se nella Via Lattea non ci sono evidenze dell'esistenza di quei bracci che avvolgono il centro e che sono invece così ben delineati nelle nebulose spirali che si scorgono in cielo, questo è, ancora una volta, per via della nostra particolare posizione che ci impedisce di vederli, posti come siamo proprio dentro il disco galattico, al suo centro o poco discosti da esso.

Curtis adottava il modello di Galassia che discendeva dai conteggi stellari di Kapteyn: la distribuzione delle stelle sembrava essere sostanzialmente isotropa, simmetrica rispetto al Sole e al piano galattico; oltretutto, la densità delle stelline più deboli (verosimilmente le più lontane) pareva che subisse un vero crollo, come se il telescopio avesse raggiunto il confine della Galassia. Da qui prendeva corpo la convinzione che il Sole stesse al centro del nostro sistema stellare, del nostro Universo-isola, e che l'estremo a cui giungevano i telescopi non si trovasse alle distanze esagerate che Shapley suggeriva, ma a meno di 10-15mila anni luce, come avevano trovato Kapteyn, Wolf, Schwarzschild, Eddington, Easton e altri ancora. Questo era per Curtis il vero raggio della Galassia, almeno dieci volte minore di quello stimato da Shapley.

Un confronto duro, ma leale

Come e perché venne organizzato il Grande Dibattito? L'idea fu del vulcanico George H. Hale, personaggio straordinario per intuito e capacità manageriali, oltre che ricercatore appassionato. Suo padre aveva accumulato una notevole fortuna e, all'occorrenza, non disdegnava di mettere a disposizione del figlio le risorse necessarie per condurre in porto le sue imprese scientifiche. Hale aveva la capacità di trascinare nei suoi progetti i più generosi magnati americani, che infatti finanziarono sotto la sua spinta dapprima la costruzione dell'Osservatorio Yerkes, poi quella dell'Osservatorio di Monte Wilson, dotando quest'ultimo di telescopi potenti, i più grandi al mondo, dapprima il riflettore di 60 pollici, entrato in funzione nel 1908, poi l'Hooker di 100 pollici (2,5 m), inaugurato nel 1917, che si guadagnerà un posto di rilievo nella storia dell'astronomia grazie alle osservazioni di Edwin Hubble.

Il Grande Dibattito fu un atto di riconoscenza di George verso il padre William. Si stava stilando il calendario del *meeting* della National Academy of Sciences (NAS) che avrebbe avuto luogo nell'aprile 1920 a Washington e George Hale propose a Charles Abbot, segretario della NAS, che in una delle serate (quella del 26) venisse programmata l'annuale "Conferenza William Hale", finanziata attraverso un fondo istituito alla memoria del padre. Quanto al titolo della conferenza, Hale ne propose due possibili, a scelta: la relatività, oppure la natura delle nebulose spirali, due argomenti che allora andavano per la maggiore e che avrebbero senz'altro calamitato l'interesse del pubblico in sala (scienziati di varie discipline della NAS, non solo astronomi o fisici) e anche della stampa. Abbot tentò dapprima di dirottare l'argomento su temi a suo avviso più "digeribili", come le cause geologiche e astronomiche delle glaciazioni; incassato il parere negativo di Hale, fu lapidario riguardo alla relatività, per la quale riteneva che al massimo cinque o sei persone avrebbero potuto seguire con profitto la discussione: "Prego Dio – scrisse a Hale – che il progresso della scienza sospinga la relatività in qualche regione dello spazio oltre la quarta dimensione, da cui non possa mai più tornare ad angustiarci". Non fu preveggente Abbot, ma se la sua avversione per la teoria di Einstein fece pendere la bilancia in favore delle spirali dobbiamo essergli comunque grati.

Hale pensò che sarebbe stato interessante affrontare il tema attraverso un contraddittorio fra due propugnatori di tesi opposte. La necessità di conquistare i favori di un pubblico eterogeneo, benché qualificato, avrebbe costretto i due conferenzieri a spiegazioni semplici e a un linguaggio scevro da tecnicismi, il che avrebbe garantito il carattere divulgativo che Hale voleva dare alla conferenza: anche i giornalisti avrebbero capito i vari passaggi e ne avrebbero scritto sui maggiori quotidiani. Infatti, così fu, persino al di là delle previsioni.

L'organizzazione del dibattito non si rivelò per niente facile. Intanto la scelta degli oratori: Shapley doveva essere presente di diritto, essendo il fautore più deciso della natura galattica delle nebulose spirali, ma Hale pensava inizialmente di contrapporgli William Campbell, il direttore del Lick; questi però declinò l'invito, suggerendo che il suo posto fosse preso dall'astronomo più rappresentativo del suo Osservatorio, quell'Heber Curtis che aveva impegnato gli ultimi dieci anni della sua vita scientifica nella fotografia delle spirali e che in quanto a capacità di comunicazione era un vero campione.

Shapley si trovava a una svolta importante della sua carriera e accolse la proposta con entusiasmo, ma anche con preoccupazione. Pur sicuro di sé per carattere, la preoccupazione gli derivava dalla consapevolezza dell'indubbia qualità dell'uomo che avrebbe avuto di fronte. L'entusiasmo, misto a una punta d'orgoglio, era invece dettato dal fatto che la conferenza di Washington era una passerella importante che avrebbe ufficialmente suggellato la sua ascesa ai piani alti della ricerca astronomica americana. Pochi mesi prima aveva ricevuto l'offerta formale di assumere la direzione del prestigioso Osservatorio dell'Harvard College, a seguito della scomparsa di Edward C. Pickering che era stato monarca assoluto di quell'istituzione per oltre quarant'anni. Di Pickering e del suo *harem* abbiamo scritto nel capitolo precedente. A Washington avrebbe incontrato i reggenti dell'Harvard per mettere a punto i dettagli del suo nuovo incarico e non gli sfuggiva che l'aula della NAS sarebbe stata la sede dell'esame più importante della sua vita.

Shapley, che lavorava a Monte Wilson da sette anni e che mal sopportava il clima della "montagna degli astronomi", era ansioso di trasferirsi all'Est per quella che gli pareva l'occasione della vita, un'offerta che non si poteva rifiutare. Solo in seguito avrebbe capito l'entità dell'errore compiuto. Restando a Monte Wilson è probabile che lui stesso, e non il più giovane Hubble, utilizzando il nuovo e potente riflettore Hooker si sarebbe reso protagonista delle formidabili scoperte cosmologiche che stavano maturando in quegli anni.

Al Grande Dibattito Shapley e Curtis si presentarono avendo richiesto (e fornito) garanzie reciproche che non si sarebbero azzuffati, massacrandosi di critiche velenose, di quelle che possono stroncare una carriera. Nessuno dei due si sarebbe voluto giocare in un pubblico dibattito l'offerta appena ricevuta della direzione di un Osservatorio. A quei tempi, la direzione di un centro di ricerca era l'aspirazione massima di un astronomo: era un posto che si occupava a vita, con uno stipendio almeno doppio di quello di un ricercatore. Curtis aveva valutato che, restando al Lick e considerando la linea di successione a Campbell costituita dai colleghi più anziani, sarebbe potuto diventare direttore a settant'anni, non prima. Insomma, i due erano giunti indipendentemente alla conclusione che bisognava giocare bene le proprie carte per convincere i rispettivi estimatori, possibilmente senza farsi troppo male reciproco.

A seguito di un fitto interscambio epistolare con Hale e Abbot, si concordò che non ci sarebbe stato un dibattito vero e proprio, con botta e risposta, ma solo due relazioni di 40 minuti ciascuna, cominciando con Shapley, in cui i contendenti avrebbero esposto le proprie tesi essendo edotti in anticipo delle tesi avversarie, così da poter già introdurre le opportune controdeduzioni. Semmai il dibattito sarebbe scaturito dal pubblico, che era libero di far domande o di esprimere pareri; ma, essendo la platea composta soprattutto da biologi, medici, paleontologi, chimici ecc., si poteva presumere che le domande non sarebbero state numerose. E così fu.

I due furono ligi agli accordi e molto corretti. Si ritrovarono sullo stesso treno diretto a Washington (la cosa non fece piacere a nessuno dei due) e non poterono evitarsi, ma di tutto discussero, di classici della letteratura, di musica, di filosofia, fuorché di astronomia. Quando il locomotore della Southern Pacific ebbe un guasto in Alabama, i due ingannarono il tempo perlustrando i binari e raccogliendo formiche per la collezione di Shapley, che era un entomologo amatoriale. Famoso un suo articolo sulla "termocinetica delle formiche" che avrebbe volentieri affidato alle pubblicazioni di Monte Wilson se solo fosse riuscito a convincere i colleghi che non si trattava di una burla. Lo pubblicò poi sui *Proceedings of the National Academy of Sciences*: in pratica, si era accorto che la velocità con cui le formiche si muovono sul terreno da e verso il formicaio varia in funzione della temperatura.

È maggiore quando il terreno è esposto al Sole e a mezzogiorno, mentre diminuisce sensibilmente al mattino, alla sera e se il terreno è in ombra; inoltre, non dipende dalla pressione atmosferica, né dal grado di umidità. Shapley raccoglieva queste misure passeggiando nelle valli attorno a Monte Wilson munito di cronometri, termometri, barometri, igrometri, o anche nel giardino di casa, con una torcia per le ricerche notturne. Essere scienziati è uno stato d'animo...

Le argomentazioni di due campioni

Curioso il fatto che le due relazioni ruotarono attorno a due tematiche apparentemente distinte; anche lo stile e il livello degli interventi furono differenti. Shapley aveva preparato uno scritto con un'impostazione molto divulgativa, forse troppo; sei pagine per introdurre il concetto di anno luce sembrano davvero eccessive. Lesse l'intervento e lo centrò sulla discussione delle dimensioni della Via Lattea e sulla nostra posizione decentrata, come discende dallo studio del sistema degli ammassi globulari e dall'uso delle Cefeidi come indicatori di distanza. Curtis invece dissertò sulla natura extragalattica delle nebulose spirali, si mantenne a un livello tecnico più elevato e parlò a braccio, aiutandosi con lucidi e con pochi appunti schematici.

In realtà, le due tematiche erano strettamente correlate: se la scala delle distanze era quella (enorme) stimata da Shapley, allora non era sostenibile la tesi di Curtis che le nebulose spirali fossero sistemi di pari rango della Galassia, di diametro altrettanto enorme ed esterne ad essa. Se infatti fossero davvero così grandi, avrebbero dovuto trovarsi a distanze immense, visto che sulle lastre fotografiche esibiscono diametri angolari molto piccoli; e questo entrava in conflitto con i valori di distanza ricavati dalla magnitudine apparente delle poche novae che erano comparse in alcune di esse, come la famosa nova del 1885 nella nebulosa in Andromeda (M31), catalogata con la sigla S And.

Con il termine di *nova*, alla latina, gli astronomi si riferiscono a un evento esplosivo che oggi sappiamo accadere sulla superficie di una nana bianca appartenente a un sistema binario. Nel corso dell'esplosione, che comunque non distrugge il corpo stellare, per qualche tempo la stella viene ad essere centomila volte più luminosa del Sole e perciò può rendersi visibile anche a grandi distanze. Come le Cefeidi, anche le novae venivano sfruttate come candele-standard: si supponeva infatti che quelle comparse nelle varie spirali e quelle della Via Lattea fossero di pari luminosità intrinseca. Assumendo questa ipotesi, tutto sommato ragionevole, le distanze delle nebulose spirali risultavano essere grandi, ma non così grandi da rendere conto delle minuscole dimensioni angolari che certe spirali mostravano al telescopio. Detta in altri termini, se le distanze stimate grazie alle novae erano corrette, le estensioni angolari delle spirali corrispondevano a dimensioni lineari decisamente minori di quelle della Via Lattea. Dunque, non erano sistemi di pari rango del nostro, come ritenuto da Curtis.

Questo ragionamento, sviluppato da Shapley in chiusura del suo intervento, era del tutto corretto, come ammise lo stesso Curtis. Del resto, era facile rendersi conto che, attribuendo alla S And la medesima magnitudine assoluta di una nova che era comparsa nel 1901 nella costellazione del Perseo, si poteva calcolare in meno di 10mila anni luce la distanza di M31. La nova del Perseo aveva toccato al picco la magnitudine visuale 0,2; la S And era giunta solo alla 5,8: a parità di luminosità

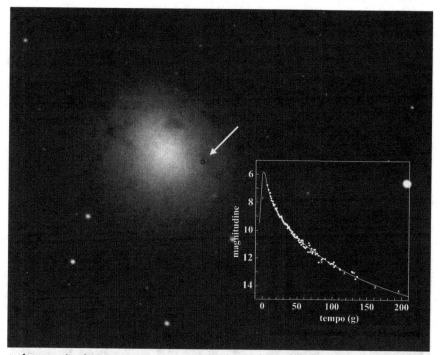

La freccia indica la posizione in cui comparve la S And, la supernova del 1885 in M31. La foto e la curva di luce sono prese da un articolo di Gerard de Vaucouleurs (*l'astronomia*, **50**, pag. 8). Ritenendo che l'esplosione stellare si riferisse a una nova, e attribuendole uno splendore intrinseco molto minore del vero, Shapley sottostimò la distanza di M31.

intrinseca, la seconda doveva essere 13 volte più distante della prima. Bisogna dire che a quei tempi si sottostimava la distanza della Nova Persei 1901, che in realtà si trova a 1500 anni luce da noi, ma, quand'anche si fosse utilizzato il valore corretto, la bella nebulosa in Andromeda non sarebbe risultata essere così lontana da collocarsi al di fuori dei confini della Via Lattea.

Curtis però controbatteva mettendo in dubbio la bontà delle novae quali candele-standard. O, meglio, di quella particolare nova del 1885. Tre anni prima erano state scoperte in M31 quattro novae più deboli di S And di ben dieci magnitudini, ossia con un flusso 10mila volte più basso ed erano queste, secondo Curtis, le vere controparti extragalattiche della Nova Persei 1901, mentre la S And doveva essere riguardata come una nova anomala, di luminosità fuori del comune. Usando come candele-standard le quattro novae deboli, la distanza di M31 risultava essere dell'ordine di mezzo milione di anni luce, o anche qualcosa di più, ciò che la collocava ben al di là del confine della Via Lattea.

Curtis si diceva convinto che esistessero due classi distinte di novae, ben diverse per luminosità intrinseca: quelle osservate nella nostra Galassia appartenevano alla classe delle novae deboli, mentre nelle spirali potevano anche verificarsi esplosioni stellari di gran lunga più potenti, capaci di sviluppare al picco tanta luce quanta quella dell'intera nebulosa cui appartenevano. Affermazione da far tremare i polsi, poiché se davvero, come Curtis sosteneva, le spirali erano oggetti lontani, la loro luminosità intrinseca doveva essere assai elevata, miliardi di volte

In cielo si osservano spirali con un'ampia gamma di dimensioni angolari, come nel caso di NGC 4911, al centro di questa foto, e delle numerose piccole galassie che la contornano. Secondo Curtis, le dimensioni lineari sono suppergiù le stesse per tutti i sistemi: i più piccoli ci appaiono tali solo perché stanno a distanze enormemente maggiori. (HST)

quella del Sole, e tale sarebbe dovuta essere anche la potenza delle novae luminose. Una stella che brilla come miliardi di volte il Sole! In un'epoca in cui non si sapeva ancora nulla dei meccanismi di produzione dell'energia delle stelle, più che un'intuizione coraggiosa questa era un'ipotesi di una spregiudicatezza estrema. Ciononondimeno, si rivelò poi corretta: la stella esplosa in M31, la S And, non era stata una nova, ma un'assai più brillante supernova, come W. Baade e F. Zwicky avrebbero chiarito quattordici anni dopo.

C'era poi un altro argomento su cui Curtis puntò. Anche ammettendo che fosse giusta la stima della distanza delle spirali più vicine, come M31, dell'ordine di 10mila anni luce (ciò che ne testimonierebbe la natura galattica), si deve considerare che sulle lastre fotografiche compaiono anche spirali che hanno diametri angolari fino a mille volte minori. Appartengono anch'esse alla Via Lattea? Se così fosse, bisognerebbe ammettere che le dimensioni lineari degli oggetti di questa classe possono variare di un fattore mille, il che pare francamente implausibile stante la notevole omogeneità di forma e di struttura che si osserva al telescopio. Molto più verosimile è invece ipotizzare che tutte le spirali abbiano diametri comparabili, e che le più piccole ci appaiono tali solo perché sono molto lontane. Se si fanno i conti, concludeva Curtis, esse risultano stazionare ad almeno 10 milioni di anni luce da noi, bene al di fuori dei confini della Galassia. E allora convinciamoci una volta per tutte che le nebulose spirali non sono piccoli oggetti vicini, ma sistemi stellari extragalattici, universi-isole grandi e luminosi come la nostra Via Lattea.

Entrambi in errore, entrambi vincitori

Sul piano puramente dialettico ed espositivo, a giudizio dei presenti Curtis ebbe la meglio. In ogni caso, i due uscirono entrambi a testa alta dal confronto, come avevano sperato e come era giusto che fosse. Sul piano strettamente scientifico, invece, è difficile dire chi la spuntò. Forse, più che dare i voti ai due contendenti, è utile trarre qualche insegnamento considerando le trappole in cui essi caddero, dettate da pregiudizi, oppure da osservazioni carenti.

Un errore comune ai due fu il non aver considerato il ruolo determinante giocato dall'assorbimento interstellare delle polveri del disco. Curtis intuì qualcosa, ma solo in modo confuso. Egli pensava che la polvere avvolgesse come un anello il disco delle spirali, ma non che fosse diffusa anche all'interno del disco. Per questo adottò il modello di Galassia di Kapteyn, piccola e con il Sole al centro, senza capire che i conteggi stellari a un certo punto si esauriscono – anche abbastanza presto – proprio in virtù dell'estinzione della luce da parte dei grani di polvere, che non consentono di spingere lo sguardo troppo lontano.

Quanto a Shapley, non è che trascurò l'assorbimento interstellare: lo escluse proprio, e categoricamente, sulla base di considerazioni che, sbagliando, riteneva inoppugnabili. Infatti, gli ammassi globulari gli apparivano tanto più deboli quanto più erano di piccolo diametro, il che è ciò che ci si deve attendere se la classe di oggetti è omogenea e se il flusso luminoso viene attenuato unicamente dalla distanza. Non sussisterebbe questa coerenza di comportamento se l'estinzione del mezzo interstellare fosse importante: ammesso infatti che ci sia materia assorbente interposta tra noi e due ammassi, che supporremo uguali per dimensioni e distanza, ma posti in direzioni ove l'assorbimento delle polveri è significativamente diverso, uno dei due ci apparirebbe molto più debole dell'altro – la sua immagine risulterebbe attenuata come se lo osservassimo al di là di un velo semi-trasparente –, ma non necessariamente anche più piccolo. A posteriori, possiamo dire che il ragionamento di Shapley era valido in linea teorica, e che i dati da cui partiva erano corretti, ma solo perché gli ammassi globulari che egli prendeva in considerazione compaiono in regioni celesti di alta latitudine galattica, dove l'estinzione interstellare effettivamente è minima, quasi nulla; sbagliava invece nel trarne la conclusione che l'assorbimento non fosse rilevante nell'intera Galassia.

Escludendo l'estinzione della luce da parte delle polveri, Shapley cadde nel tranello che la distribuzione delle spirali gli aveva teso. Gli ammassi globulari non compaiono nella *zone of avoidance* perché la polvere del disco crea una coltre impenetrabile che ci impedisce di scorgerli. Con ogni probabilità, ve ne sono anche alle basse latitudini galattiche, ma non li vediamo. Shapley non lo sospettava, però di una cosa era assolutamente certo: che gli ammassi globulari facessero parte della Galassia, avendo tutti orbite concentriche e fulcrate in quel punto del Sagittario che evidentemente rappresenta il centro dinamico del nostro sistema stellare. Le

Il disco di M104, la famosa galassia "Sombrero", è contornato da una banda di polveri opache. Curtis pensava che tutte le spirali fossero delimitate da un anello come questo e non considerò il fatto che le polveri potessero essere disseminate anche all'interno del disco. (ESO)

nebulose spirali avevano la stessa peculiare distribuzione dei globulari sulla volta celeste: le vediamo ovunque in cielo, ma non lungo il piano galattico, a basse latitudini. Dunque, era naturale pensare che anch'esse fossero oggetti appartenenti alla Via Lattea, e non sistemi stellari indipendenti ed esterni ad essa.

È una conclusione che pare logica, e tuttavia Shapley un dubbio avrebbe dovuto averlo, considerando le anomale velocità, prevalentemente in allontanamento, che in quegli anni cominciavano a essere misurate per le nebulose spirali da parte di Vesto M. Slipher, astronomo dell'Osservatorio Lowell di Flagstaff, in Arizona (ora sappiamo che erano la manifestazione dell'espansione dell'Universo: Hubble l'avrebbe scoperto qualche anno dopo). Erano velocità troppo elevate, di un ordine di grandezza superiore a quelle di tutte le altre classi di oggetti galattici, come stelle, nubi gassose, ammassi: né Curtis, né Shapley sapevano proporre spiegazioni. Il primo se la cavava arrendendosi alle osservazioni: evidentemente, la dinamica dell'Universo ammetteva anche quei moti così veloci; Shapley invece si avventurò in un'ipotesi implausibile, e cioè che le masse gassose delle spirali venissero sospinte via dalla pressione della radiazione emessa da tutte le stelle della Galassia. Ecco perché si allontanavano.

Shapley insistette anche su un altro punto: nelle spirali si misurava una distribuzione della luce, andando dal nucleo verso i bracci, e una distribuzione dei colori che parevano diverse da quelle del nostro sistema stellare (vero, ma solo perché, anche in questo caso, le polveri ci nascondono la realtà delle cose); e dunque, se sono così strutturalmente diverse, non c'era motivo per ritenerle galassie alla stregua della nostra. Erano solo nebulosità interne alla Via Lattea, illuminate da qualche stella vicina. Curtis non seppe rispondere all'obiezione, ma controbatté che gli spettri delle spirali erano decisamente di natura stellare, non nebulare, essendo virtualmente indistinguibili da quelli di un qualunque ammasso stellare. Shapley non era d'accordo su questo punto e si sforzò di dimostrare, fotografie alla mano, che, almeno nel caso della spirale M51, nella costellazione dei Cani da Caccia, le osservazioni non erano compatibili con l'idea di una sua composizione stellare. Estendendo la conclusione a tutte le spirali, l'idea degli universi-isole crollava come un castello di carte.

Su questo punto Shapley sbagliava. Su altri era Curtis in errore. I due contendenti presero entrambi sonore cantonate per carenza o inadeguatezza delle osservazioni. Ma ci furono anche errori dettati da pregiudizi o da superficialità. Il più marchiano lo fece Shapley, che confidò ciecamente nelle misure dell'amico astronomo olandese Adriaan van Maanen, un giovane allievo di Kapteyn emigrato negli Stati Uniti, che a Monte Wilson, con il riflettore di 152 cm, prendeva lastre di un certo gruppo di spirali, sempre le stesse, a distanza di molti anni, nella speranza di rilevare qualche accenno di variazione nella loro forma. Van Maanen pubblicò alcuni lavori in cui sosteneva di aver messo in evidenza un generale moto di rotazione su se stessa di M101 e di altre spirali. Per M101, van Maanen aveva stimato un periodo di rotazione di soli 85mila anni. Shapley accolse la notizia come un dono del cielo: con quella velocità angolare, se le spirali fossero davvero sistemi extragalattici di grosse proporzioni, la materia dei loro bracci esterni ruoterebbe a una velocità maggiore di quella della luce, il che è fisicamente impossibile; e dunque sono necessariamente oggetti piccoli e vicini!

Sfortunatamente per lui, quella che pareva una prova decisiva si rivelò un *boomerang* doloroso. Si scoprì in seguito che van Maanen si era ingannato. A ben pensarci, Shapley avrebbe dovuto dubitare di misure che richiedevano risoluzioni angolari proibitive per i telescopi del tempo e infatti nella sua autobiografia ammise di essere stato ingenuo e superficiale in quell'occasione: "Ma Adriaan era un amico; potevo non accordargli fiducia?"

4 La scoperta dell'Universo in espansione

Edwin Hubble, un *leader* nato

Molte delle questioni sollevate da Shapley e Curtis nel Grande Dibattito sarebbero venute a maturazione di lì a poco per merito di due grandi protagonisti, un astronomo e un telescopio: Edwin Hubble, il fondatore della cosmologia osservativa moderna, colui che svelò la natura extragalattica delle nebulose spirali e la realtà dell'Universo in espansione, e il riflettore Hooker di 2,5 m di Monte Wilson.

Personalità complessa, con un carattere altero che lo rendeva inviso a molti suoi colleghi, Hubble fu, con Einstein, lo scienziato più popolare e celebrato della prima metà del secolo scorso. Un vero personaggio, coccolato dai media, richiesto come una *star* per lezioni e conferenze divulgative da prestigiose Istituzioni, alle quali non di rado si negava. Insomma, non il massimo quanto a simpatia e amabilità. Almeno, così dicono. Un uomo abituato a vivere sul piedestallo di quel monumento a se stesso che la moglie Grace gli aveva eretto in decenni di un amore cieco, esclusivo, assoluto.

Grace Burke aveva sposato Edwin nel febbraio del 1924. L'amore per l'adorato marito si alimentò per tutta la vita di una stima e di una considerazione per le sue pur indubbie qualità di scienziato e di uomo che rasentavano il fanatismo, al punto che i biografi che attingono informazioni dalle sue memorie devono faticare non poco per depurarle dagli abbellimenti inseriti ad arte per mitizzare la figura del suo Edwin, facendo attenzione a scindere il vero dal falso e a leggere tra le righe molte interessate omissioni. Persino le biografie scientifiche scritte da colleghi e allievi dopo la scomparsa di Hubble, avvenuta nel 1953, non sono esenti da queste pecche agiografiche e se ne comprende la ragione: Grace era attentissima a tutto ciò che si scriveva del suo Edwin, gelosa custode di un'immagine idealizzata che ella si era creata e che nessuno doveva permettersi di intaccare.

Di famiglia agiata, gentile nei modi e nella figura, colta e sportiva, nel 1921, quando aveva solo 32 anni, Grace era rimasta vedova del primo marito. Il suo incontro con Hubble era avvenuto fortuitamente un anno prima, nel 1920, nel corso di una visita a Monte Wilson su invito di un'amica che aveva sposato un astronomo. Si trovava di prima sera all'esterno del "Monastero", l'edificio *off limits* per il gentil sesso (da qui il nomignolo) nel quale si riposavano gli astronomi dopo aver lavorato tutta la notte nelle cupole e lì Grace restò come folgorata dalla visione di quel giovane da poco giunto a Monte Wilson di cui si raccontava che fosse una promessa dell'astronomia americana. Hubble si stagliava contro la finestra del laboratorio con le braccia tese per analizzare in controluce una delle lastre prese la notte precedente: niente di più naturale per un astronomo, concede Grace, ma subito aggiungerà, nelle sue memorie, con prosa sognante: "Se però l'astronomo ha l'aspetto di un atleta d'Olimpia, alto, forte e bello, con le spalle dell'Hermes di Prassitele e una benigna serenità in volto, allora non è più una visione usuale. La sua figura ispirava un senso di straordinaria potenza, incanalata e diretta in un'avventura che nulla aveva a che fare con l'ambizione personale, con le ansie e gli

Edwin Hubble (1889-1953), poco più che qua-rantenne, ritratto con la moglie Grace, che, let-teralmente, lo idolatrava.

affanni che questa si porta appresso. Vi si coglieva lo sforzo altamente concentrato e tuttavia anche un superiore distacco. La potenza era mantenuta sotto controllo". Dietro questo sproloquio estatico e farneticante, bisogna dire che c'era anche qualcosa di vero.

Edwin Powell Hubble, nato il 20 novembre 1889 a Marshfield (Missouri), terzo di otto figli di una famiglia medioborghese, ove il padre, come già il nonno, operava nel campo delle assicurazioni, era davvero un bel giovane nel fisico e con un'intelligenza non comune. Tanto nelle scuole primarie, quanto nelle secondarie, venne iscritto con due anni d'anticipo sull'età canonica eppure riusciva sempre a primeggiare sia nel profitto che nelle discipline sportive. Era tra i più alti della classe, 1 metro e 90 centimetri già intorno a 16 anni (Grace nelle sue memorie gli regala qualche centimetro in più) e non c'era sport in cui non si cimentasse con ottimi risultati, dalla pallacanestro, all'atletica, al nuoto.

Nel 1905, in un *meeting* d'atletica con un liceo rivale si permise di vincere le gare di salto con l'asta, salto in alto, getto del peso, lancio del disco e del martello e la corsa a ostacoli. Deluse solo nel salto in lungo, ove si classificò terzo. Questi risultati trovano riscontro nelle cronache dei quotidiani locali; sembrano invece destituite di fondamento, anche se riportate in molte biografie "apocrife", probabilmente ispirate dai ricordi di Grace, le notizie relative a un presunto *match*-esibizione di pugilato con il campione francese Georges Carpentier e alla preparazione in vista di una sfida per la corona americana dei pesi massimi. L'incontro, di sicuro, non fu mai disputato e non c'è gazzetta che parli di tale attività preparatoria, né di altri *exploit* del Nostro in fatto di quadrato e di guantoni.

Gli occhi color nocciola, i capelli bruni sempre ordinati ("luccicanti di riflessi rossastri e dorati", e non è il caso di citare la fonte...), il viso dai lineamenti patrizi, la dentatura perfetta, il corpo atletico e ben proporzionato lo ponevano al centro delle attenzioni femminili; con i compagni maschi, invece, i rapporti non erano sempre idilliaci, soprattutto per certi tratti scostanti del suo carattere: era nato *leader*, lo sentiva e lo dava a vedere chiaramente. "Si comportava come se avesse già tutte le risposte; sembrava che in ogni momento cercasse un uditorio al quale illustrare una sua teoria", disse di lui un vecchio compagno di studi.

L'atteggiamento altezzoso si consolidò al ritorno dall'amata Inghilterra, la terra degli avi. Hubble prese un forte accento inglese, che non abbandonò più, insieme alla predilezione per le giacche di *tweed*, le camicie inamidate, le cravatte sobrie, la pipa e financo per il bastoncino da passeggio. La sorella minore lo prendeva in giro per quella sua ricercatezza oxfordiana, che giudicava un po' troppo leziosa.

In Inghilterra era andato dopo aver completato le scuole superiori e aver conseguito la laurea in Scienze all'Università di Chicago. Aveva solo 21 anni. Vinta una borsa di studio di durata biennale, giunse ad Oxford intenzionato a seguire i corsi di giurisprudenza, essendo sua intenzione (oltre che il sogno del padre e del nonno) di abbracciare la carriera forense una volta rientrato in patria. All'Università di Chicago aveva seguito corsi di fisica e di astronomia, materie verso le quali mostrava un naturale interesse e una forte passione, ma ora doveva pensare concretamente al futuro e una specializzazione in diritto conseguita in Europa era certo che gli avrebbe spalancato molte porte. Cosa poi successe non si sa, ma già nel secondo anno di permanenza ad Oxford Hubble aveva abbandonato il diritto per dedicarsi allo studio della lingua spagnola, forse immaginando che l'apertura del Canale di Panama avrebbe comportato un fitto interscambio commerciale con i Paesi del Sud America. E le giravolte non erano finite, perché il rientro negli Stati Uniti lo vide indirizzato con piglio deciso su tutt'altra strada ancora, quella della ricerca astronomica.

Folgorato da Slipher

Si ignora da cosa fu motivato in questa direzione e non è da escludere che il giovane abbia compiuto la sua scelta nel momento in cui le pressioni del padre erano venute meno: John Hubble era mancato nel 1913, a soli 52 anni, nell'ultimo anno della permanenza di Edwin a Oxford. Fatto sta che il Nostro si diede dapprima all'insegnamento dello spagnolo e della fisica in un liceo di New Albany (Indiana), impegnandosi anche come *coach* della squadra di pallacanestro; ma alla fine dell'anno scrisse al vecchio professore di astronomia di Chicago per chiedergli un posto da dottorando e questi lo indirizzò all'Osservatorio di Yerkes, un centinaio di chilometri a nord-ovest di Chicago, il cui direttore, Edwin B. Frost, era interessato a ingaggiare un giovane che fungesse da assistente ai lavori di ricerca con il famoso 40 pollici, ancora oggi il più grande rifrattore al mondo.

Il dottorato sarebbe dovuto iniziare in autunno, ma Frost insistette perché Hubble fosse presente già a fine agosto, in occasione della visita all'Osservatorio che gli astronomi dell'American Astronomical Society, riuniti a congresso nella vicina Evanston (Illinois), avevano programmato di fare. C'era la possibilità di conoscere personaggi importanti e di ascoltare le loro relazioni; Hubble colse quell'opportunità e restò letteralmente affascinato dalla conferenza di Vesto M. Slipher, l'astronomo del Lowell Observatory che da qualche anno andava raccogliendo spettri accuratamente esposti e calibrati di quelle "nebulose deboli" – di cui le "nebulose spirali" erano una sottospecie – che stavano conquistando un posto centrale nelle discussioni tra gli astronomi di tutto il mondo.

Ispirato dalla conferenza di Slipher, tra il 1915 e il 1917 Hubble cominciò a fotografare le nebulose a Yerkes con un riflettore di 60 cm e ne fece l'oggetto della sua tesi di dottorato: "Ricerche fotografiche sulle nebulose deboli". Sul piano strettamente scientifico la dissertazione non è inappuntabile, ma già contiene alcuni spunti notevoli. Per esempio, contraddicendo l'opinione generale, Hubble puntualizzò che molte delle nebulose più piccole e fioche non erano spirali, ma semmai ellittiche. Che alcune dovevano essere relativamente vicine a noi poiché vi si potevano scorgere tenui variazioni morfologiche a distanza di soli pochi mesi (si tratta di rari casi di nebulose gassose variabili, una delle quali porta il suo nome, appartenenti alla nostra Via Lattea). Che generalmente non comparivano dentro la fascia della Via Lattea, ma semmai a latitudini galattiche medie ed elevate. Che parevano mostrare una propensione a riunirsi in gruppi in certe particolari regioni del cielo, come nella Vergine, ove il loro numero cresce sempre più quanto più piccole e deboli risultano sulla lastra fotografica. E concludeva, senza sbilanciarsi esplicitamente, ma già lasciando intuire quale fosse la sua idea: "Se ipotizziamo che siano oggetti extra-siderali *[esterni alla Via Lattea, n.d.a.]* forse stiamo osservando ammassi di galassie; se li pensiamo all'interno del nostro sistema stellare, allora la loro natura diventa un mistero".

Questa dissertazione è riportata in un fascicolo delle *Publications of Yerkes Observatory* del 1920. La sua stesura e la sua pubblicazione furono piuttosto avventurose. Hubble discusse la tesi di dottorato guadagnandosi il massimo dei voti, ma ormai la sua testa vagava altrove, parecchio lontano dal sonnacchioso Osservatorio di Yerkes. La curiosità scientifica lo portava a Monte Wilson, vicino a Pasadena (California), dove George E. Hale stava costruendo il più grande telescopio al mondo, il riflettore Hooker di 2,5 m di diametro: era lo strumento ideale per indagare più a fondo la natura delle nebulose e per scoprirne di nuove, sempre più deboli. Hale aveva sentito parlare di quel giovane osservatore molto promettente e nel 1916 gli aveva ventilato la possibilità di un incarico da ricercatore a Pasadena, ma solo dopo il conseguimento del dottorato, anzi dopo la pubblicazione della tesi.

C'era però la guerra e il senso del dovere stava portando la giovane promessa in Europa, al seguito delle truppe americane, per proteggere la "sua" Inghilterra: Edwin non esitò a presentarsi volontario, accompagnato da una lettera di accredito di Frost che gli valse l'arruolamento con il grado di capitano, in virtù del suo titolo di studio. Era un *leader*, e l'esercito valorizzò la sua propensione al comando affidandogli una compagnia come ufficiale addestratore. Se non che, i suoi fanti, una volta addestrati, salpavano per l'Europa, mentre lui, con disappunto, restava sempre a Camp Grant a comandare la sua Black Hawk Division. Nel 1918 era stato promosso a maggiore; Frost gli mandava le bozze della tesi da correggere, ma il patriottico giovane aveva altro a cui pensare e non le restituì, oppure le perse. Ricomparvero solo a guerra finita, giusto in tempo per la stampa e per aprirgli le porte di Monte Wilson.

E la guerra? Hubble non ne fece esperienza diretta: la intravide da lontano, dal fronte francese, perché come sbarcò sul suolo europeo venne firmato l'armistizio. Addio sogni di gloria.

Cefeidi nella nebulosa d'Andromeda

Ritornato in patria, Hale mantenne la promessa e lo chiamò a sé. Hubble giunse a Pasadena quasi negli stessi giorni in cui venivano inaugurate le attività scientifiche del riflettore Hooker (11 settembre 1919) e restò subito impressionato dalla potenza dello strumento. Gli piaceva eseguire la guida personalmente, come ebbe poi a raccontare Milton Humason, il tecnico che gli sarà compagno in tutte le sue maggiori ricerche per oltre trent'anni: la prima sera, pipa in bocca, giacca e stivali militari (era un suo vezzo), guidò la posa e andò subito a sviluppare la lastra. Era entusiasta del risultato, anche se il cielo in quella nottata non era dei migliori: "Se questo è ciò che si ottiene con un *seeing* mediocre, credo che non sprecherò neppure una lastra con questo strumento". Humason, presente alla scena, commenterà poi: "Era molto sicuro di sé, di ciò che voleva fare e di come farlo".

4 La scoperta dell'Universo in espansione

La prima grande scoperta di Edwin Hubble con l'Hooker venne però solo quattro anni dopo, e porta la data del 6 ottobre 1923. La sera del 4 aveva preso una lastra di M31, la bella spirale nella costellazione di Andromeda, con 40 minuti di posa e un *seeing* pessimo. E tuttavia, a dimostrazione del fatto che nessuna ripresa con quel gioiello di telescopio era mai da buttare, in alto a destra, nella parte esterna del disco, gli era parso di scorgere una stella che non compariva nelle lastre d'archivio e che avrebbe potuto essere una nova.

La notte tra il 5 e il 6 il cielo era molto migliore: rifece le sue pose, anche con tempi diversi, e la mattina seguente si recò trepidante a sviluppare la lastra H335H, la n. 335 eseguita da H(ubble) con l'H(ooker). La stellina c'era ancora e, più internamente nel disco, comparivano altre due intruse. Tre novae in un colpo solo erano un vero evento! A un più attento esame di molte lastre prese negli anni precedenti da lui stesso, da Shapley e da Humason, risultò però che la prima non era una nova, bensì una stella che andava soggetta a variazioni del tutto simili a quelle delle Cefeidi: ciò rendeva la scoperta ancora più eccitante. Sulla storica lastra è riportata la notazione a mano di Hubble che corresse la precedente identificazione della stellina tracciando una croce sulla "N" di nova, per cancellarla, e scrivendo al suo posto un giubilante "VAR!", per variabile.

A Shapley la Cefeide di M31 evidentemente era sfuggita. O forse non l'aveva proprio voluta vedere, annebbiato com'era dalla sua ferma convinzione che M31 fosse una nebulosa della Via Lattea e non un sistema stellare lontano. Nel 1956, Milton Humason raccontò infatti in un'intervista che nel 1921, poche settimane

Il telescopio Hooker di Monte Wilson con il suo diametro di 2,5 m era il maggiore del mondo. Con questo telescopio, Hubble scoprì l'espansione dell'Universo.

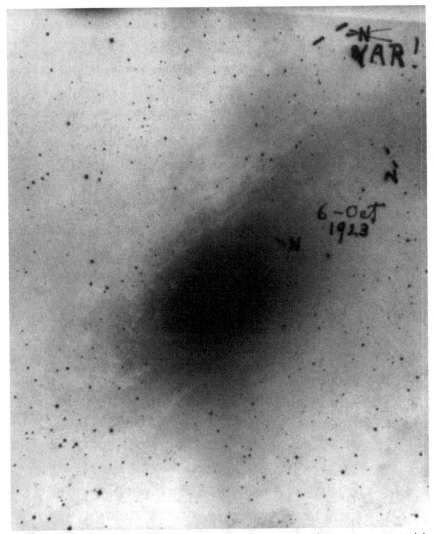

La storica lastra H335H del 6 ottobre 1923: in M31, Hubble scopre due novae e una variabile (VAR!) che si rivelerà essere una Cefeide e che gli consentirà di misurare la distanza della "Nebulosa in Andromeda". M31 è una galassia simile alla Via Lattea e, naturalmente, esterna ad essa. (Carnegie Institution of Washington)

prima che Shapley lasciasse il suo posto a Monte Wilson per assumere la direzione dell'Osservatorio dell'Harvard College, ricordava bene di aver sviluppato una lastra di M31 presa da Shapley stesso, di averla analizzata allo stereocomparatore e di aver richiamato l'attenzione dell'astronomo su una stella che avrebbe potuto essere una Cefeide: l'aveva marcata sulla lastra con un doppio trattino. Era debolissima, e perciò M31 doveva essere straordinariamente lontana. Shapley aveva dato solo un'occhiata, con sufficienza; poi con un sorrisino beffardo, estratto il fazzoletto, aveva ripulito la lastra di vetro dalle lineette tracciate dal suo assistente, restituendogliela perché la riponesse in archivio senza perdere altro tempo in inutili indagini. Così un fazzoletto cancellò un appuntamento con la Storia.

La Cefeide scoperta da Hubble aveva un periodo di circa 31 giorni: ricavata la sua magnitudine assoluta dalla relazione P-L della Leavitt, un calcolo approssimativo poneva M31 a una distanza poco sotto il milione di anni luce, ben al di là del confine esterno della Via Lattea calcolato da Shapley (che pure era sovrastimato). Nei mesi successivi, si aggiunse la scoperta di una seconda Cefeide, un poco più debole della prima, con un periodo intorno ai 21 giorni. La distanza che si ricavava era più incerta, ma comunque compatibile con l'altra, di modo che ora finalmente si poteva ritenere certo e dimostrato che M31, sistema esterno alla Via Lattea e composto di stelle, era un'altra galassia e che l'Universo è una sterminata distesa popolata da sistemi stellari simili al nostro; avevano ragione Herschel e Kant quando parlavano di universi-isole; aveva ragione Curtis, e Shapley aveva torto.

La lettera che distrusse l'Universo di Shapley

Hubble non amava Shapley – i due erano agli antipodi anche per carattere e filosofie di vita – e aveva visto con favore la sua partenza per Cambridge, nel marzo 1921. In cuor suo aveva covato la speranza che il brillante astronomo suo conterraneo – erano entrambi del Missouri – ma di quattro anni più anziano, autore di centinaia di articoli e autorità riconosciuta nel campo degli studi galattici, cedesse alle lusinghe della direzione di un Osservatorio prestigioso com'era quello dell'Harvard College e gli lasciasse campo libero a Monte Wilson. C'è perciò da immaginare il piacere sottilmente perfido con il quale Hubble, nel febbraio 1924, scrisse al collega per annunciargli la sua fondamentale scoperta: "Vorrei informarti del fatto che in questi ultimi cinque mesi, osservando assiduamente la Nebulosa in Andromeda (M31), vi ho scoperto nove stelle novae e due variabili: una di queste è sicuramente una Cefeide"; alla lettera era allegata una curva di luce che non lasciava dubbi in proposito. Cecilia Payne-Gaposchkin, allieva di Shapley all'Harvard College ove sarebbe diventata la prima donna a conseguire un dottorato in astronomia negli Stati Uniti, era casualmente presente nell'ufficio del direttore quando fu consegnata la posta. Shapley aprì la busta, lesse velocemente, sollevò gli occhi e porse la missiva alla giovane studentessa: "Ecco la lettera che distrugge il mio Universo", proferì con un filo di voce.

Se le confidenze con i collaboratori erano improntate ad amaro pessimismo, in pubblico Shapley non si arrese subito all'evidenza. Rispondendo ad Hubble, gli suggerì di verificare con cura le lastre, per escludere la possibilità di errori sistematici e interpretativi, così comuni quando si ha a che fare con stelline deboli in campi affollati; lo mise anche in guardia dalle Cefeidi di periodo relativamente lungo, superiore ai venti giorni, che sono "generalmente poco affidabili". Il dubbio seminato nella testa di Hubble, notorio campione di prudenza, trovò terreno fertile. Infatti, passavano le settimane e nulla compariva sulla stampa professionale dei suoi lavori, non un articolo, non una nota.

Eppure, nei mesi successivi, Hubble collezionò altre scoperte di Cefeidi. Le trovò in M33, la galassia nel Triangolo, in M81 e in M101, benché in questi ultimi due casi non potesse dirsi certo della loro natura, e ancora tre di nuove in M31. Nell'agosto 1924 rendeva noto a Shapley d'averne individuate una decina, con periodi compresi tra 12 e 64 giorni, in NGC 6822, una galassia irregolare nella co-

stellazione del Sagittario. Le distanze di queste "nebulose" che le Cefeidi finalmente consentivano di misurare erano dell'ordine dei milioni di anni luce, per cui
"tutti gli indizi puntano nella stessa direzione, e non sarebbe male cominciare a
pensare alle diverse possibilità che ne derivano" scriveva a Shapley, invitandolo
ad ammettere la loro natura extragalattica; ma la sollecitazione a trarne le conseguenze evidentemente non valeva per lui stesso, se è vero che sarebbero passati
ancora mesi prima che Hubble si decidesse ad uscire allo scoperto.

Probabilmente, a tenerlo sulla corda, e a mantenere acceso un barlume di speranza nel più anziano collega, erano ancora le misure di van Maanen sulla rotazione
delle nebulose, in base alle quali le spirali dovevano essere necessariamente piccole
(e perciò vicine) poiché altrimenti le parti più esterne avrebbero violato il limite
fisico della velocità della luce. Due anni prima, in un articolo pubblicato sulla rivista della Società Astronomica del Pacifico, quelle vecchie misure erano state
messe apertamente in discussione da Knut Emil Lundmark, giovane astronomo
d'origini svedesi che aveva preso il posto di Curtis al Lick. Shapley aveva sperato
che van Maanen rintuzzasse quelle critiche e il silenzio dell'amico olandese un
poco lo preoccupò. Qualche mese dopo, però, ebbe occasione di incontrare Lundmark e non mancò di chiedergli su che cosa si basassero le sue valutazioni negative. Il giovane svedese, che era interessato a condurre un programma di ricerca
presso l'Osservatorio dell'Harvard College, forse anche per ingraziarsi il direttore
che lo avrebbe ospitato, annacquò le critiche e giunse persino a confessargli le sue
personali perplessità nei confronti dell'idea degli universi-isole. Shapley tirò un
sospiro di sollievo e ne scrisse a van Maanen, ma qualche dubbio aveva ormai cominciato a insinuarsi anche nella sua testa.

Hubble avrebbe forse tenuto ancora per sé i risultati se verso la fine del 1924
non fosse intervenuto Henry N. Russell a ingiungergli, dall'alto della sua autorevolezza, di renderli noti in occasione dell'annuale *meeting* dell'American Associa-
tion for the Advancement of Science (AAAS). Hubble si prese anche del "somaro"
in pubblico da parte di Russell a causa di questo suo atteggiamento eccessivamente
prudente, anzi diciamo pure pavido. Così, finalmente, più per accondiscendere al-
l'influente Russell che per intima convinzione, decise di compiere il gran passo e,
da Pasadena, inviò una nota dal titolo "Cefeidi nelle nebulose spirali" che Russell
lesse al *meeting* di Washington nei primi giorni del 1925 e che gli valse anche un
premio in denaro da parte della AAAS.

Shapley, ironicamente tradito proprio dalle "sue" Cefeidi, gli scrisse per com-
plimentarsi: "Non so bene se sono triste o lieto per questo colpo di scena nell'an-
noso problema delle nebulose. Forse sono entrambe le cose".

La classificazione morfologica delle "nebulose extragalattiche"

La proverbiale cautela di Hubble si manifestò anche in un'altra occasione. Riprenden-
dendo in mano il vecchio programma di osservazioni fotografiche delle nebulose,
Hubble si era rivolto al problema della loro classificazione. Ora gli era facile distinguere tra nebulose galattiche ed extragalattiche. Tra le prime, separò le nebulose
planetarie dalle altre, mettendo in evidenza che il più delle volte queste presentavano una stellina azzurra al loro centro geometrico e intuendo che la massa gassosa

4 La scoperta dell'Universo in espansione

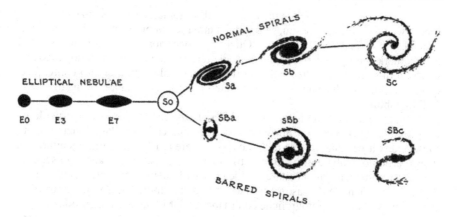

The Sequence of Nebular Types.

Il "diapason", lo schema di classificazione morfologica delle "nebulose extragalattiche": questa è la rappresentazione originale di Hubble, pubblicata nel 1936 nel suo libro *The Realm of the Nebulae.*

circostante doveva essere stata emessa proprio da quella stella a un certo stadio del suo sviluppo evolutivo. In seguito, distinse le nebulose a emissione da quelle a riflessione: nelle prime, il gas diviene sorgente di luce essendo eccitato dalle stelle vicine, mentre le seconde brillano per la luce delle stelle circostanti che viene diffusa dai grani di polvere.

Quanto alle extragalattiche (Hubble le chiamò sempre così, "nebulose extragalattiche": a Monte Palomar cominciarono a chiamarle "galassie" solo dopo la sua morte), egli aveva in testa un ben preciso schema di classificazione morfologica che però non si decise mai a pubblicare, sperando di ricevere una sorta di preventivo avallo dalla Commissione sulle Nebulose e sugli Ammassi Stellari dell'Unione Astronomica Internazionale. Si tratta del suo famoso "grafico a diapason": sul manico le ellittiche, suddivise in sottotipi in base allo schiacciamento della figura, e sui due rebbi le spirali normali (che lui chiamava "logaritmiche") e le barrate, divise le une e le altre in tre sottotipi (*a*, *b* e *c*), in base all'apertura e all'importanza dei bracci.

Lo schema era molto piaciuto a James Jeans, autorevole astronomo inglese legato a Hubble da antica amicizia, che vi leggeva un chiaro significato evolutivo: le galassie nascevano come ellittiche, poi, schiacciate dalla rotazione, si appiattivano su un piano e sviluppavano i bracci. (È curioso che oggi si ritenga semmai che l'evoluzione corra in senso opposto, ossia da destra a sinistra lungo il diapason: dalla fusione di due spirali può scaturire un'ellittica.) Incoraggiato dalla concordanza d'idee con Jeans, nella nota inviata alla Commissione Hubble utilizzava i termini "primo tipo", "intermedio" e "avanzato" come sinonimi dell'asettica notazione *a*, *b* e *c* relativa alle spirali. E tanto bastò perché la Commissione, dopo un'estenuante discussione, negasse il proprio avallo: quella terminologia andava al di là della pura classificazione morfologica e lo schema avrebbe potuto essere letto in una chiave fisico-evolutiva per la quale non v'era una sufficiente giustificazione teorica.

Alla delusione si aggiunse la beffa. Nei primi mesi del 1926, Knut Lundmark, che aveva presenziato ad alcuni seminari in cui Hubble aveva illustrato ai colleghi la sua classificazione, pubblicò un articolo sull'argomento che sostanzialmente riprendeva lo schema a diapason, senza mai citare l'astronomo americano, quasi che l'idea fosse sua. Hubble si infuriò. "Qualunque occasione mi sia offerta – scrisse a Lundmark – mi prenderò il piacere di mettere in luce quale sia il tuo singolare concetto di etica. Credi che i colleghi ti vedranno volentieri alle loro conferenze quando capiranno che è necessario cautelarsi pubblicando i lavori prima di discuterli in pubblico?"

Pochi mesi dopo, Hubble mandava al *The Astrophysical Journal* un articolo in cui presentava ufficialmente alla comunità astronomica la sua classificazione, sottolineando altresì chiaramente a chi dovesse essere attribuita la primogenitura. In questo articolo, Hubble utilizzò un artificio a cui ricorse spesso anche in seguito quando si trattava di far accettare un'idea particolarmente innovativa. Dopo aver discusso lo schema a diapason sul piano puramente morfologico, quale risultato di anni di osservazioni fotografiche con l'Hooker di Monte Wilson, introdusse l'interpretazione evolutiva come se questa fosse il frutto di ricerche teoriche indipendenti da parte di James Jeans. Era una mossa doppiamente astuta: da un lato, metteva al riparo il suo schema da eventuali "rovesci" teorici (in effetti, Jeans non riuscì mai a dare corpo alle sue intuizioni sul piano quantitativo; ai giorni nostri l'interpretazione evolutiva è ormai abbandonata, mentre la classificazione resiste); dall'altro sfruttava un effetto psicologico di indubbia presa, poiché due lavori che convergono indipendentemente verso lo stesso risultato convincono molto di più di un solo lavoro in cui gli autori abbiano operato una sintesi, nella quale è presumibile che le possibili incongruenze siano state preventivamente smussate.

I lavori pionieristici di Vesto Slipher

Negli anni successivi, ormai astronomo di gran fama, insignito di onori e rincorso dai giornalisti come un divo hollywoodiano, Hubble si dedicò allo studio della distribuzione in cielo delle galassie e della loro distanza. Il metodo delle Cefeidi restava valido, ma funzionava solo entro pochi milioni di anni luce: più in là risultava impossibile riconoscere le variabili di questa famiglia perché troppo deboli. Bisognava allora trovare qualche candela-standard più luminosa, ossia qualche altro oggetto di cui si potessero conoscere a priori le caratteristiche intrinseche per ricavare in che misura la distanza le riducesse ai valori misurati al telescopio. Hubble ancora non lo sapeva, ma stava preparando il terreno per quella che sarebbe stata la maggiore delle sue scoperte: l'espansione dell'Universo.

Ancora una volta, furono i lavori di Vesto Slipher (1875-1969) a ispirarlo. Lo storico direttore dell'Osservatorio Lowell (lo fu per ben 36 anni, dalla morte di Percival Lowell, nel 1916, al 1952), forzando oltre ogni dire le potenzialità del suo spettrografo applicato a un rifrattore di soli 60 cm, in quindici anni di ricerche aveva raccolto spettri di oltre quaranta galassie, rilevando che le loro righe spettrali erano generalmente spostate verso il rosso (*redshift*) di quantità che, se interpretate come effetto Doppler, ossia come un moto in allontanamento, corrispondevano a velocità molto elevate, fino a 1800 km/s, e dunque enormemente maggiori delle tipiche velocità degli oggetti della Via Lattea.

A Slipher i colleghi riconoscevano due doti straordinarie: un'abilità tecnica fuori del comune e una pazienza infinita. Solo mettendo a frutto queste sue qualità egli aveva potuto raggiungere quei risultati. Per raccogliere la luce debolissima degli spettri di certe galassie, Slipher doveva accumulare fotoni esponendo la lastra per decine di ore, nel corso di molte notti successive, con tutti i problemi tecnici che tali operazioni comportavano. Come ricorderà lui stesso in un'intervista, lo spettro di NGC 584, una galassia di magnitudine 11, quindi nemmeno debolissima, lo aveva impegnato per due settimane!

Slipher aveva scoperto le anomale velocità delle galassie per puro caso. La prima ad essere rilevata fu quella di M31: era l'agosto 1912 ed egli aveva messo nel mirino la "nebulosa in Andromeda" perché si chiedeva se quella spirale ruotasse su se stessa oppure no. Quando, inopinatamente, lo spettro gli rivelò che M31 si stava avvicinando alla Via Lattea alla bella velocità di 300 km/s, sollecitato da Percivall Lowell, rivolse lo spettrografo anche a un'altra galassia, NGC 4594, nella co-

Vesto Slipher (1875-1969), non ancora trentenne. È stato fondamentale il suo contributo alla scoperta dell'espansione dell'Universo.

stellazione della Vergine, per verificare se una velocità così elevata fosse da considerarsi un'eccezione oppure la regola. Era la regola: NGC 4594 si muoveva addirittura a 1000 km/s, ma questa volta in allontanamento. E così si comportavano anche le altre galassie che egli andò via via osservando nei mesi successivi: qualcuna si avvicinava a noi, ma la stragrande maggioranzaa era animata da un moto recessivo con velocità esageratamente grandi.

Alla presentazione dei suoi primi risultati, riguardanti una dozzina di galassie, in occasione del *meeting* dell'American Astronomical Society del 1914, il pubblico dei suoi colleghi, tra i quali c'era anche il giovane Hubble, gli tributò una *standing ovation*: nessuno ancora sapeva come andassero interpretate quelle misure, ma tutti intuivano che un significato doveva esserci, e profondo. Eppure, è curioso che nessuno si provò ad affiancarlo in questo sfibrante lavoro di raccolta e decifrazione degli spettri. Evidentemente, solo a Slipher si riconoscevano la perizia e la pazienza necessarie all'impresa.

E l'astronomo del Lowell come spiegava le sue osservazioni? Con estrema cautela, senza saltare a conclusioni sovvertitrici del comune sentire. Anche quando, dopo il 1917, dall'Europa giunse notizia di taluni modelli teorici basati sulla neonata Relatività Generale che predicevano moti recessivi nell'Universo, Slipher si mostrò restio ad accettarli, preferendo ad essi spiegazioni più prosaiche. Nei primi tempi, gli pareva d'aver rilevato un'asimmetria nei valori delle velocità, con le "nebulose deboli" a nord del piano della Via Lattea che sembravano più soggette a *redshift* e quelle a sud preferenzialmente soggette a *blueshift*, come se le prime si allontanassero e le seconde si avvicinassero: così, gli venne naturale ipotizzare che in realtà fosse la nostra Galassia a muoversi nella direzione delle nebulose dell'emisfero meridionale. I suoi calcoli gli suggerivano un moto di 700 km/s verso la costellazione del Capricorno.

I lavori cosmologici di Willem de Sitter e di Albert Einstein, come detto, non lo influenzarono più di tanto, assorto com'era nella raccolta di sempre nuovi dati. Verso la metà degli anni Venti, però, Slipher si rese conto di essere ormai giunto al capolinea.

Non c'erano altre galassie di cui egli riuscisse a prendere spettri, essendo tutte troppo deboli per il suo strumento. Così, decise di occuparsi d'altro. Tuttavia, si era fatto strada in lui un sospetto. Pareva che le velocità recessive fossero tanto maggiori quanto più piccole e deboli erano le galassie indagate: che ci fosse una relazione tra la velocità e la distanza? Slipher non approfondì la questione, non ritenendosi in grado di valutare adeguatamente le distanze.

Il sospetto cominciò ad affiorare anche tra altri astronomi, di qua e di là dell'Atlantico. Hubble raccolse queste voci nel corso di un suo viaggio in Europa nel 1928 e tornò dal Vecchio Continente deciso ad avviare un programma osservativo per verificarle. Era eccitato dall'idea di imbarcarsi in una nuova avventura scientifica potendo contare sull'aiuto del fido Humason, che maneggiava le lastre e i comandi del 100 pollici come nessun altro al mondo avrebbe potuto.

La legge di Hubble

Milton Lasell Humason (1891-1972) non aveva studi alle spalle, solo un diploma di scuola media inferiore, e lavorava a Monte Wilson da una vita. Aveva iniziato come conducente di muli nel trasporto di generi vari alla montagna, poi era diventato custode dell'Osservatorio, poi tecnico, apprendendo da Shapley l'arte di fotografare al telescopio, poi assistente astronomo e infine astronomo, probabilmente l'ultimo astronomo della storia che sia stato assunto in un Osservatorio statale senza una laurea, né un diploma. Così aveva voluto Hale, con un'intuizione geniale sulle potenzialità dell'uomo. In effetti, Humason ebbe un ruolo fondamentale nelle ricerche condotte da Hubble negli anni Venti e Trenta a Monte Wilson. La posizione se l'era sudata, generando anche qualche invidia, ma nessuno avrebbe potuto insinuare che non se la meritasse.

A proposito di sudori, i primi spettri raccolti da Humason furono il frutto di imprese eroiche, come quelle di Slipher, con pose che duravano ore e che proseguivano in varie notti successive. Ma ne valeva la pena: ora si misuravano *redshift* corrispondenti a velocità dell'ordine di 3000 km/s, ben al di là del limite raggiunto da Slipher. Ben presto Humason richiese e ottenne uno spettrografo molto più efficiente e una nuova camera fotografica, con i quali rideterminò uno per uno i *redshift* che erano già stati misurati dall'astronomo del Lowell e ne aggiunse molti altri ancora. Ne sfornava in media uno ogni tre giorni e, in capo a un anno, giunse a evidenziare velocità in allontanamento fino a 20.000 km/s.

Da parte sua, Hubble si ingegnava nella ricerca di un metodo valido per determinare le distanze. Se le galassie erano così lontane da non consentire che si osservasse alcuna Cefeide, si poteva sfruttare come candela-standard la loro stella blu più brillante, che certamente risplendeva molto più intensamente di qualsiasi Cefeide e perciò poteva mostrarsi al telescopio anche in sistemi remoti. La stella andava però calibrata. Allo scopo, Hubble sceglieva un certo numero di galassie vicine e di distanza nota (grazie alle Cefeidi). Dalla distanza risaliva alla luminosità intrinseca delle rispettive stelle blu più brillanti e, verificando che questa era all'incirca la stessa per tutte, si sentiva legittimato a utilizzarle come nuovi e più potenti indicatori di distanza.

Per spingersi ancora più in là, veniva adottata come candela-standard la luminosità totale dell'intera galassia o, meglio ancora, quando l'oggetto apparteneva a un ammasso, la luminosità media delle dieci galassie più luminose. C'era infatti da aspettarsi che gli ammassi, soprattutto se ricchi, si assomigliassero fra loro e la luminosità mediata fra una decina di sistemi dava maggiori garanzie di omogeneità che non quella di una sin-

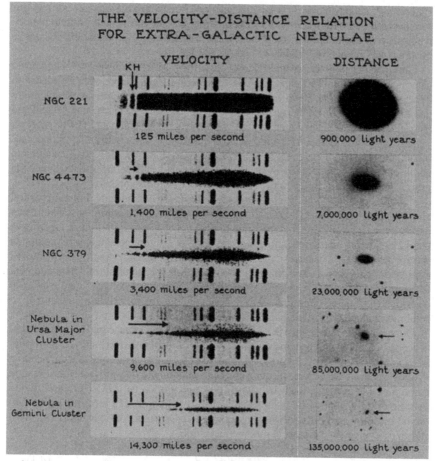

La figura originale pubblicata da Hubble in *The Realm of the Nebulae* consente di cogliere con immediatezza la relazione fra il *redshift* e la distanza delle "nebulose extragalattiche", come Hubble si ostinava a chiamare le galassie. Lo spostamento verso il rosso delle righe spettrali H e K del calcio è segnalato dalla frecciolina e la corrispondente velocità viene indicata sotto ogni spettro. Nella colonna di destra le foto testimoniano come, al crescere del *redshift*, i diametri e le luminosità delle galassie vadano calando vistosamente, per effetto della sempre maggiore distanza. Le distanze riportate sotto le foto sono sottostimate circa di un fattore 8.

gola galassia. Seguendo questa logica, Hubble poteva penetrare sempre più in profondità nell'Universo, misurando distanze via via crescenti per il tramite di una sequenza di indicatori che traevano ciascuno legittimazione dalla validità di quelli sottostanti. Il solido fondamento di questa ardita costruzione piramidale era ancora la vecchia legge P-L della Leavitt e di Shapley.

Nel 1929, Hubble disponeva di misure di velocità relative a 46 galassie, ma solo di 24 misure di distanza. Tanto però bastava per intravedere già una ben precisa relazione: quanto più le galassie erano lontane tanto più veloce era il loro moto in allontanamento. Cauto come sempre, prima di rendere noti i dati li aveva tenuti nel cassetto per oltre un anno, alla ricerca di ulteriori verifiche. Quando li pubblicò, in un articolo comparso nei

Proceedings della National Academy of Sciences, non mancò di rimarcare come le misure necessitassero di riscontri, ma egli era ormai più che certo che il risultato non sarebbe stato messo in discussione dalle misure successive, più profonde, poiché quelle misure erano già nelle sue mani.

L'articolo del 1929 uscì in primo luogo per certificare la priorità della scoperta, visto che ormai erano in molti a parlare di una strana correlazione tra velocità e dimensioni delle galassie: come mai le più veloci erano anche le più piccole? Quel lavoro era inoltre una sorta di *ballon d'essai*, giusto per capire quale sarebbe stata la reazione dei colleghi alla scioccante conclusione a cui lui era giunto: le galassie erano animate da moti recessivi, come se sfuggissero la Via Lattea, e le loro velocità crescevano proporzionalmente alla distanza. Qualcuna, in realtà, si avvicinava, come M31, ma l'andamento complessivo, al netto dei movimenti locali, indotti dall'interazione gravitazionale nei gruppi, era quello di un generale moto espansivo, in allontanamento.

Il grafico pubblicato nei *Proceedings* era abbastanza convincente. I puntini relativi alle 24 galassie di distanza nota si allineavano su una retta che esprimeva chiaramente la relazione di proporzionalità tra velocità e distanza. Questo, tra l'altro, significava che la legge appena trovata, ammesso che fosse di validità generale, sarebbe potuta servire per stimare la distanza delle 22 galassie di cui si conosceva solo la velocità. Ad ogni velocità recessiva corrispondeva infatti una ben precisa distanza. Una volta nota la distanza, sarebbe stato possibile ricavare la magnitudine assoluta di quelle galassie e verificare se i valori ottenuti fossero ragionevoli, oppure no. In effetti, lo erano: tutto sembrava accordarsi egregiamente.

Dunque la legge funzionava, e Hubble lo sapeva bene, perché già stava lavorando al secondo articolo sull'argomento che sarebbe comparso nel 1931 sul *The Astrophysical Journal*. Humason, che firmerà l'articolo con lui, aveva raccolto una cinquantina di nuovi spettri di galassie per le quali Hubble aveva saputo ricavare la distanza usando come metro la piramide degli indicatori. Il nuovo grafico del 1931 estendeva quello vecchio di quasi venti volte in profondità, da 5-6 milioni di anni luce fino a oltre 100 (stime sue, errate per difetto di un fattore circa 10). Ormai la relazione lineare tra la distanza e la velocità emergeva in modo chiarissimo:

$$v = H_0 \cdot d. \qquad (4.1)$$

Più le galassie sono lontane più velocemente fuggono via dalla Via Lattea. Una galassia distante 120 milioni di anni luce si allontana con una velocità doppia di quella di una galassia che ne disti solo 60 e tripla di quella di una galassia a 40 milioni di anni luce.

Il parametro H_0 presente nella formula è la cosiddetta *costante di Hubble*. Nell'articolo del 1931, il suo valore veniva fissato a circa 550 km/s per ogni milione di parsec (ossia

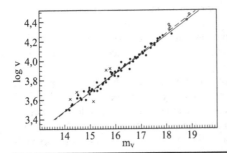

Un moderno diagramma di Hubble relativo a galassie vicine (A. Sandage et al., 2006). La velocità è riportata in scala logaritmica: per esempio, 3,6 corrisponde a 4000 km/s; 4,0 a 10.000 km/s; 4,4 a 25.000 km/s. Si confronti questo diagramma con quello originale di Edwin Hubble (nel riquadro a pag. 74), per avere un'idea di quanto questo giunga a velocità più elevate e di quanto meno disperse siano oggi le misure, grazie a indicatori di distanza più affidabili.

per ogni 3,26 milioni di anni luce): tale è il tasso di crescita della velocità in funzione della distanza. Dunque, la galassia del nostro esempio, a 120 milioni di anni luce, si allontanerebbe a una velocità di poco superiore ai 20mila km/s. Oggi sappiamo che questo valore è esagerato: il valore della costante H_0 è stato via via ridimensionato negli ottant'anni trascorsi da allora grazie al lavoro di una generazione di astronomi allievi di Hubble che proseguirono il suo programma a Monte Palomar e, per ultimo, grazie al Telescopio Spaziale che porta il suo nome. Il valore che attualmente si adotta è otto volte minore: $H_0 = 72$ km s^{-1}Mpc^{-1}, con un'incertezza del 5%.

Dar fondo alle risorse empiriche

Anche in questa circostanza, Hubble si dimostrò campione di prudenza e d'astuzia. Il lavoro presentato nel 1929 era composto da due articoli separati, il suo e uno di Humason, al quale egli rimandava come se si trattasse di risultati indipendenti che si sostenevano reciprocamente (figurarsi: quando non trascorrevano insieme le gelide nottate osservative, i due restavano incollati al telefono per ore, l'uno sulla montagna e l'altro in Istituto, a Pasadena). Ciò che gli premeva era di non urtare eccessivamente il senso comune dei colleghi: così, per attutire il colpo, solo verso la fine del suo articolo Hubble accenna all'esistenza di un modello cosmologico, proposto da Willem de Sitter nel 1917, che contempla la possibilità di un Universo in espansione, ove il *redshift* è proporzionale alla distanza. Tuttavia, né allora né poi, Hubble prese mai pubblicamente una posizione sulle implicazioni cosmologiche del suo lavoro, che doveva essere riguardato come un mero risultato empirico.

C'è chi sostiene che questo atteggiamento cauto, ma insinuante, derivasse dall'esperienza fatta in gioventù nei tribunali americani, dove Hubble avrebbe affinato le sue tecniche comunicative e le tattiche per strappare verdetti favorevoli alle giurie. Una tesi quantomeno discutibile, perché gli studi di diritto si esaurirono con l'anno di Oxford, né si hanno riscontri oggettivi di alcuna pratica di Hubble nel campo forense. In realtà, le

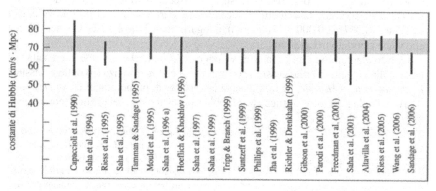

Ancora ai nostri giorni, ricavare dai dati empirici il valore della costante di Hubble non è un compito semplice. Le cause sono le incertezze sulle distanze (bisogna trovare candele-standard affidabili) e sulle velocità (bisogna escludere le eventuali "contaminazioni" dovute a moti locali). In questa figura sono riportati i valori di H_0, con i relativi margini d'errore, ricavati da diversi autori negli ultimi due decenni. La striscia grigia segna l'intervallo entro cui si colloca il valore che viene generalmente assunto nel modello standard attuale, che è stato ottenuto con misure del Telescopio Spaziale "Hubble" e della missione WMAP.

astuzie dialettiche, se tali possono essere definite, o le tecniche persuasive fanno parte del bagaglio di ogni scienziato e comunque non hanno nulla di disdicevole in sé. D'altronde, le misure erano buone, lui lo sapeva, e il timore era che non venissero prese nella considerazione che meritavano: per questo si preoccupava di preparare il terreno, ingegnandosi a rimuovere, con delicatezza, le barriere psicologiche innalzate dal pregiudizio.

Se si astenne dal collocare la legge da lui trovata in un contesto più ampio, accogliendone le conseguenze dirompenti, era anche perché egli era sinceramente convinto della preminenza delle osservazioni sulle speculazioni teoriche. Atteggiamento discutibile, ma poteva essere altrimenti? Non era ciò che gli insegnava la sua vicenda personale? Egli era un astronomo eminentemente osservativo, poco dedito alle teorie astratte, e non a caso i suoi risultati erano il frutto dell'utilizzo del più potente strumento d'osservazione che esistesse al mondo. Le sue lastre fotografiche e le sue misure fotometriche, non i modelli teorici, avevano risolto il problema della natura delle nebulose e avevano rivelato la fuga

La relazione velocità-distanza

Il grafico qui sotto è la riproduzione dell'originale apparso in *The Realm of the Nebulae*, il volume del 1936 con il quale Hubble spiegava al grande pubblico contenuti, modalità e risultati delle sue ricerche. Nel libro, di grafici siffatti ce ne sono tre, costruiti usando come candela-standard per le stime delle distanze la stella più brillante della rispettiva galassia, la luminosità totale delle singole galassie e le dieci galassie più brillanti di un ammasso. Questo è il secondo dei tre.

In ascissa è riportata la magnitudine apparente delle galassie in esame: andando verso destra, a magnitudini crescenti, le galassie osservate sono sempre più deboli e lontane (nell'ipotesi che siano candele-standard, ossia che abbiano la stessa luminosità intrinseca). In ordinata abbiamo invece il logaritmo in base 10 della velocità di recessione espressa in km/s e calcolata a partire dal *redshift*, interpretato come effetto Doppler. Per esempio, se il *redshift* vale 0,007, il che significa che le righe sono spostate verso il rosso di 7 parti su 1000 rispetto al valore a riposo della lunghezza d'onda, allora la velocità di recessione è pari a 7 millesimi della velocità della luce ($0,007 \times 300.000 = 2100$ km/s): il logaritmo di 2100 è 3,32 e tale è il valore che viene riportato nel grafico.

Questo diagramma illustra la famosa *legge di Hubble*, che esprime la crescita lineare della velocità (v) di recessione cosmologica con la distanza (d) delle galassie: H_0, la *costante di Hubble*, ne rappresenta la costante di proporzionalità: $v = H_0 \cdot d$.

Tuttavia, la formula empirica che Hubble riporta al piede del grafico (equazione

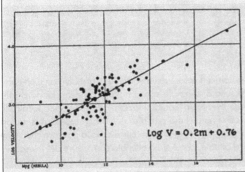

$$\text{Log } V = 0.2m + 0.76$$

Il grafico velocità/magnitudine riportato nel libro di Hubble *The Realm of the Nebulae* (1936), relativo alle galassie di campo. L'autore in didascalia fa notare come per le galassie più vicine, oltre alla generale velocità di recessione, possa essere presente una significativa componente di velocità dovuta a moti locali, ciò che induce una notevole dispersione dei valori misurati.

delle galassie. Col che, non è da credere che Hubble sottovalutasse la teoria; semplicemente, riteneva che non fossero ancora maturi i tempi per delineare un quadro interpretativo dell'Universo nel suo complesso, e che gli sforzi in tal senso fossero per lo meno prematuri. O, forse, non si sentiva personalmente pronto per compiere un passo in quella direzione.

Del resto, ce lo dice lui stesso, in chiusura del suo *The Realm of the Nebulae* ("Il Regno delle Nebulose", 1936), un libro che è un vero capolavoro di scrittura, al tempo stesso un testo scientifico, un manuale didattico e un'opera divulgativa: "Al crescere della distanza le nostre conoscenze tendono a svanire rapidamente. Alla fine raggiungiamo il confine dell'incertezza – il limite estremo per i nostri telescopi. Qui misuriamo le ombre, e ci muoviamo tra indefinibili errori di misura per trovare qualche punto fermo appena più stabile e sicuro. La ricerca proseguirà. Ma solo quando avremo dato fondo a tutte le risorse empiriche potremo inoltrarci nel dominio vago delle congetture teoriche".

---

della linea interpolante) sembra ben diversa da questa, anche perché la velocità viene messa in relazione con la magnitudine apparente e non con la distanza. Come trasformarla in una forma simile alla (4.1)?

Ricordiamo anzitutto la fondamentale relazione che lega la magnitudine apparente m con la magnitudine assoluta M di un qualunque oggetto astronomico passando attraverso la sua distanza d (espressa in parsec, pc): $m = 5\log d - 5 + M$. Hubble aveva stabilito che per una media galassia di campo fosse $M = -15,1$. Sostituendo questo valore nella formula e dividendo poi entrambi i membri per 5 si ha:

$$0,2m = \log d - 4,02.$$

Prendiamo ora l'equazione interpolante di Hubble ($\log v = 0,2m + 0,76$), dove v è la velocità espressa in km/s, e sostituiamo il termine $0,2m$ con l'espressione appena ricavata; si ottiene:

$$\log v = \log d - 3,26$$

che, ricordando le proprietà dei logaritmi, si può anche scrivere così:

$$\log v - \log d = \log (v/d) = -3,26$$

da cui:

$$v/d = 10^{-3,26}$$

o anche:

$$v = 0,000550\, d.$$

Se poi decidiamo di esprimere la distanza non in pc, ma in milioni di pc (Mpc), si ha:

$$v = 550\, d$$

che è la legge di Hubble nella sua forma canonica.

Attualmente, il valore della costante viene stimato quasi un ordine di grandezza inferiore a quello ricavato da Hubble: circa 72 km s^{-1} Mpc^{-1}.

5 Modelli cosmologici relativistici

Con gli occhi della mente

È veramente così "vago", incerto e infido, come riteneva Hubble, il dominio delle congetture? Indubbiamente, quando si avanza sul terreno della pura teoria bisogna sapersi muovere con una certa cautela, misurare il passo, tenere ben salde le redini dell'inventiva: il procedere scriteriatamente, a briglia sciolta, non sempre è produttivo. Ma non è da credere che il dominio delle risorse empiriche sia un terreno più saldo e tutelato, ove l'astronomo possa ritenersi al riparo da svarioni interpretativi. In questo senso, non ci sentiremmo di sottoscrivere la raccomandazione di Hubble sulla "priorità" della raccolta di dati empirici qualora il grande astronomo americano, più che a una priorità temporale, alludessse a una sorta di preminenza di tale attività rispetto all'elaborazione di teorie.

Per rendersi conto di come anche le osservazioni nascondano insidiosi trabocchetti basterebbe pensare, nella storia che stiamo raccontando, ai lavori di van Maanen sulla rotazione delle nebulose, oppure agli stessi Shapley e Curtis, entrambi ottimi osservatori, che pure "vedevano" al telescopio realtà profondamente diverse per quel che concerne la posizione del Sole nella Galassia. La verità è che osservazioni e teorie sono sempre indissolubilmente intrecciate, tanto nei successi quanto nell'errore: le teorie prendono le mosse dai dati empirici e

Le galassie si organizzano per lo più in ammassi, costituiti da centinaia o migliaia di sistemi. Nella foto, l'ammasso del Perseo. (SDSS)

da questi vengono poi validate o sconfessate; le osservazioni, lungi dall'essere la mera contemplazione di una realtà che si rende evidente di per sé, la leggono e la interpretano alla luce di preesistenti acquisizioni teoriche e talvolta, purtroppo, anche di deleteri pregiudizi.

V'è comunque da rimarcare che, nella storia della cosmologia, spesso la teoria ha saputo vedere molto prima dei telescopi e molto più lontano: non fa eccezione la legge di Hubble, che era stata prevista in alcuni modelli cosmologici proposti dai teorici, primo fra tutti il fisico e astronomo olandese Willem de Sitter (1872-1934), una dozzina d'anni prima che Hubble e Humason la scoprissero al telescopio. Né ci deve meravigliare questo fatto. Il grande libro della Natura, come diceva Galileo, il padre della scienza moderna, non è forse scritto in caratteri matematici? Se così è, se la struttura intima della Natura è matematica, cosa c'è di strano se la nostra mente razionale può talvolta penetrarne i segreti anche prima che lo facciano i nostri sensi?

Le considerazioni teoriche che portarono de Sitter, direttore dell'Osservatorio di Leida, a concepire la possibilità che l'Universo fosse in espansione hanno un contenuto tecnico piuttosto elevato, poiché si basano sulle equazioni della Relatività Generale di Einstein, e per comprenderle si richiedono conoscenze matematiche avanzate. Però, anche senza far uso di una matematica che non sapremmo padroneggiare, possiamo ugualmente provare anche noi a misurarci con le ipotesi avanzate da Einstein e da de Sitter, e a farne scaturire qualche significativa conseguenza.

Il metodo dell'astronomo

La fisica è una scienza sperimentale. Per Galileo, il fisico deve imparare a interrogare la Natura attraverso "sensate esperienze e certe dimostrazioni", ordinando ciò che i sensi gli trasmettono in strutture matematiche precise e compatte (le leggi), che in seguito gli permetteranno di fare previsioni sul fenomeno che sta studiando. Se voglio capire come un sasso cade al suolo, con quale velocità, in quanto tempo, dovrò pensare a un'esperienza da condurre in un laboratorio, con la strumentazione adatta e in condizioni che sceglierò e manterrò sotto controllo. Per esempio, lo farò cadere in un tubo sotto vuoto, per eliminare l'attrito dell'aria, e mi doterò di un metro, per misurare la quota di partenza, oltre che di un cronometro, per misurare il tempo di volo.

Eseguita una serie di misure, in cui avrò fatto variare a mio piacimento l'altezza di caduta, cercherò una relazione matematica tra le due variabili, il tempo di volo e l'altezza di caduta, ammesso che ci sia. Sappiamo bene che c'è: il tempo, misurato in secondi, si ottiene moltiplicando per 0,4515 la radice quadrata dell'altezza, espressa in metri. (La costante numerica è la radice quadrata di $2/g$, dove g è l'accelerazione di gravità, che alla superficie terrestre vale $g = 9,81$ m/s^2). Ora potrò utilizzare questa semplice legge matematica per prevedere il tempo di volo di un sasso lasciato cadere (nel vuoto) da un'altezza qualsiasi, e la previsione varrà anche come verifica della bontà della legge trovata. Per esempio, prevedo che la caduta da 30 m d'altezza durerà 2,47s: misure ben fatte me lo confermeranno.

L'astronomo è uno scienziato che indubbiamente appartiene alla famiglia dei fisici, ma di un ramo un po' speciale. Certamente, egli non può adottare il metodo che abbiamo appena descritto, perché oggetto dei suoi studi sono le stelle, le galassie e l'Universo nel suo complesso: entità non certo riproducibili in laboratorio.

5 Modelli cosmologici relativistici

L'astrofisico non può organizzare esperimenti, non può interrogare la Natura a suo piacimento, in condizioni predeterminate: deve invece accontentarsi di rilevare quello che la Natura decide di mostrare di sé. Mentre la fisica è una scienza sperimentale, l'astrofisica è una scienza osservativa.

Il metodo d'indagine dell'astrofisico dovrà dunque differenziarsi da quello del fisico e tipicamente consterà: 1) della formulazione di ipotesi relative al fenomeno in esame; 2) della traduzione di tali ipotesi in un modello matematico; 3) della previsione di conseguenze osservabili che scaturiscono da quel modello; 4) della verifica empirica di quelle conseguenze. La verifica passerà attraverso l'organizzazione di campagne osservative mirate, l'ideazione di specifiche metodologie d'indagine ed eventualmente la costruzione di strumenti d'osservazione *ad hoc*. Se le osservazioni testimonieranno che le conseguenze previste si verificano per davvero, allora il modello riceverà una conferma: vorrà dire che vale la pena di insistere sulle ipotesi di partenza, di approfondire la descrizione matematica del fenomeno. In caso contrario, il modello che avrà fallito la previsione verrà abbandonato per essere sostituito da un altro, che sarà sottoposto a un nuovo processo di verifica. E così via. È, sostanzialmente, il metodo delle congetture e delle falsificazioni illustrato nelle sue opere dall'epistemologo inglese Karl Popper (1902-1994).

Bene. Noi vogliamo interrogarci sulla struttura dell'Universo. Sappiamo che è costituito da una sconfinata distesa di galassie, perlopiù organizzate in ammassi, e

140 milioni di anni luce

Simulazione condotta con un supercomputer (Millennium Run, 2005) relativa alla distribuzione della materia nell'Universo. La simulazione riproduce abbastanza fedelmente quella che è l'effettiva distribuzione che si osserva a grande scala: una ragnatela di galassie e di ammassi che si allineano lungo sottili filamenti, alle intersezioni dei quali troviamo i superammassi, e che delimitano spazi relativamente vuoti. (Virgo Consortium)

questi in superammassi. Indicativamente, la dimensione tipica di un ammasso è dell'ordine delle decine di milioni di anni luce; quella di un superammasso la sovrasta di un ordine di grandezza. Non sembra che esistano ulteriori strutture a scale spaziali maggiori: i superammassi non si raccolgono in super-superammassi, ma si sparpagliano nell'Universo collegati fra loro da sottili filamenti di galassie che disegnano una gigantesca ragnatela e che delimitano regioni relativamente sgombre (i *vuoti cosmici*). I superammassi si trovano alle intersezioni dei filamenti.

La prima domanda che potremmo porci è la seguente: i costituenti dell'Universo, gli ammassi, le galassie, sono animati da qualche tipo di moto, oppure restano per sempre ancorati alle loro posizioni? Come variano le loro reciproche distanze con l'andare del tempo: aumentano, diminuiscono, oppure restano costanti? Ponendoci questa domanda, non pensiamo alle singole galassie che fan parte degli ammassi, le cui distanze relative cambiano in continuazione per il fatto che si muovono in orbita attorno al centro di massa dell'ammasso. Pensiamo invece semmai alle cosiddette "galassie di campo", quelle isolate, non appartenenti a un ammasso; quindi, escludendo i moti orbitali locali, ci interroghiamo su un eventuale moto dell'Universo nel suo complesso, che interessi allo stesso modo tutte le sue componenti, dalle galassie di campo fino ai superammassi, che potrebbero essere trascinati collettivamente in un moto generale di espansione o di contrazione, oppure restarsene fermi se l'Universo fosse una realtà statica. Insomma, ci stiamo chiedendo se l'Universo cambia globalmente nel tempo, oppure no; se è un'entità dinamica, in evoluzione, oppure se è sempre uguale a se stesso.

Fedeli al metodo più sopra tratteggiato, proveremo a formulare qualche ipotesi ragionevole e ne trarremo le logiche conseguenze.

Il Principio Cosmologico

La prima ipotesi che faremo è che, su grande scala, l'Universo sia *isotropo*, ossia che ci appaia mediamente identico in tutte le direzioni in cui guardiamo.

In verità, se limitiamo l'esplorazione all'Universo vicino, non possiamo non riscontrare evidenti differenze da una parte all'altra del cielo. Per esempio, nella direzione della costellazione della Vergine spicca la presenza di una fitta concentrazione di galassie che costituiscono l'omonimo ammasso, distante da noi una sessantina di milioni di anni luce, mentre non troviamo niente di analogo – un ammasso altrettanto ricco e vicino – se rivolgiamo il telescopio altrove, per esempio verso la costellazione del Bovaro, che pure è poco discosta da quella della Vergine. L'Universo non sembra per nulla uguale in tutte le direzioni. Però, se vogliamo interrogarci sulle caratteristiche a grande scala dell'Universo, non dobbiamo limitare il confronto a ciò che si osserva entro poche decine di milioni di anni luce di distanza. Quando infatti spingiamo lo sguardo fin dove lo consentono i più potenti telescopi terrestri e spaziali, quindi a distanze di miliardi di anni luce, allora ci rendiamo conto che l'ipotesi dell'isotropia è davvero ragionevole.

Se contiamo il numero delle galassie visibili in due areole di cielo di pari superficie angolare, a patto che le osservazioni siano molto profonde, troviamo suppergiù lo stesso risultato, dell'ordine di centomila galassie per grado quadrato; anche il modo in cui si ripartiscono le galassie in funzione della magnitudine, oppure del *redshift*, è sostanzialmente lo stesso. Vaste rassegne condotte negli ultimi decenni, non solo nella banda ottica, ma anche nell'infrarosso e nei raggi X, confermano l'isotropia: la distribuzione delle sorgenti è mediamente la stessa ovunque si guardi. L'osservazione di gran lunga più significativa a questo riguardo è la misura dello spettro della radiazione cosmica di fondo nelle microonde, che fornisce la temperatura dell'Universo all'epoca cosmica di circa 400mila anni: gli scarti nel valore della temperatura da un punto all'altro dell'intera volta celeste che, come vedremo più avanti, si legano ai valori locali della densità, si misurano in poche parti su centomila. La differenza riguarda al più la quarta cifra decimale! Il giovane Universo era isotropo al massimo grado.

Ciò detto, non si pretende d'aver dimostrato che l'Universo è isotropo. Noi assumiamo l'isotropia come una ragionevole ipotesi a priori, per facilitare la costruzione del nostro modello matematico. È infatti buona norma partire dalle ipotesi più semplici, per le quali, tra l'altro, la Natura generalmente mostra una particolare predilezione. Se poi, a conti fatti, si riveleranno semplicistiche e inadeguate, non ci costerà nulla scartare il modello che su di esse si fonda e predisporne uno nuovo, basato su ipotesi diverse, un poco più complesse. Per un'esigenza d'economia di tempo e d'energie intellettuali, sarebbe da sciocchi sferrare l'attacco alla questione aggredendola dal lato più impervio, ossia muovendo dalle ipotesi più astruse. Oltretutto, qui siamo confortati dal fatto che le osservazioni ci assicurano essere, quella dell'isotropia, un'ipotesi più che equilibrata.

La seconda congettura che faremo ha un carattere più filosofico. Noi assumiamo che valga il *Principio Copernicano*, che si può enunciare in questo modo: il posto che occupiamo nell'Universo è tipico. Così come la Terra non sta al centro del Sistema Solare, così come il Sole non sta al centro della Galassia, allo stesso modo la Galassia non risiede in una posizione privilegiata nell'Universo, tanto meno nel suo centro, di modo che ciò che noi osserviamo è ciò che osserverebbe chiunque altro, ovunque si trovi nell'Universo.

Ci ammoniscono ad adottare il Principio Copernicano, detto anche Principio di Mediocrità, gli errori compiuti dagli astronomi nel passato lontano (prima di Copernico) e recente (prima di Shapley). Ma c'è anche un'altra ragione. Se ci trovassimo in un luogo atipico, diverso da tutti gli altri per qualche particolare aspetto, che garanzie avremmo che i fenomeni che studiamo qui da noi si sviluppino esattamente con le stesse modalità anche altrove? Potremmo tranquillamente applicare le leggi fisiche ricavate nei laboratori terrestri a tutte le altre regioni dell'Universo? O anche: che senso avrebbe sforzarci di descrivere l'Universo che vediamo attorno a noi sapendo già in partenza che la nostra potrebbe essere una visione particolare, limitata – senza neppure sapere in quale misura lo sia – e comunque non estrapolabile alla totalità del Cosmo? In altri termini, il Principio Copernicano è ciò che ci legittima ad affacciarci sul Cosmo per indagarlo, è il nostro passaporto per l'Universo. La sua adozione conferisce un senso al nostro fare cosmologia.

La terza ipotesi potrebbe persino non essere considerata tale, nel senso che non è indipendente dalle prime due, ma in qualche modo ne consegue. L'Universo è *omogeneo*. Significa che ogni regione dell'Universo è sostanzialmente indistinguibile da ogni altra: stessa densità media, stessa temperatura ecc. Anche in questo caso dobbiamo chiarire che l'affermazione vale su larga scala, ovvero se compariamo regioni che siano sufficientemente grandi, con diametro dell'ordine di molte centinaia di milioni di anni luce, benché non così grandi da rappresentare una consistente frazione d'Universo, perché altrimenti l'assunto diventerebbe banale. Una regione cubica con lato di mezzo miliardo di anni luce può andare bene: è maggiore delle più grandi strutture cosmiche che le osservazioni hanno finora rivelato e occupa solo la centomillesima parte del volume dell'Universo osservabile.

L'omogeneità su larga scala è conseguenza dell'ipotesi dell'isotropia e del Principio Copernicano: se a noi l'Universo appare lo stesso in ogni direzione, e se ciò deve valere per qualunque osservatore su qualunque galassia, allora l'Universo non può ospitare disomogeneità di sorta.

Le due ipotesi, di un Universo isotropo e omogeneo su larga scala, costituiscono il *Principio Cosmologico*, che, insieme al Principio Copernicano, è alla base di tutti i modelli cosmologici fin qui proposti.

Una legge sola

Torniamo alla questione dell'eventuale moto d'insieme dell'Universo. Ora che abbiamo articolato le nostre ipotesi di partenza, chiediamoci quali siano le configurazioni dinamiche che risultano compatibili con esse. Ebbene, non abbiamo molta scelta: il risultato è uno solo e abbastanza sorprendente. Se moto c'è, questo non può che presentare le seguenti caratteristiche: a) deve svilupparsi in direzione radiale, ossia ciascun osservatore vedrà ogni altro punto dell'Universo animato di un moto in allontanamento o in avvicinamento a sé, nella direzione della congiungente tra sé e quel punto, come se egli rappresentasse il centro da cui tutto si irradia, oppure verso cui tutto tende; b) il moto in senso radiale deve rispettare una legge di proporzionalità diretta tra la velocità e la distanza: $v = cost. \cdot d$, dove *cost.* è una costante numerica; una legge siffatta significa che un ammasso di galassie distante dall'osservatore 2, 5 o 10 volte più di un altro, si muoverà a una velocità rispettivamente 2, 5 o 10 volte maggiore.

Perché proprio questa legge e non un'altra? Perché questa è la sola espressione matematica che risulti compatibile con le ipotesi di partenza. Non ce ne sono altre.

Per convincerci intuitivamente di ciò, immagineremo una semplice situazione dinamica e mostreremo che il sistema risulta per ogni osservatore isotropo e omogeneo solo se gli elementi del sistema rispettano una legge di quel tipo. Per semplificare al massimo, considereremo un sistema a una sola dimensione spaziale (una retta); si vedrà poi che il risultato è estrapolabile alle usuali tre dimensioni spaziali.

Immaginiamo di avere davanti a noi una lunghissima autostrada rettilinea, disposta nella direzione est-ovest. Noi siamo a bordo di un'auto che possiamo ritenere ferma al km 0 (si veda la figura). Guardiamo al di là del parabrezza, verso est, e vediamo una teoria di automobili, tutte che si allontanano da noi (se si avvicinassero, come poi vedremo, non cambierebbe nulla) rispettando una legge di proporzionalità tra la velocità e la distanza come quella enunciata più sopra. L'auto A, che sta transitando al km 30 est, viaggia alla velocità di 10 km/h; l'auto B, al km 60 est, viaggia a 20 km/h. Così vuole la nostra legge. Le auto C, D, E, F, G distanti dal casello rispettivamente 90, 120, 150, 180, 210 km est, si muovono nell'ordine a 30, 40, 50, 60 e 70 km/h. Alle nostre spalle, in direzione dell'ovest, transitano le auto H, I, L, M... che rispettano la medesima legge.

Ora mettiamoci nei panni di un osservatore a bordo dell'auto D, il quale legittimamente giudicherà la situazione dal suo sistema di riferimento, coincidente con la sua auto che per lui, comodamente sprofondato nel sedile, può essere considerata a riposo. Se guarderà davanti a sé, vedrà l'auto E, a 30 km est di distanza ($30 = 150 - 120$ km), allontanarsi da lui alla velocità di 10 km/h ($10 = 50 - 40$ km/h); la

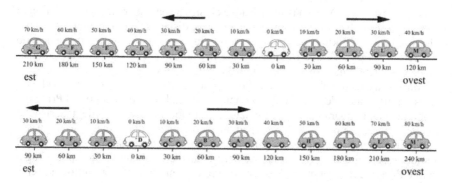

Il disegno illustra l'esempio di cui si parla nel testo. L'auto bianca vede attorno a sé automobili che si allontanano con velocità proporzionali alle distanze ($v = cost. \cdot d$), ma non è la sola ad avere questa impressione: anche l'auto D rileva la stessa legge, e così tutte le altre. La legge di proporzionalità diretta tra la velocità e la distanza è la sola a garantire che lungo tutta l'autostrada non ci siano osservatori privilegiati.

F, da lui distante 60 km est, allontanarsi a 20 km/h; la G, distante 90 km est, allontanarsi a 30 km/h. Non è proprio la legge della proporzionalità diretta tra velocità e distanza che valeva anche per noi? E non solo. Essendo l'auto D più veloce della C, se la lascerà indietro: così giudichiamo noi, dal nostro punto di riferimento. Ma come appare la situazione all'osservatore in D? Guardando nello specchietto retrovisore, egli vedrà l'auto C, distante 30 km in direzione dell'ovest, allontanarsi da sé verso ovest a 10 km/h; vedrà la B, distante 60 km ovest, allontanarsi a 20 km/h e così via. La legge è la stessa nei due versi (anche per lui vale l'isotropia!). Ed è esattamente la stessa legge che troverebbe l'osservatore a bordo dell'auto E, o della F. In definitiva, ogni automobilista è un osservatore tipico, che verifica la proporzionalità diretta tra la velocità e la distanza, con la costante di proporzionalità che ha per tutti lo stesso valore (Principio Copernicano!).

Tutto quadra, ma solo perché abbiamo assunto che valga la legge di proporzionalità diretta tra velocità e distanza. Proviamo a sostituire tale legge con un'altra, con una diversa forma matematica. Per esempio, adottiamo questa: $v = cost. \cdot d^2$, nella quale la velocità aumenta con il quadrato della distanza. I nuovi valori delle distanze e delle velocità, riferite alle auto dell'esempio precedente, saranno: A(30; 10), B(60; 40), C(90; 90), D(120; 160), E(150; 250), F(180; 360), G(210; 490). È immediato constatare che ora D non vede più ciò che vediamo noi: l'auto E, per esempio, si allontana verso est a 90 km/h; l'auto C, che sta alla stessa distanza ma in direzione ovest, si allontana a soli 70 km/h. Non c'è più isotropia, non vale più il Principio Copernicano. Si potrebbe allora tentare con una proporzionalità al cubo, o alla radice quadrata, o logaritmica, ma giungeremmo sempre a risultati che calpestano le ipotesi fissate in partenza, quindi da scartare. L'unica relazione che garantisce l'isotropia e il Principio Copernicano è quella della proporzionalità diretta tra velocità e distanza. Si lascia al lettore la verifica del fatto che non cambierebbe alcunché se la velocità delle auto fosse in avvicinamento, invece che in allontanamento.

Un'ultima considerazione sulla costante di proporzionalità. Anzitutto, è evidente che il suo valore numerico è 1/3 (*cost.* = v/d = 10/30 = 20/60 = ... = 1/3 h^{-1}) e che le sue dimensioni sono quelle dell'inverso di un tempo. Facciamone l'inverso: 1/*cost.* = 3 h. Adesso il significato è chiaro: 3 sono le ore impiegate dall'auto che si muove a 10 km/h per giungere a 30 km di distanza da noi, o anche dall'auto che si muove a 20 km/h per giungere a 60 km, e così per tutte le altre. Facendo scorrere il tempo all'indietro, giusto 3 ore fa l'auto A si trovava nella stessa posizione che occupiamo noi, e così l'auto B e tutte le altre.

Ma allora è da noi che tutto è partito? Siamo noi il centro di questo moto che interessa tutte le auto del sistema? La conclusione sembrerebbe smentire il Principio Copernicano, in quanto la nostra posizione verrebbe ad essere privilegiata rispetto a tutte le altre. Ma non è così. Se ripetiamo il ragionamento riferendolo all'osservatore in D, o a qualunque altro, troviamo esattamente lo stesso risultato. Anche D sembra essere il centro da cui tutto è partito, anche E, anche F: ogni punto, ogni auto è l'origine di quel moto d'espansione (o di contrazione) a cui tutto il sistema è soggetto.

Non è possibile individuare un centro da cui tutto si irradia; o, se vogliamo, il centro è dappertutto, senza privilegi per nessuno. Il Principio Copernicano è rispettato.

Lo spazio ha una forma?

Abbandoniamo ora il nostro esempio, al quale non dobbiamo affezionarci più del lecito perché potrebbe risultare fuorviante. Per come l'abbiamo raccontata, la metafora ci parla di auto che si spostano sull'autostrada, e noi siamo condotti a immaginare motori che rombano, ruote che girano e che spingono in avanti il mezzo facendo leva sull'asfalto, che naturalmente è fermo, ben fissato al suolo.

Invece, l'espansione dell'Universo che emerge dalle equazioni di Einstein e dal modello di de Sitter e di altri come una possibilità che troverà poi la sua verifica definitiva con il lavoro di Hubble, ci parla non di galassie e di ammassi che si muovono nello spazio, ma dello spazio che si espande in sé e per sé, trascinandosi appresso tutto quanto esso contiene. È come se il nastro d'asfalto dell'autostrada fosse una specie d'elastico che viene stirato in continuazione, che si allunga sempre più, mentre le auto sono semplicemente appoggiate su di esso, con il motore spento e il freno a mano tirato. Le vediamo allontanarsi da noi, ma non perché esse siano effettivamente animate da un moto proprio: si allontanano, potremmo dire, loro malgrado. Se un'auto fosse posteggiata di fronte a una stazione di servizio, la vedremmo allontanarsi insieme alla stazione di servizio, rispetto alla quale l'auto rimane ferma. Quando l'asfalto si stira non c'è modo di resistere alla sua sollecitazione: sei fermo, eppure ti allontani. Allo stesso modo, vediamo le galassie allontanarsi da noi trascinate dall'espansione cosmica, ma questo moto recessivo è qualcosa di ben diverso dal moto locale e peculiare che ciascuna di esse può avere per il fatto di interagire gravitazionalmente con l'ammasso a cui appartiene, oppure con una compagna vicina: insomma, questo non è un moto *nello spazio*, ma un moto *dello spazio*.

Il concetto non è certamente dei più intuitivi. E questo perché siamo avvezzi a considerare lo spazio, con le sue tre dimensioni, come un'entità astratta, puramente geometrica, una sorta di struttura mentale che ci siamo inventati al fine di definire quantitativamente la posizione di un punto, ma priva di qualsiasi realtà fisica. Un palco virtuale su cui si svolgono gli eventi: sempre lo stesso, indipendentemente dagli attori e dalle rappresentazioni. In modo analogo consideriamo il tempo, un parametro essenziale per rappresentare l'evoluzione di un sistema fisico: siamo abituati a pensare che il tempo scorra allo stesso modo per ogni osservatore, indipendentemente dal suo stato cinematico, che sia fermo o in movimento, e per ogni sistema fisico, indipendentemente dalle particelle materiali che ne fanno parte. Un metronomo ultrapreciso che oscilla sempre allo stesso modo, confinato non si sa bene dove, forse nell'Iperuranio platonico.

Queste idee di uno spazio e di un tempo assoluti sono l'eredità della fisica classica fondata da Isaac Newton. È la fisica che studiamo ancora nei licei e anche nei corsi universitari non specialistici. È semplice, descrive adeguatamente i fenomeni della vita di tutti i giorni e allora perché non apprenderla e utilizzarla, anche se, dopo Einstein, sappiamo che rappresenta solo un'approssimazione della realtà? Ci siamo affezionati ad essa perché il suo linguaggio matematico è così elementare che tutti lo possono parlare, dalla scuola media in su, ma la semplificazione si paga a caro prezzo. La fisica newtoniana ci abitua infatti a concepire lo spazio come tridimensionale, statico, infinito, e il tempo come unidimensionale, continuo, infinito, indipendente dallo spazio, ed entrambi indipendenti dagli oggetti materiali e dagli sviluppi degli eventi. Ma non è questa la realtà delle cose.

La nuova concezione dello spazio e del tempo che scaturisce dalla Relatività Ristretta (1905) e dalla Relatività Generale (1916) di Einstein è profondamente diversa. Per prima cosa, Einstein ci insegna che tempo e spazio sono inscindibilmente connessi in una struttura che si chiama *spaziotempo*, caratterizzata da quattro dimensioni, tre spaziali e una temporale. Così come nello spazio di Newton la posizione di un punto veniva descritta dalle usuali tre coordinate cartesiane (x, y, z), nello spaziotempo di Einstein un *evento* risulta caratterizzato da quattro coordinate (x, y, z, t). Per un matematico, questa è una banale estrapolazione da uno spazio a tre dimensioni a uno spazio quadridimensionale, ma per noi si tratta di un salto logico che mette a dura prova la nostra intuizione: da un lato, perché uno spazio a quattro dimensioni è qualcosa che esula dalla nostra esperienza, tanto che ci risulta impossibile persino raffigurarcelo mentalmente, dall'altro perché l'idea di accostare il tempo alle dimensioni spaziali, e di trattare l'uno e le altre come se fossero grandezze interscambiabili indubbiamente ci confonde. Non ne comprendiamo né il senso, né l'utilità.

Per cercare di fare nostra questa sorprendente novità, può essere d'aiuto considerare come un matematico compie le sue estrapolazioni. È un esercizio estremamente naturale. Prendiamo un foglio di carta e tracciamo gli usuali assi cartesiani x e y, perpendicolari tra loro, che si intersecano nell'origine O (si veda la figura a pag. 86). Segniamo sul foglio due punti qualunque, A e B, di coordinate (x_A, y_A) e (x_B, y_B), e chiediamoci quale sia la loro distanza d. La geometria appresa alle scuole medie ci dà la risposta:

$$d^2 = (x_B - x_A)^2 + (y_B - y_A)^2.$$

L'espressione, a dire il vero, non dà la distanza, ma il suo quadrato (si usa fare così: lo faremo anche nel seguito) e sfrutta il familiare teorema di Pitagora: "la somma delle aree dei quadrati costruiti sui cateti è uguale a quella del quadrato costruito sull'ipotenusa". Se infatti congiungiamo con un tratto di matita i punti A e B, e tracciamo le perpendicolari da A e B sui due assi coordinati, vediamo emergere un triangolo i cui cateti misurano quanto la differenza tra le coordinate dei punti, e l'ipotenusa è la distanza tra A e B. Per inciso, si può verificare che la distanza,

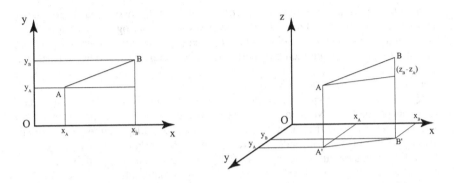

La distanza tra due punti A e B in uno spazio bidimensionale si calcola con il teorema di Pitagora: $AB^2 = (x_B - x_A)^2 + (y_B - y_A)^2$. Nel caso dello spazio a tre dimensioni, basta applicare per due volte lo stesso teorema. La prima volta per ricavare $A'B'^2 = (x_B - x_A)^2 + (y_B - y_A)^2$, la seconda per ottenere, da questo e da $(z_B - z_A)$, il risultato: $AB^2 = (x_B - x_A)^2 + (y_A - y_B)^2 + (z_B - z_A)^2$.

espressa come sopra, risulta essere invariante rispetto a traslazioni e rotazioni: vuol dire che se sposto l'origine degli assi, oppure se ruoto gli assi di un angolo qualunque, cambieranno sì i valori numerici delle coordinate dei due punti, ma non quello della distanza.

Ora scriviamo la stessa relazione con una simbologia più compatta, immaginando anche che A e B siano punti molto vicini tra loro:

$$ds^2 = dx^2 + dy^2. \qquad (5.1)$$

L'espressione è identica alla precedente, con la sola differenza che qui con dx, dy e ds vogliamo rappresentare variazioni molto piccole, infinitesimali, delle rispettive grandezze (la "d" minuscola viene usata dai matematici per indicare differenze infinitesimali).

Applicando il teorema di Pitagora, abbiamo dato per scontato che il foglio di carta fosse adagiato sul piano di un tavolo, o comunque su una superficie piana. Questo assunto è importante e va chiaramente esplicitato, poiché non ci sentiremmo sicuri di aver scritto la corretta espressione della distanza se il foglio aderisse elasticamente, per esempio, alla superficie di una sfera.

In effetti, la geometria appresa a scuola, quella basata sui cinque postulati di Euclide, è relativa a uno spazio "piatto" e andrebbe riformulata in toto se volessimo applicarla a figure geometriche disegnate su una superficie sferica. A differenza che su un piano, sulla superficie di una sfera non è più vero che due linee parallele non si incontrano mai: basti pensare ai meridiani terrestri, che sono paralleli fra loro quando tagliano l'equatore, ma poi convergono ai poli. E non è neppur vero che la somma degli angoli interni di un triangolo fa 180°. Basti pensare al triangolo, necessariamente curvilineo, disegnato da due meridiani, diciamo quello di Roma (12°,5 Est) e quello di Mosca (37°,5 Est), e dal tratto di equatore che li separa, con vertice al polo nord. I tre angoli interni misurano rispettivamente 90°, 90° e 25° e la loro somma fa 205°.

Nel XIX secolo, fior di matematici del calibro di Carl F. Gauss (1777-1855) e

Bernhard Riemann (1826-1866) affrontarono queste tematiche e svilupparono le cosiddette geometrie non euclidee, relative a superfici dotate di un'intrinseca curvatura. La superficie di una sfera si dice a curvatura positiva, ma esistono anche superfici a curvatura negativa, infossata come è quella di una sella, nelle quali due linee che per un tratto risultano parallele sono destinate a divergere e in cui la somma degli angoli interni di un triangolo è minore di 180°. Il piano, l'abituale spazio "piatto" euclideo, è a curvatura nulla.

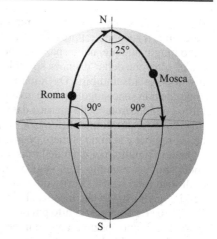

La somma degli angoli interni di un triangolo disegnato su una superficie sferica è maggiore di 180°: si pensi al triangolo sferico delimitato dal meridiano di Roma, da quello di Mosca (differenza di longitudine 25°) e dall'equatore. Inoltre, due segmenti paralleli (come sono i meridiani all'equatore) sono destinati a incontrarsi (ai poli). Basta questo per capire che su una superficie sferica non vale l'usuale geometria euclidea.

È facilmente intuibile che nelle geometrie non euclidee l'espressione della distanza tra due punti vicini – quella che si dice la loro *metrica* – sarà diversa e un po' più complicata della (5.1), e che quella delle superfici ellittiche o sferiche (a curvatura positiva) differirà da quella delle superfici iperboliche (a curvatura negativa). Di fatto, la forma matematica che esprime la distanza tra due punti vicini viene ad essere il biglietto da visita attraverso il quale uno spazio ci rivela la sua intrinseca curvatura. E ciò vale per spazi di qualunque dimensione.

Ma restiamo, per semplicità, agli spazi a curvatura nulla. Volendo estrapolare l'espressione (5.1) a uno spazio tridimensionale scriveremo:

$$ds^2 = dx^2 + dy^2 + dz^2 \qquad (5.2)$$

facilmente giustificabile con la geometria euclidea, facendo ancora uso del teorema di Pitagora. E potremmo proseguire in modo analogo per spazi ideali a quattro, cinque o più dimensioni.

Lo spaziotempo della Relatività è però uno spazio un po' particolare, perché delle sue quattro dimensioni tre sono spaziali e una temporale. L'espressione che descrive la distanza tra due suoi punti, che faremo meglio a chiamare "intervallo tra due eventi", vista la particolare natura dei punti spaziotemporali, risulta essere la seguente:

$$ds^2 = c\,dt^2 - (dx^2 + dy^2 + dz^2) \qquad (5.3)$$

dove dt è l'intervallo di tempo infinitesimale che separa i due eventi e c è la velocità della luce. Come si ricava la (5.3), nota come *metrica dello spaziotempo quadridimensionale di Minkowski*? Non ci interessa discuterlo qui: ci basti sapere che questa espressione, come già la (5.1) e la (5.2), garantisce l'invarianza di ds^2 per traslazioni e rotazioni nello spaziotempo.

Si noti che l'espressione è la differenza tra due termini. Il primo rappresenta la distanza percorsa da un segnale luminoso nell'intervallo di tempo dt che separa i due eventi, il secondo rappresenta la distanza spaziale tra i punti in cui gli eventi hanno luogo: dunque, nello spaziotempo si tiene conto anche della "distanza temporale" oltre che della "distanza spaziale" vera e propria. Spazio e tempo nella Relatività sono inscindibili. Da notare infine che la distanza spaziale e quella temporale non sono singolarmente invarianti per traslazioni e rotazioni. Lo è invece la loro combinazione nella metrica data dalla (5.3).

Trattandosi poi di una differenza, il quadrato dell'intervallo (ds^2) non è detto che sia sempre e solo un numero positivo; può essere anche negativo o nullo.

Quando è nullo, nel caso della distanza spaziotemporale tra due eventi che si producono, per esempio, l'uno 0,005s dopo l'altro, in luoghi separati da 0,005 secondi luce (pari a 1500 km), vuol dire che il tragitto spaziale che connette i due eventi è quello stesso che un segnale luminoso percorrerebbe per andare dall'uno all'altro. Che è anche il tragitto più breve in assoluto: è quello che si dice una *linea geodetica*. In uno spazio piano, le linee geodetiche sono rettilinee, in spazi a geometria ellittica o iperbolica sono curve e quindi, d'ora in poi, non ci sorprenderemo più se ci verrà detto che la propagazione della luce può anche non essere rettilinea. Dipende infatti dalla metrica degli spazi attraversati. Tra gli infiniti tragitti che connettono due eventi, la luce sceglie sempre di percorrere quello più breve, e pazienza se non è rettilineo!

Quando poi la differenza dà un risultato negativo, e perciò l'intervallo (la radice quadrata di ds^2) non sarebbe più misurato da un numero reale, ma da un numero immaginario, il risultato ci segnala che tra i due eventi non ci può essere alcuna dipendenza causale, nel senso che l'unica possibile connessione fisica tra di essi sarebbe per il tramite di un segnale superluminale, più veloce della luce, il che è impossibile. È ciò che accade per eventi separati nel tempo diciamo di 1 secondo, che accadono a una distanza maggiore di 1 secondo luce: tra i due eventi non può esserci stato interscambio di informazione, di modo che essi si sono prodotti nella più totale e reciproca autonomia, all'insaputa l'uno dell'altro. Il primo non può essere stato né la causa né l'effetto del secondo, e viceversa.

L'Universo della Relatività Generale

Nel momento stesso in cui accettiamo l'idea che lo spaziotempo possa avere una forma sua propria, con una certa geometria, ossia che possa avere caratteristiche sue peculiari, siamo solo a un passo dal concedere che la struttura spaziotemporale abbia una realtà in sé. Tempo e spazio non ci appaiono più come concetti mentali, astratti, come eravamo portati a considerarli nell'ambito della fisica newtoniana. Lo spaziotempo in cui viviamo viene invece ad assumere la concretezza di una "sostanza" con la quale dobbiamo confrontarci, interrogandoci anzitutto su quale sia la sua specifica geometria, tra le molte che a priori risultano possibili, e quale la sua eventuale evoluzione. Sono queste le fondamentali domande che si pone il cosmologo quando pensa alla struttura spaziotemporale su grande scala dell'Universo.

È da rimarcare il fatto che non stiamo parlando del contenuto dell'Universo, perché è fin troppo ovvio che pianeti, stelle e galassie sono entità dotate di una concreta realtà fisica. Parliamo invece della struttura spaziotemporale in cui noi e quegli oggetti siamo collocati, e ci verrebbe da dire "astraendo dal suo contenuto di pianeti, stelle e galassie" se non ce lo impedisse ancora una volta la Relatività Generale, la quale ci insegna che la geometria dell'Universo è fissata proprio dal suo contenuto in termini d'energia e di massa, che in questo contesto possiamo considerare sinonimi, essendo la seconda equivalente alla prima in omaggio alla celebre equazione di Einstein $E = mc^2$.

Il succo dei modelli relativistici d'Universo sta proprio tutto qui: immaginare quale sia la distribuzione su larga scala dell'energia e della materia, dedurne la conseguente geometria dello spaziotempo e capire come l'una e l'altra varino (se variano) nel tempo.

Albert Einstein (1879-1955).

Ma in che senso la massa-energia determina la geometria dello spaziotempo? Questo è l'ultimo passo che ci resta da compiere.

Con la Relatività Generale, Einstein rivoluzionò il concetto di gravitazione che la fisica newtoniana aveva elaborato e tramandato. Newton concepiva l'interazione gravitazionale tra due corpi, che chiameremo A e B, come dovuta a una forza, capace di agire a distanza, che tutti i corpi dotati di massa sono in grado di esercitare e di subire. In questo senso, l'interazione gravitazionale pareva essere una caratteristica riconducibile solo ai due corpi coinvolti, in particolare alle loro masse.

C'erano tuttavia due aspetti della teoria che lo stesso Newton avvertiva come punti deboli, estremamente fragili sotto il profilo filosofico.

Il primo riguarda l'azione a distanza. Com'è possibile che il corpo A influenzi il corpo B senza che ci sia un contatto diretto tra i due? La forza che il Sole esercita sulla Terra sembra trasmettersi efficacemente attraverso il vuoto del Cosmo e non necessita dell'intermediazione di qualche sostanza materiale che realizzi perlomeno un contatto indiretto. Se questa è la realtà delle cose, difficilmente ci si potrebbe sottrarre alla conclusione che la gravità sia una proprietà insita nella materia, il che, come Newton ebbe a scrivere in una lettera all'amico rev. Richard Bentley, era un'assurdità inaccettabile per chiunque ragionasse da filosofo[*1].

L'altro argomento riguarda il concetto di massa. La massa che compare nella legge di gravitazione universale (formula 5.4, a pag. 90) esprime la caratteristica propria di ogni corpo materiale di attrarre a sé qualunque altro corpo dotato di massa: è la sua capacità d'attrazione, la sua "carica gravitazionale", che potremmo misurare dall'intensità della forza che induce su un corpo-campione, e la chiameremo *massa gravitazionale*. Se A produce su un corpo-campione una forza gravitazionale tre volte più intensa di quella che B produce sullo stesso corpo-campione, diremo che A ha una massa gravitazionale tripla di quella di B.

Invece, la massa che compare nella seconda legge della dinamica ($F = m \cdot a$) e che ci consente di stabilire quale sia l'accelerazione che un corpo subisce sotto l'azione di una forza, è rappresentativa di un'altra qualità del corpo: della resistenza che esso oppone all'azione di una forza (di qualunque forza, non solo gravitazionale) tendente a modificarne la velocità. La chiameremo perciò *massa inerziale* e la misureremo attraverso l'accelerazione subita dal corpo sotto l'azione di una

---

[*1] Il 25 febbraio 1693, Newton scriveva al rev. Richard Bentley: "È inconcepibile che la materia bruta inanimata possa operare (a meno che non vi sia la mediazione di qualcosa di non materiale) e influenzare altra materia senza un mutuo contatto; come sarebbe se la gravità, nel senso di Epicuro, fosse sostanziale ed inerente ad essa. E questa è una delle ragioni per cui io desidero che non venga accreditata

forza-campione. Se la stessa forza-campione viene applicata ai corpi C e D e produce su C un'accelerazione tre volte maggiore dell'altra, diremo che C ha una massa inerziale tre volte minore di quella di D.

Come si vede, le due masse esprimono qualità fisiche del tutto differenti, apparentemente senza punti di contatto: una cosa è la capacità d'attrarre gravitazionalmente, altra è il resistere alle sollecitazioni; eppure vengono espresse nella stessa unità di misura, il chilogrammo, e nella fisica newtoniana sono di fatto indistinguibili, tant'è che chiamiamo indifferentemente "massa" l'una e l'altra, senza ulteriori aggettivazioni. Nella legge newtoniana di gravitazione universale:

$$F = \frac{G\, m_A\, m_B}{r^2} \qquad (5.4)$$

i due tipi di massa compaiono con un unico simbolo, ma vi giocano entrambi i ruoli: m_A è la massa gravitazionale del corpo A che esercita la forza F sul corpo B, posto a distanza r, ma, al contempo, è anche la massa inerziale di A, per la quale si deve dividere la forza F esercitata su A dal corpo B per ottenere l'accelerazione che il corpo A subirà ($a_A = F / m_A$). Lo stesso vale per la m_B, presente nella formula nella sua duplice veste di massa gravitazionale e di massa inerziale del corpo B.

Sofisticati esperimenti condotti con metodologie diverse nel corso dell'ultimo secolo ci hanno convinti che effettivamente massa gravitazionale e massa inerziale sono numericamente uguali a meno di una parte su mille miliardi, che è il limite di sensibilità degli strumenti adottati. Ebbene, c'è qualche altra ragione più profonda, oltre all'evidenza empirica, che ci autorizza a rappresentare la "carica gravitazionale" di un corpo attraverso lo stesso parametro che esprime la sua "resistenza dinamica" all'azione delle forze? A questa domanda difficilmente Newton avrebbe potuto dare risposta.

La ragione la troviamo nella Relatività Generale, che assume quell'uguaglianza come il postulato basilare a partire dal quale Einstein svilupperà la sua nuova teoria. L'uguaglianza tra massa inerziale e massa gravitazionale è infatti l'*alter ego* del *principio d'equivalenza*, che è l'anima della Relatività Generale (si veda il riquadro a pag. 97) e, una volta che la si accetti, essa getta una luce del tutto nuova sulla natura dell'interazione gravitazionale.

Consideriamo i nostri due corpi, A e B, della (5.4). Se voglio calcolare l'accelerazione subita da B per effetto dell'attrazione gravitazionale di A, in base alla seconda legge della dinamica dovrò dividere la forza F espressa dalla (5.4) per la massa di B e allora avrò: $a = F / m_B = G\, m_A / r^2$. Si noterà che nell'espressione finale dell'accelerazione la massa di B è sparita del tutto (non sarebbe così se massa inerziale e massa gravitazionale non coincidessero). Anzi, qualunque riferimento a B è sparito. B è inessenziale! Se nel punto in cui si trova il corpo B ponessimo i corpi C, D, E ..., con masse m_C, m_D, m_E ..., la forza gravitazionale esercitata dal corpo A sarebbe diversa per ciascuno di essi, ma l'accelerazione subita da quei corpi sarebbe sempre la stessa. E allora anche il loro moto sarebbe lo stesso. Se i vari corpi transitassero per quel punto con la medesima velocità iniziale, i loro tragitti sarebbero assolutamente gli stessi, indipendentemente dal fatto che siano più o meno massicci, che abbiano forme o colori diversi, che siano fatti di legno o d'oro. Del resto, non lo aveva già capito Galileo che i corpi cadono al suolo tutti con la stessa accelerazione, indipendentemente dalla loro massa? In un tubo in cui sia stato fatto il vuoto, in assenza di attriti, una piuma e una sferetta di piombo ca-

a me l'idea di una gravità innata. Che la gravità sia innata, inerente ed essenziale alla materia, al punto che due corpi possano agire reciprocamente a distanza attraverso il vuoto senza la mediazione di qualcosa d'altro che possa comunicare l'azione della forza, è per me un'assurdità così grande che non credo possa essere accettata da alcuno capace di pensiero competente nel campo della filosofia".

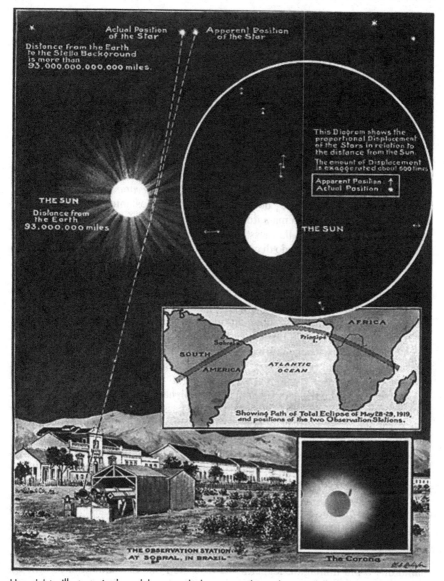

Una rivista illustrata inglese del tempo dà la notizia che, nel corso dell'eclisse del 29 maggio 1919, osservata a Sobral (Brasile) e all'Isola di Principe, la spedizione guidata da Arthur Eddington ha misurato la deflessione della luce di una stella nello spaziotempo curvato dalla massa del Sole. La deflessione rilevata dagli astronomi è proprio quella prevista dalla Relatività Generale di Einstein.

dono fianco a fianco, con la stessa accelerazione, la stessa velocità, la stessa posizione istante per istante.

Se dunque l'effetto dell'interazione gravitazionale è indipendente dalle caratteristiche dei corpi che lo subiscono, si deve necessariamente concludere che quell'effetto non è una proprietà dei corpi, ma dello spazio stesso. Certamente la massa del corpo A gioca un ruolo importante, ma l'altro protagonista non è il secondo corpo, bensì il punto, distante r da A, per cui il secondo corpo transita; o meglio: l'insieme dei punti dello spazio che circonda A. Diciamola così: la massa di A in qualche modo "marchia" con la sua presenza tutto lo spazio circostante. Se, in assenza di A, qualunque corpo di passaggio avrebbe proseguito indisturbato il suo cammino in linea retta, ora la presenza di A connota lo spazio tutto attorno in un modo caratteristico, come se vi venissero "tracciate" sopra, una volta per tutte – e lo spazio ne conservasse memoria –, le traiettorie che un corpo di passaggio, avvicinandosi con una certa velocità, si trova obbligato a percorrere.

Così, nella Relatività Generale l'interazione gravitazionale cessa di essere riguardata come frutto di una forza che agisce a distanza tra due corpi. È da abolire il concetto stesso di forza gravitazionale, esiste solo la *curvatura dello spaziotempo*. Ogni corpo con la sua massa "deforma" lo spazio circostante, curvandolo localmente in modo più o meno marcato (sarà più curvo se la massa è elevata; lo sarà meno a grande distanza dalla massa stessa), e i corpi di passaggio non potranno che adattarsi ad esso, curvando di conseguenza le loro traiettorie. È lo spazio stesso il "mediatore" che Newton cercava per la sua forza gravitazionale.

Qualcuno potrebbe pensare che, in fondo, questo è solo un altro modo per dire la stessa cosa. Non è così! Dobbiamo convincerci che stiamo esprimendo concetti profondamente diversi e filosoficamente incompatibili. Non ci faccia velo il fatto che, nella vita di tutti i giorni, noi continueremo a utilizzare la fisica newtoniana, che è matematicamente più maneggevole e che ci consente di fare previsioni sufficientemente precise (benché filosoficamente non corrette). Potremmo infatti incontrare fenomeni "esotici" che, restando nel solco del vecchio paradigma newtoniano, non riusciremmo mai a spiegare.

Uno per tutti: nella fisica di Newton la luce non ha massa e quindi non è soggetta a forze gravitazionali, di modo che se un fotone passasse nei pressi di un corpo celeste particolarmente massiccio, non risentendo di alcuna azione, dovrebbe proseguire indisturbato in linea retta. Nella nuova visione di Einstein, lo spazio attorno a quel corpo è curvo, e lo è per tutto ciò che transita da quelle parti, luce compresa: di conseguenza, anche i fotoni dovranno adattarsi a percorrere una geodetica curva.

Le osservazioni compiute negli ultimi decenni sulle cosiddette "lenti gravitazionali" ce lo confermano in modo chiaro e sommamente spettacolare: la luce di lontane galassie o di remoti quasar subisce complesse deflessioni quando, sul cammino per giungere a noi, attraversa regioni in cui lo spazio è curvato dalla massa di ammassi compatti, o anche di singole galassie. Ci sono galassie remote che vediamo elongate, e comunque distorte in modo abnorme; talvolta, di uno stesso quasar vediamo due o più immagini, leggermente discoste l'una dall'altra. Sono "miraggi cosmici", creati dalla curvatura dello spazio, che la gravitazione newtoniana non potrebbe in alcun modo spiegare.

Del resto, è ben noto che una delle prime prove osservative a favore della Relatività Generale venne proprio dall'osservazione della deflessione della luce nel corso dell'eclisse totale di Sole del 1919: sulle fotografie prese in quell'occasione da A.S. Eddington e da A. Crommelin si poté infatti misurare che i raggi luminosi di alcune stelle del Toro, la costellazione dentro la quale il Sole si trovò a passare il 29 maggio di quell'anno mentre la Luna ne occultava il disco, subivano una piccola deflessione per il fatto di transitare nei pressi del bordo solare nel loro tragitto verso la Terra, in una regione spaziale localmente curvata dalla massa del Sole.

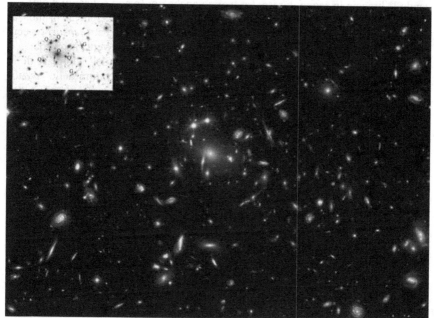

Il campo gravitazionale di un ammasso di galassie lontano 7 miliardi di anni luce, nella costellazione del Leone Minore, deflette la luce proveniente da una galassia e da un quasar ancora più lontani, producendo immagini multiple e deformate di quelle sorgenti. Nel riquadro, con "Q" sono indicate cinque immagini del quasar, con "G" due immagini (deformate) della galassia. La massa dell'ammasso incurva lo spaziotempo e costringe la luce a muoversi lungo tragitti non rettilinei. (K. Sharon, E. Ofek; ESA, NASA)

Una deflessione prevista anche quantitativamente dalla neonata teoria e brillantemente confermata dalle misure.

In definitiva, se persino la luce è costretta a piegarsi, dobbiamo convincerci che la curvatura dello spazio nei dintorni di una massa è proprio qualcosa di reale e che lo spaziotempo ha la natura di una "sostanza", le cui caratteristiche geometriche sono tutte da scoprire.

Gli ingredienti del modello

Subito dopo aver reso pubblica, nel 1916, la sua nuova teoria che veniva a rimpiazzare la legge di Newton nella descrizione dei fenomeni gravitazionali, Albert Einstein si pose immediatamente la domanda di quali fossero le caratteristiche geometriche su larga scala dell'Universo in cui viviamo. Se la materia, come abbiamo visto, "marchia" localmente lo spaziotempo, curvandolo con la sua presenza, cosa possiamo dire della geometria globale dell'Universo? Evidentemente, tutto dipende dalla quantità totale e dalla distribuzione del suo contenuto di massa-energia. Einstein tradusse questa dipendenza in una formulazione matematica (le *equazioni di campo*) estremamente elegante, efficace e compatta, ma anche terribilmente tecnica, di fronte alla quale il non addetto ai lavori non può che ritrarsi inorridito, alzando le braccia in segno di resa. Lo faremo anche noi (e non è disonorevole).

A noi basti sapere che le equazioni di campo mettono in relazione, al primo e al secondo membro di un'equazione, certi elementi matematici, detti *tensori* (specie di matrici a più dimensioni, in qualche modo imparentati con i vettori che abbiamo imparato a trattare al liceo), che descrivono la distribuzione dell'energia e della quantità di moto punto per punto, con la corrispondente curvatura dello spazio-tempo: al primo membro troviamo il cosiddetto tensore metrico, che descrive, per l'appunto, la metrica, la geometria dello spaziotempo; al secondo membro, il tensore energia-momento. Conferendo opportuni valori al secondo, se ne ricava il primo. Già, ma quali sono i "valori opportuni"?

Questo dipende dalle ipotesi che facciamo sui costituenti dell'Universo, sulle loro caratteristiche e sul modo in cui si distribuiscono. In generale, si assume che i vari costituenti (materia, radiazione...) si comportino come fluidi che riempiono l'Universo in modo da rispettare il Principio Cosmologico (omogeneità e isotropia). Si deve poi specificare per ogni componente la sua *equazione di stato*:

$$P = \omega \cdot \rho \cdot c^2 \qquad (5.5)$$

dove P è la pressione, ρ è la densità e ω è una costante di proporzionalità; c è la velocità della luce. L'equazione di stato mostra come la densità di ciascuna componente del fluido cosmico determini la pressione che essa esercita. Il suo significato verrà meglio precisato più avanti, nel capitolo 9. Qui basti dire che la costante ω dipende criticamente dal fluido considerato. Per esempio, per un gas di particelle non relativistiche (ossia, che si muovono a velocità molto minori di quella della luce) la pressione risulta essere praticamente trascurabile e quindi $\omega = 0$. Gli ammassi di galassie, che all'epoca presente sono così separati gli uni dagli altri e le cui velocità relative sono così basse da far ritenere che siano poco probabili incontri stretti e reciproci urti, possono essere assimilati a un fluido di questo tipo e infatti in tutti i modelli cosmologici gli ammassi di galassie vengono riguardati come se fossero particelle non relativistiche di un gas. Quando invece si considera un fluido di particelle relativistiche, il calcolo indica che $\omega = 1/3$. Tale è la costante che compare nell'equazione di stato della radiazione, del "fluido" di fotoni che inonda l'Universo, la cui componente di gran lunga maggioritaria è la radiazione cosmica di fondo.

Naturalmente, bisogna mettere la massima cura nella formulazione dell'equazione di stato. Difficilmente potremmo ritenere trascurabile la pressione del gas di materia anche nelle primissime ere cosmiche quando, come vedremo, l'Universo era molto caldo e le particelle materiali velocissime. Questo significa che l'equazione di stato non è data una volta per tutte: nell'Universo in espansione la costante ω potrebbe anche essere funzione del tempo. In prima approssimazione, tuttavia, si può ragionevolmente assumere che la dipendenza dal tempo sia debole, per cui i modelli solitamente la trascurano.

L'Universo di Einstein e la costante cosmologica

Già nel 1917, subito dopo la pubblicazione del primo lavoro sulla Relatività Generale (1916), Einstein si applicò al problema cosmologico, giungendo però a una conclusione che egli riteneva poco realistica e sostanzialmente inaccettabile. Ne scaturiva infatti un modello di Universo non statico, passibile di collasso in quanto esposto all'influenza della gravità. E ciò era contrario all'idea generale del suo tempo.

Prima degli anni Venti del secolo scorso, come si è visto nei capitoli precedenti, la rappresentazione che ci si dava dell'Universo era ancora parecchio confusa. Erano in molti a ritenere con Shapley che esso fosse contenuto entro i confini della Via Lattea e che perciò i suoi "mattoni" costitutivi fossero le stelle, non le galassie. Se si poteva convenire che stelle e nebulose potessero mutare nel tempo, ben più difficile era ammettere la possibilità che l'Universo nel suo complesso andasse soggetto ad evoluzione. Anche Einstein era intimamente convinto che l'Universo fosse statico ed eterno, che i suoi parametri e le sue grandezze caratteristiche non conoscessero variazioni nel tempo, e tale avrebbe dovuto rappresentarlo il modello che scaturiva dalla sua teoria.

Poiché così non era, egli rimise mano alle equazioni di campo, introducendovi un termine aggiuntivo costituito da una nuova costante fisica, detta *costante cosmologica* e normalmente indicata con la lettera greca lambda maiuscola, Λ. Questo nuovo "ingrediente" poteva essere interpretato come rappresentativo di una sorta di "fluido" uniformemente distribuito nell'Universo che Einstein aveva caratterizzato con un'inusuale equazione di stato a pressione negativa (precisamente con $\omega = -1$), in modo che potesse sviluppare un generale effetto di contrasto nei confronti della gravità. Sul senso da dare al concetto anti-intuitivo di "pressione negativa" torneremo diffusamente nel capitolo 9, dove spiegheremo anche perché l'effetto che essa genera è anti-gravitazionale.

La costante cosmologica garantiva contro il collasso dell'Universo, però bisognava accordarle il giusto valore, che doveva essere piccolissimo: da un lato, per evitare che, esagerando, ne derivasse l'effetto opposto, una generale espansione del Cosmo; dall'altro, per salvaguardare i risultati brillanti che la Relatività Generale, nella versione originale, senza la costante cosmologica, aveva permesso di conseguire negli studi di dinamica del Sistema Solare, in particolare nel problema dell'avanzamento del perielio di Mercurio, un'anomalia nell'orbita di quel pianeta che la gravitazione newtoniana non riusciva a spiegare, ma che diventava perfettamente riproducibile tenendo conto della curvatura relativistica dello spaziotempo nei dintorni del Sole.

La costante cosmologica era un *deus ex machina* particolarmente schivo, con un valore così piccolo da poterlo trascurare alla scala del Sistema Solare o della Galassia, ma capace di farsi sentire prepotentemente su scala cosmologica. Per inciso, la costante Λ ha le dimensioni dell'inverso del quadrato di una lunghezza e il "giusto valore" suggerito da Einstein era commisurato a quello della densità media dell'Universo[*2], come è ovvio che sia, visto che doveva bilanciarne l'effetto attrattivo.

Il modello di Universo di Einstein con la costante cosmologica risultava statico, di geometria sferica, quindi chiuso, finito e illimitato. A prima vista, le ultime due proprietà possono sembrare contraddittorie, ma non lo sono. Un raggio luminoso può propagarsi attraverso tutto l'Universo e ritrovarsi al punto di partenza pronto a ripetere il tragitto all'infinito, senza incontrare mai un confine: in questo senso, l'Universo è illimitato. Allo stesso tempo, la geodetica è una linea chiusa, un cerchio massimo la cui misura dipende dal valore di Λ (è grande se Λ è piccola, e viceversa), ma in ogni caso di estensione finita.

La costante cosmologica è un costituente del Cosmo che ha conosciuto alterne fortune nel corso dei decenni. Quando, nel 1929, le osservazioni di Hubble rivelarono che l'Universo è in espansione, Einstein la disconobbe, riconoscendo d'aver compiuto un madornale errore, il "peggiore della mia vita scientifica", come ebbe a dire. Eppure, nonostante l'ostracismo decretato dal suo ideatore, i teorici non se ne sbarazzarono mai del tutto e infatti continuò a comparire nelle equazioni di campo e nei diversi modelli che via via venivano proposti. Del resto, a parte qualche complicazione mate-

---

[*2] Si veda il capitolo 9, in particolare a pag. 199.

Capire l'Universo

Einstein discute con Willem de Sitter (1872-1934), nel 1932.

matica aggiuntiva, non costava nulla insistere a considerarla: nel gioco delle congetture e delle falsificazioni, la costante cosmologica poteva forse essere giudicata un'ipotesi ridondante e non necessaria, ma non certo fuorviante o preclusiva, tanto più che, se proprio la si voleva escludere, una volta raggiunta la soluzione analitica bastava porre uguale a zero il suo valore per ottenere la descrizione di un Universo senza costante cosmologica, come caso particolare di un modello più generale e completo.

Come vedremo più avanti, è una fortuna che sia andata così, perché dopo ottant'anni in cui venne considerata come una semplice curiosità matematica, un'inutile appendice a cui i cosmologi, per affezione o per tradizione, non sapevano comunque rinunciare, alla fine del XX secolo la costante cosmologica (o qualcosa che le assomiglia) è balzata di nuovo al centro della scena ed è ora l'argomento di punta del dibattito sui costituenti e sul destino dell'Universo. Avremo modo di spiegarne la ragione più avanti.

Nel suo modello, Einstein aveva assunto che la pressione del gas di materia fosse ovunque nulla. Di lì a poco, venne presentato un secondo modello, elaborato dall'astronomo olandese Willem de Sitter, sempre basato sulle equazioni di campo relativistiche, sul Principio Cosmologico e comprendente la costante cosmologica, nel quale però si assumeva che il contenuto di materia fosse trascurabile e che lo spaziotempo fosse piatto. Dunque, de Sitter ipotizzava che fosse nulla non solo la pressione del gas di materia, ma anche la sua densità, cosicché l'Universo era una specie di palcoscenico senza attori, nel quale la costante cosmologica recitava il suo monologo determinando una generale espansione del proscenio in virtù della proprietà antigravitazionale che le era congenita. Bastava infatti introdurre nel modello una manciata di galassie per rendere evidente che ciascuna si allontanava da tutte le altre, mentre la scala dell'Universo sarebbe dovuta crescere poderosamente, in maniera esponenziale.

Non è chiaro se l'astronomo olandese si rese conto del fatto che nel suo modello di Universo in espansione potevano trovare giustificazione le misure che in quegli anni Vesto Slipher andava raccogliendo sui *redshift* delle "nebulose spirali". Slipher le vedeva allontanarsi da noi a velocità inusualmente elevate e non sapeva darsene una spiegazione. Di sicuro, si avvide che c'era un nesso l'astronomo tedesco Carl W. Wirtz (1876-1939) che, nel 1922, giunse persino a formulare una relazione matematica di proporzionalità tra le velocità e le distanze che anticipava di quasi un decennio la scoperta di Hubble. Ma il suo lavoro non ebbe seguito, forse perché si riteneva che fossero opinabili le sue misure di distanza, effettuate utilizzando un indicatore incerto com'è il diametro apparente delle galassie (più le vediamo piccole, più sono lontane, diceva Wirtz; ma l'ipotesi soggiacente – che tutte abbiano le stesse dimensioni lineari – era opinabile). Più probabilmente, la ragione per cui il lavoro di Wirtz fu ignorato va ricercata nel pregiudizio sulla natura statica dell'Universo, che impediva agli scienziati del tempo di accettare la realtà di un Universo in espansione.

Il principio d'equivalenza

La Relatività Generale venne sviluppata da Einstein a partire da un'affermazione assunta con valore di postulato, nota come *principio d'equivalenza*, che può essere formulata in modi diversi, più o meno tecnici, uno dei quali è il seguente: "Nessun esperimento locale può distinguere tra un riferimento soggetto ad accelerazione costante e un riferimento inerziale in un campo gravitazionale uniforme". Spieghiamo questo postulato con un esperimento concettuale e vediamo quali sono le sue conseguenze.

Immaginiamo di stare in una cabina telefonica senza vetri o finestre, sulla superficie terrestre. Se porremo una bilancia a molla sotto i nostri piedi, la molla si contrarrà per effetto dell'attrazione gravitazionale che la Terra esercita su di noi (o che noi esercitiamo sulla Terra), e l'entità della sua contrazione ci rivelerà il nostro peso, diciamo 800 N (è il peso di un uomo di circa 80 kg).

In un secondo tempo, a nostra insaputa (non ci sono finestre da cui guardare), qualcuno ci porta molto lontano dalla Terra, dal Sole e da qualsivoglia corpo celeste, in un punto dello spazio in cui non siano presenti campi gravitazionali. La molla non avrà più motivo di contrarsi e il nostro peso sarà nullo: guardando la bilancia, noi comprenderemo che è successo qualcosa di strano. Ma prima che possiamo interrogarci su questo, supponiamo che un razzo (silenzioso e senza scosse) applicato sotto il pavimento della cabina accenda il suo motore e conferisca alla cabina un moto uniformemente accelerato nel verso pavimento-soffitto, con un'accelerazione che indicheremo con *a*. Per imprimerci una velocità sempre crescente e per vincere la nostra inerzia, il pavimento spingerà i nostri piedi con una forza costante e lo farà attraverso la bilancia interposta, di modo che la molla di nuovo si contrarrà. Il principio d'equivalenza ci assicura che, se il motore avrà regolato l'accelerazione *a* in modo che abbia lo stesso valore dell'accelerazione di gravità alla superficie terrestre ($g = 9,8$ m/s^2), il cursore della bilancia segnerà gli stessi 800 N di quando stavamo fermi sul nostro pianeta e dunque per noi, che stiamo all'interno della cabina e non sappiamo cosa succede all'esterno, non ci sarà modo di capire in quale situazione ci troviamo, se c'è qualcosa che ci accelera, oppure se ci hanno riportato a casa e siamo di nuovo fermi sulla superficie terrestre.

Più in generale, il principio d'equivalenza stabilisce che, stando all'interno della cabina, non c'è esperimento o effetto fisico di qualunque natura attraverso il quale sia possibile distinguere se ci troviamo in un sistema accelerato o in un campo gravitazionale. Traduciamo l'esperimento concettuale in formule.

La forza che la bilancia misura nella prima situazione, quando la cabina è appoggiata al suolo terrestre, è di tipo gravitazionale. È la forza agente tra il nostro corpo e la Terra, pari a $F = m_g \cdot g$, dove m_g è la nostra massa gravitazionale e g ($g = G M_T / R_T^2 = 9,8$ m/s^2; M_T e R_T sono rispettivamente la massa gravitazionale della Terra e il suo raggio) è l'accelerazione di gravità alla superficie terrestre. La forza che la bilancia misura nella seconda situazione è di tipo inerziale, pari a $F = m_i \cdot a$, dove m_i è la nostra massa inerziale e a ($= 9,8$ m/s^2) è l'accelerazione conferita dal razzo. Il principio d'equivalenza afferma che la bilancia misura due forze uguali: $m_g \cdot 9,8 = m_i \cdot 9,8$. Ovvero: $m_g = m_i$. In questo senso, come si è detto a pag. 90, l'uguaglianza di massa gravitazionale e massa inerziale è l'*alter ego* del principio d'equivalenza: la prima discende dal secondo, e viceversa.

Infine, proseguendo nel nostro esperimento ideale, supponiamo che ci sia un cannoncino laser posizionato sulla parete sinistra della cabina, all'altezza di un metro, che spara un fascio di luce diretto parallelamente al pavimento. Quando la cabina è là, ab-

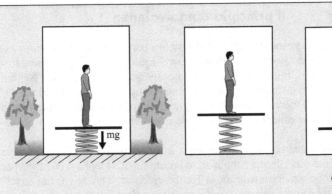

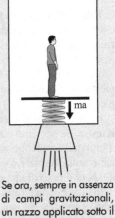

In una cabina sulla superficie terrestre la bilancia a molla si contrae e rivela il peso dell'uomo ($m \cdot g$, ove g è l'accelerazione di gravità alla superficie terrestre): diciamo che sia 800 N.

Se la cabina viene portata nello spazio, lontano da qualsivoglia corpo celeste, in un punto in cui non siano presenti campi gravitazionali, la molla della bilancia non ha motivo di contrarsi e il peso dell'uomo è zero.

Se ora, sempre in assenza di campi gravitazionali, un razzo applicato sotto il pavimento conferisce alla cabina un moto uniformemente accelerato, la molla di nuovo si contrae. Se l'accelerazione a ha lo stesso valore di quella di gravità alla superficie terrestre ($g = 9,8$ m/s^2), la bilancia segnerà ancora 800 N: proprio come quando la cabina era ferma al suolo.

bandonata nello spazio, lontana da corpi celesti, e il razzo non è stato attivato, si capisce bene che il fascio laser colpirà la parete destra esattamente all'altezza di un metro. Lo stesso non vale, però, quando il motore è acceso. Infatti, per quanto sia veloce, il fotone impiega un certo tempo ad attraversare la cabina e in quel breve intervallo l'accelerazione avrà avuto modo di conferire alla parete destra una velocità maggiore di quella che la parete sinistra aveva alla partenza del fotone: la parete destra si sarà perciò spostata di pochissimo verso l'alto (nel verso del moto) quando sarà raggiunta dal fascio luminoso, che perciò non la colpirà a un metro d'altezza, ma un poco sotto. Se si potesse seguire la traiettoria di un singolo fotone, mentre chi sta all'esterno della cabina la vedrebbe rettilinea, noi che siamo all'interno la giudicheremmo curvata verso il pavimento. E avremmo ragione entrambi!

Se vale il principio d'equivalenza, ciò che si vede in un sistema accelerato si deve vedere identicamente in un sistema inerziale posto in un campo gravitazionale. Quindi dobbiamo aspettarci di veder la luce che curva la sua traiettoria di propagazione anche se fossimo nella nostra cabina ferma e saldamente ancorata alla superficie terrestre. Se non ce ne siamo mai resi conto è solo perché il tempo impiegato dalla luce per attra-

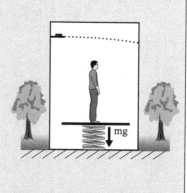

Nella cabina isolata nello spazio, un cannoncino laser spara i suoi fotoni che si propagano in linea retta e colpiscono la parete di destra esattamente alla stessa altezza da cui sono partiti.

Se si accende il razzo e si conferisce un'accelerazione alla cabina, la parete di destra si sarà spostata di pochissimo verso l'alto quando sarà raggiunta dal fascio luminoso, che perciò finirà la sua corsa un po' più in basso rispetto al punto da cui è partito. Un osservatore all'interno della cabina giudicherà la traiettoria dei fotoni curvata a parabola verso il pavimento.

Per il principio d'equivalenza, ciò che si vede in un sistema accelerato, come quello della situazione precedente, si deve vedere identicamente in un sistema inerziale posto all'interno di un campo gravitazionale. Quindi, la luce deve curvare la sua traiettoria di propagazione anche nella cabina ferma sulla superficie terrestre.

versare la cabina è ridicolmente basso e il campo gravitazionale terrestre è molto debole. Ma non si scappa a quella conclusione: un campo gravitazionale è effettivamente in grado di curvare la traiettoria, altrimenti rettilinea, della luce!

Tale circostanza è stata verificata positivamente per la prima volta nel corso dell'eclisse totale di Sole del 1919, rilevando effetti che la teoria newtoniana della gravitazione non saprebbe spiegare in alcun modo. Anche forzando la fisica di Newton, imponendole un discutibile connubio con la Relatività Ristretta al fine di attribuire al fotone una massa gravitazionale equivalente alla sua energia (in base alla $E = mc^2$), il calcolo conduce a previsioni per la deflessione della luce che sono solo la metà di quelle accertate dalle osservazioni e correttamente previste dalla Relatività Generale.

6 Modelli d'Universo

I modelli FRW

Alexander Alexandrovich Friedmann (1888-1925), matematico e fisico russo, era un bambino prodigio: gli stessi genitori ne erano sbalorditi e intimiditi. L'uomo che passerà alla storia come autore della formulazione matematica più generale dei modelli cosmologici relativistici basati sulle equazioni di campo di Einstein e sul Principio Cosmologico aveva appena nove anni quando, per aver dato prova di una stupefacente attitudine per la matematica, venne ammesso anzitempo al Ginnasio di San Pietroburgo ed era poco più che adolescente quando pubblicò il suo primo articolo di ricerca su una rivista professionale, la prestigiosa *Mathematische Annalen*, diretta da un mostro sacro come David Hilbert. Per prepararsi all'Università, il ragazzo approfondiva da autodidatta argomenti di fisica e di matematica superiore; e non è da pensare che l'interesse per la scienza lo assorbisse al punto da estraniarlo dalle vicende politiche del tempo (la rivoluzione del 1905), a cui, anzi, partecipò con entusiasmo. La musica era la sua passione, insieme con il volo (conseguì il brevetto di pilota nel 1914); parlava cinque lingue, tra cui l'italiano.

Alexander Alexandrovich Friedmann (1888-1925).

Se questo era lo spessore culturale del personaggio, non può meravigliare il fatto che sapesse maneggiare le complesse equazioni della Relatività anche meglio di chi le aveva inventate. Professionalmente, Friedmann lavorava nel campo della meteorologia. Alle prese con le altrettanto complesse equazioni della dinamica dei fluidi, fu capace di unificare e racchiudere le più diverse fenomenologie atmosferiche in un'unica classe generale di soluzioni. Lo stesso fece con la cosmologia, che era ormai diventata la sua principale passione extra-professionale: fra il 1922 e il 1924 trovò infatti una soluzione generale alle equazioni di campo relativistiche, complete di costante cosmologica, mostrando come i modelli di Einstein e di de Sitter fossero semplicemente due casi particolari di quella soluzione.

In un primo tempo, Einstein ebbe a muovere obiezioni al lavoro di Friedmann e rese pubbliche le sue critiche sulla stessa rivista professionale che aveva accolto i lavori del giovane russo. Fu molto risoluto nell'indicare quelli che, a suo avviso, erano da considerarsi veri e propri errori, e Friedmann, che sapeva per certo d'aver ragione, ne soffrì non poco, anche perché aveva tentato a più riprese d'incontrare di persona il padre della Relatività per spiegargli il suo punto di vista, senza però mai riuscirvi. Così, gli scrisse una lunghissima nota ed Einstein, alla fine, si convinse che il matematico russo aveva colto nel segno. Con l'onestà che lo contraddistingueva, non esitò a ritrattare pubblicamente le sue obiezioni.

Negli anni successivi, l'americano Howard P. Robertson e l'inglese Arthur G. Walker, con approcci diversi e indipendenti, giunsero a conclusioni identiche a quelle di Friedmann. Per questo motivo, la classe generale dei modelli cosmologici ancora oggi in uso è nota come la classe dei *modelli FRW*, dalle iniziali dei tre ricercatori.

I modelli FRW si caratterizzano per un'espressione della metrica (la distanza spazio-temporale di due eventi adiacenti) strutturalmente simile alla (5.3), ma in cui fanno la loro comparsa, nella parte spaziale, due parametri che tengono conto del grado d'espansione dell'Universo in ciascun momento dato e della sua geometria. Sono il *fattore di scala* e il *parametro di curvatura*.

Il fattore di scala

Il fattore di scala viene generalmente indicato con la lettera R; per sottolineare il fatto che si tratta di una grandezza variabile nel tempo, si usa scrivere: $R(t)$. Esso descrive in che modo variano nel tempo le scale spaziali nell'Universo, quindi tutte le distanze tra le grandi strutture del Cosmo. Se $R(t)$ è una funzione crescente nel tempo, vuol dire che l'Universo si sta espandendo; al contrario, se decresce, siamo in presenza di una contrazione. Se oggi il fattore di scala vale 30 e se cinque miliardi di anni fa valeva 15, vuol dire che in questo intervallo di tempo tutte le distanze cosmiche sono raddoppiate. Se dieci miliardi di anni fa valeva 10, vuol dire che da allora le distanze sono triplicate; ma non solo: vuol anche dire che attualmente l'espansione va accelerando (nei primi cinque miliardi d'anni, le distanze crebbero infatti di una volta e mezza, ma negli ultimi cinque di due volte).

Il fattore di scala è la tabella di marcia del nostro Universo nel corso dell'intera sua esistenza: lo scienziato che un giorno riuscirà a scrivere la precisa espressione analitica di questa funzione, mettendo a frutto le osservazioni degli astronomi, che gli avranno fornito i valori corretti di tutti i parametri cosmologici fondamentali, sarà l'artefice della più grande scoperta scientifica di ogni tempo, perché, racchiusa in una formula matematica, ci consegnerà la storia passata della dinamica dell'Universo, insieme con l'indicazione di quale sarà il suo destino futuro.

Così come leggendo sull'orario ferroviario la successione delle fermate, con le distanze chilometriche e i tempi di passaggio alle varie stazioni, possiamo renderci conto di quando il nostro treno è partito, quale velocità ha tenuto nelle varie tratte, a che punto siamo del percorso e quanto manca alla meta, allo stesso modo, se disponessimo dell'espressione matematica che descrive la funzione $R(t)$, avremmo in mano il resoconto completo della storia dinamica dell'Universo. La scoperta di Hubble del 1929 ci assicura che oggi l'Universo si sta espandendo; la costante di Hubble H_0 ci dice in quale misura stanno crescendo attualmente le distanze tra le galassie. Ma questo non ci basta: è come guardare dal finestrino del treno e stimare la velocità a cui la nostra carrozza sta procedendo in questo preciso momento; ma in questo solo. È un'informazione troppo limitata per soddisfare la nostra curiosità. Noi vogliamo conoscere l'orario ferroviario completo, dall'inizio alla fine del viaggio.

Come si misura il fattore di scala? Precisiamo subito che non interessa compiere una misura assoluta: basta infatti conoscere il rapporto tra i fattori di scala in due tempi diversi. Più sopra, ci siamo inventati i valori 10, 15, 30 senza neppure specificare cosa stessimo misurando e quale fosse l'unità di misura, proprio perché quel che conta è il rapporto, la misura relativa. Potremmo decidere di assumere come fattore di scala la distanza tra due ammassi di galassie scelti come riferimento. Se potessimo (ma è solo un pio desiderio…) misurare quella distanza nelle varie epoche cosmiche vedremmo come varia nel tempo la distanza relativa tra tutti gli ammassi dell'Universo. Oppure, possiamo immaginare che ci sia una barra rettilinea, che fluttua da qualche parte nello spazio, e che si espande o si contrae in perfetta sintonia con il comportamento generale dell'Universo. Un regolo cosmico "elastico". Ebbene, supponiamo di misurarlo oggi e di trovare che è lungo esattamente 1 km.

Quando, nel capitolo 4, abbiamo parlato della scoperta di Hubble dell'espansione dell'Universo, abbiamo detto che la costante H_0 che compare nella sua legge vale 72 km s^{-1} Mpc^{-1}. Ora è venuto il momento di comprendere il significato più genuino di questa costante, aiutandoci con il nostro regolo elastico.

Se l'Universo non è statico, come era stato erroneamente supposto da Einstein, il fattore di scala varierà nel tempo. Chiamiamo T il suo tasso di variazione nel tempo, che, in linea di principio, potrebbe essere sia positivo, a indicare una crescita, che negativo, a segnalare una contrazione, ma che, dopo la scoperta di Hubble, sappiamo essere positivo: T è dunque il tasso di crescita, il tasso d'espansione.

Supponiamo di aver verificato che il nostro regolo si allunga ogni giorno di 1 m. Il regolo è la somma delle sue due metà e, poiché non v'è motivo di pensare che una metà si allunghi più dell'altra (omogeneità!), possiamo dire che ciascuna cresce di 0,5 m al giorno. Allo stesso modo, se avessimo adottato un regolo lungo il doppio (due regoli di 1 km ciascuno, allineati uno dietro l'altro), l'allungamento giornaliero sarebbe stato di 2 m. Qual è dunque il corretto valore del tasso di espansione T del fattore di scala: 1 m/giorno, 0,5 m/giorno oppure 2 m/giorno? Sono tutti valori corretti, ma si riferiscono a regoli elastici di diversa lunghezza. Se vogliamo dare un'informazione univoca e completa, valida per ogni regolo, diremo che l'allungamento è di "1 metro al giorno per ogni chilometro". In modo compatto, scriveremo: 1 m giorno^{-1} km^{-1}. Ebbene, questa unità di misura non è forse omogenea a quella che normalmente esprime la costante di Hubble? La costante H_0 ci rivela dunque di quanto si allungherebbe ogni secondo, a causa dell'espansione dell'Universo, un regolo lungo 1 milione di parsec (Mpc), ossia 3,26 milioni di anni luce: l'allungamento è di 72 km ogni secondo. Sarebbe di 720 km se il regolo fosse lungo 10 Mpc, e così via, in proporzione.

Quando scriviamo H_0, lo "0" a deponente sta a indicare che 72 è il valore attuale, quello che si misura nella nostra epoca cosmica. Il Principio Cosmologico ci autorizza a ritenere che H_0 è costante nello spazio, ossia che ogni astronomo contemporaneo interessato alla sua misura, su qualunque ammasso di galassie si trovi, rileverebbe lo stesso valore. Ma non ci assicura la sua costanza nel tempo: nulla infatti ci garantisce che 5 o 10 miliardi di anni fa la costante di Hubble avesse lo stesso valore di oggi. Anzi, è più che probabile che fosse diverso (ma comunque lo stesso per tutti gli astronomi di tutte le galassie in quella medesima epoca cosmica). Anche la costante di Hubble è dunque funzione del tempo: $H(t)$; e sapremmo perfettamente come varia nel tempo se conoscessimo l'andamento della funzione $R(t)$. Ma $R(t)$ non la conosciamo, perché è l'incognita che vogliamo alla fine svelare: è la meta che ci siamo prefissi, alla quale ambiamo di pervenire proprio attraverso la misura della costante di Hubble a diverse epoche cosmiche.

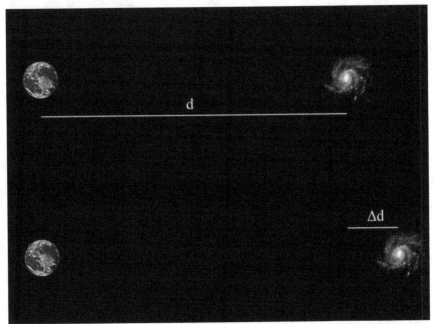

La costante di Hubble misura il tasso d'espansione relativo del fattore di scala. Supponiamo che una galassia distante d si allontani da noi ogni secondo di un Δd. La costante di Hubble viene definita come $\Delta d / d$ al secondo. Nell'Universo reale, essendo $H_0 = 72$ km s^{-1} Mpc^{-1}, se la galassia distasse $d = 100$ Mpc, ogni secondo l'allungamento sarebbe $\Delta d = 7200$ km. Se distasse il doppio, $d = 200$ Mpc, sarebbe $\Delta d = 14.400$ km, e così via.

Mettiamo la costante di Hubble sotto la lente d'ingrandimento e chiediamoci cosa rappresenti esattamente. Spesso, in modo sbrigativo, la si definisce come il tasso d'espansione dell'Universo, ma la definizione corretta è che si tratta del *tasso d'espansione relativo* del fattore di scala. Non è T, ma T / R:

$$H(t) = T(t) / R(t). \tag{6.1}$$

Tornando infatti alla nostra barra elastica, poiché 1 metro rappresenta la millesima parte di un chilometro, dire che il regolo si allunga di 1 m giorno^{-1} km^{-1} è come dire che l'espansione si produce a tassi di un millesimo al giorno (0,001 giorno^{-1}), intendendo con questo che, per ciascun giorno che passa, ogni regione dell'Universo incrementa le proprie dimensioni lineari di una parte su mille. Se misura mille anni luce, l'incremento sarà di 1 anno luce; se misura un miliardo di anni luce, l'aumento giornaliero sarà di un milione di anni luce. Il lettore può facilmente giungere a questo risultato in maniera più formale esprimendo le grandezze lineari presenti in (1 m giorno^{-1} km^{-1}) nella medesima unità di misura, per esempio tutte in metri (oppure tutte in chilometri, è lo stesso): 1 m giorno^{-1} km^{-1} = 1 m giorno^{-1} (1000 m)$^{-1}$ = 0,001 giorno^{-1}. In modo del tutto analogo, esprimendo il Mpc in km, si può verificare che 72 km s^{-1} Mpc^{-1} corrisponde a $2,3 \cdot 10^{-18}$ s^{-1} o, se si preferisce, a $7,4 \cdot 10^{-11}$ anno^{-1}, o anche a $7,4 \cdot 10^{-9}$ secolo^{-1}. Sono modi diversi, ma equivalenti, d'esprimere il valore della costante di Hubble e significa che tutte le distanze nell'Universo si stanno attualmente espandendo di una frazione pari a 7,4 miliardesimi ogni secolo. Così, fra un secolo, una galassia che oggi è lontana 200 milioni di anni luce disterà 1,5 anni luce in più. È una placida espansione quella del Cosmo, rilassata, tutt'altro che esasperata o parossistica.

Tra l'altro, se la crescita del nostro regolo è di un millesimo al giorno, occorreranno mille giorni prima di vedere raddoppiata la sua lunghezza, o anche: sono occorsi mille giorni affinché diventasse lungo come è adesso a partire da un'epoca in cui era piccolissimo. Dietro queste due affermazioni v'è naturalmente un'ipotesi implicita: che il tasso d'espansione attuale sia rimasto costante nel passato e che tale rimarrà anche in futuro. Pur essendo ben consci che si tratta di un'ipotesi alquanto rozza, il tempo che ricaviamo potrebbe fornire perlomeno un ordine di grandezza per l'epoca cosmica in cui ci troviamo, per il tempo trascorso dall'inizio dell'espansione.

Mille giorni sono l'inverso di 0,001 giorno^{-1}, del tasso d'espansione relativo del nostro regolo. Facciamo lo stesso calcolo con il tasso d'espansione relativo del fattore di scala dell'Universo (la costante di Hubble) e troveremo quello che viene definito *tempo di Hubble*: $t_H = 1 / H_0$, che risulta essere circa 13 miliardi di anni. Se, oltre che nello spazio, il tasso d'espansione attuale restasse costante anche nel tempo, questa sarebbe l'età precisa dell'Universo. Se però l'espansione andasse accelerando, la vera età dell'Universo sarebbe maggiore del tempo di Hubble (a parità di crescita totale del fattore di scala, l'espansione più lenta nel passato richiese più tempo); al contrario, se l'espansione fosse decelerata, l'età sarebbe minore.

Ferme, eppure in moto

Parlando del fattore di scala, spesso si è portati a identificare $R(t)$ con il "raggio" dell'Universo. È sbagliato. Avrebbe un senso se avessimo la certezza di vivere in un Universo chiuso, finito, a geometria sferica: in quel caso, il raggio della sfera-Universo potrebbe essere il regolo più naturale per rappresentare il comportamento dinamico del tutto. Ma se il Cosmo ha una geometria iperbolica, oppure piana (come sembra che sia), allora è infinitamente esteso e le sue dimensioni globali non sono misurabili.

A ben pensarci, forse non sono misurabili in modo così semplice e scontato neppure le distanze tra gli ammassi di galassie. Proviamoci a farlo e comprenderemo meglio il ruolo del fattore di scala.

Immaginiamo di rappresentare l'Universo come un foglio di carta a quadretti appoggiato su un piano (vedi figura a pag. 107), non senza mettere subito in chiaro le semplificazioni adottate: a) oltre alla dimensione temporale, che qui non interessa, l'Universo ha tre dimensioni spaziali, non due come il nostro foglio; b) l'Universo può avere una geometria diversa da quella piana; c) se, come il foglio, ha una geometria piana, allora è infinitamente esteso. Per ovviare alla terza semplificazione, non ci costerà nulla immaginare che anche il nostro foglio si estenda indefinitamente. Ora distribuiamo sul foglio una manciata di coriandoli, in modo abbastanza uniforme. Ogni coriandolo rappresenta un ammasso di galassie. Sceglimone due a caso, A e B, e misuriamone la distanza.

Ci viene spontaneo adottare il criterio che ci hanno insegnato a scuola. Fisseremo anzitutto un punto del foglio come origine delle coordinate; per comodità, sceglieremo un punto all'intersezione delle linee rette che attraversano il foglio a quadretti in verticale e in orizzontale, e sfrutteremo la griglia per misurare le coordinate x e y dei due ammassi, come si fa sulle carte millimetrate. Poi applicheremo il teorema di Pitagora, sommando i quadrati delle differenze tra le coordinate omologhe e facendone la radice quadrata (noi, però, non la estrarremo, e daremo l'espressione del quadrato della distanza d^2):

$$d^2 = (x_B - x_A)^2 + (y_B - y_A)^2 = \Delta x^2 + \Delta y^2$$

con evidente significato dei simboli. Δx è un modo compatto di esprimere la differenza $(x_B - x_A)$, e così Δy.

L'Universo si espande in maniera uniforme. Dobbiamo dunque immaginare che il nostro foglio sia elastico e che venga "stirato" allo stesso modo in ogni direzione. Della placida espansione del foglio non ci accorgeremmo neppure se, a lungo andare, non vedessimo le linee del foglio separarsi sempre più, la griglia allargarsi, i quadratini ingrossarsi, i coriandoli allontanarsi gli uni dagli altri: non ce ne accorgeremmo perché i coriandoli mantengono immutate le loro coordinate. In effetti, se il coriandolo A si trovava originariamente nella posizione (5; 2), ossia 5 quadrati a destra dell'origine sull'asse delle x e 2 quadrati verso l'alto sull'asse delle y, lo troveremo sempre lì, nella posizione (5; 2), anche dopo un giorno o un anno di espansione: non si muove infatti *nel foglio*, per una sua velocità specifica, come avverrebbe a seguito di un nostro starnuto che lo fa volar via, ma si muove *con il foglio*, passivamente trascinato dalla sua espansione. E così il coriandolo B. Le loro coordinate, misurate in quadratini, sono sempre le stesse e di conseguenza non cambia neppure la loro distanza, per come l'abbiamo definita: è quella che si dice *distanza delle coordinate*.

Un sistema di coordinate che si espande o si contrae con lo spazio si dice *comovente*. Si tratta di un sistema di riferimento che possiamo considerare a riposo (questa affermazione è una vera bestemmia per la fisica newtoniana, dove tutti i moti sono relativi, e non esiste un sistema che possa dirsi "fermo" in assoluto!), rispetto al quale possono essere misurate le velocità assolute (altra bestemmia, per Newton) di tutti i corpi celesti.

Sistemi di riferimento di questo tipo vengono ampiamente usati in cosmologia, ma non forniscono indicazioni sull'effettiva distanza fisica tra due punti. Ed è qui che interviene il fattore di scala. Nel nostro esempio, potremmo assumere come "regolo" rappresentativo del fattore di scala il lato di un quadratino del foglio, che indicheremo, al solito, con $R(t)$. Allora, l'espressione della distanza effettiva tra i due coriandoli sarà data dal prodotto della distanza delle coordinate per il fattore di scala al momento dell'osservazione:

$$d^2 = R(t)^2 (\Delta x^2 + \Delta y^2).$$

Adesso si capisce meglio perché la metrica dei modelli FRW contempla la presenza del fattore di scala. Quanto al parametro di curvatura, si può ben intuire che, a parità di distanza delle coordinate, la distanza effettiva dipende anche dalla geometria dello spazio, dalla sua curvatura.

Aggiungiamo un'altra precisazione importante. Si sarà notato che per indicare gli ammassi sul nostro foglio-Universo non abbiamo disegnato un certo numero di cerchietti direttamente sulla carta, ma abbiamo sparso coriandoli. C'è un ben preciso motivo per questo. L'espansione cosmica non è un fenomeno locale, ma globale; riguarda l'Universo su larga scala, non i singoli sistemi locali, come sono

Il disegno esemplifica il concetto di sistema di coordinate comoventi. Il foglio elastico che si espande uniformemente rappresenta la struttura spaziotemporale, mentre i coriandoli che abbiamo lasciato cadere sul foglio simboleggiano gli ammassi di galassie. Il fattore di scala, qui identificato con il lato di un quadratino, cresce da $R(t_1)$ a $R(t_2)$. Le coordinate comoventi dei due coriandoli A e B sono sempre le stesse, così come la loro distanza delle coordinate (pari a 5, in unità comoventi; per verificarlo, si applichi il teorema di Pitagora), di modo che i coriandoli si possono considerare fermi nel sistema di coordinate comoventi. Se però consideriamo la distanza fisica effettiva, vediamo che questa cresce di pari passo con il fattore di scala: $d(t) = 5 \cdot R(t)$.

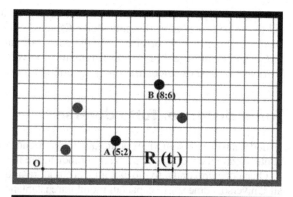

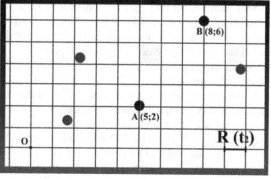

le galassie e gli ammassi, tenuti insieme localmente dalla gravità. Riguarda il foglio di carta, non i coriandoli. La struttura di una galassia non viene interessata dalla generale espansione dell'Universo: la forma e le dimensioni vengono mantenute nel tempo, con le stelle che assecondano solo le forze gravitazionali interne, indifferenti a ciò che avviene nel resto dell'Universo su grande scala. Restano ugualmente insensibili all'espansione il Sistema Solare, i singoli pianeti, noi stessi e gli oggetti che ci circondano, cementati da forze di coesione di vario tipo. Se così non fosse, non potremmo mai renderci conto della realtà dell'Universo in espansione.

Più sopra, si diceva che il regolo cosmico lungo 1 km si allunga di 1 m al giorno. Come ce ne accorgiamo? Evidentemente perché lo misuriamo con un metro. Ma il nostro metro non deve partecipare all'espansione cosmica, perché altrimenti anch'esso si allungherebbe di una parte su mille ogni giorno, ossia di un millimetro. Se così fosse, il giorno successivo alla prima misura il metro campione misurerebbe 1,001 m e, quando lo confrontassimo con il regolo elastico, che ora è lungo 1,001 km, verificheremmo che occorrono esattamente 1000 metri campione in fila l'uno dietro l'altro per coprirne la lunghezza, esattamente quanti ne occorrevano il giorno prima. Conclusione: il regolo cosmico ci sembrerebbe sempre della stessa lunghezza, anche dopo molti giorni, settimane e anni. Anche noi cresceremmo nel tempo in altezza e in larghezza, ma senza rendercene conto, perché si allungherebbe in proporzione anche il nostro letto, e continueremmo a dormire comodamente, la nostra camicia, e i bottoni non salterebbero, la nostra casa, e non picchieremmo capocciate sul soffitto. Se avessimo disegnato un cerchietto sul nostro foglio-Universo, il suo diametro sarebbe stato "stirato" dall'espansione elastica del foglio nella stessa proporzione della distanza tra i cerchietti. Se la separazione tra due cerchietti era in origine di 20 diametri, tale sarebbe rimasta per sempre.

Col sorriso sulle labbra, Arthur Eddington una volta ebbe a dire che forse non è l'Universo che si espande, ma sono gli atomi che si restringono. Tutto è relativo...

Tante distanze, tutte diverse

Il modellino che abbiamo introdotto, quello del foglio-Universo, ci torna comodo per puntualizzare il concetto di distanza e per inquadrare meglio anche la legge di Hubble.

Quando guardiamo il foglio dall'alto, ci comportiamo come esseri superiori, esterni all'Universo, come spiriti capaci di monitorare istantaneamente la totalità del Cosmo. Sfortunatamente per loro, gli astronomi non si trovano nella nostra condizione. Noi diciamo "ora" e, con un rapido roteare di pupille, vediamo dove si trovano centinaia di coriandoli, anche molto distanti fra loro. Su ciascuno di quei coriandoli un orologio cosmico marca il tempo e noi leggiamo dappertutto "ora": stiamo contemplando l'Universo del tempo presente in una condizione di simultaneità che il povero astronomo può soltanto sognare.

L'astronomo, infatti, non vive fuori dall'Universo, ma risiede in una galassia (dentro un coriandolo) e da quella piattaforma guarda il Cosmo. Punta il telescopio in una direzione, prende una fotografia di una galassia molto lontana e registra l'immagine di quello che la galassia era nel lontano passato, perché la luce che ha appena impressionato la pellicola fotografica è partita dalla galassia miliardi di anni fa e dunque gli consegna un'informazione relativa a un'epoca passata, certamente non contemporanea alla sua. Se potesse leggere il tempo segnato dall'orologio cosmico di quella galassia vi leggerebbe "allora", non "ora". Può suonare strano quanto stiamo dicendo, ma è qualcosa di molto naturale.

Ai giorni nostri, con la posta elettronica è facile raggiungere quasi istantaneamente ogni angolo del pianeta. Voglio sapere come se la passa in questo preciso momento un mio amico che sta nel Borneo: se è dotato di computer e di *webcam*, lo posso vedere praticamente in diretta. Internet ci rende "spiriti" aleggianti sul pianeta, in grado di monitorarlo ovunque istantaneamente. Ma solo un secolo fa, se l'amico avesse voluto mandarmi una sua foto e se il postino me l'avesse recapitata quando il mio orologio segnava il tempo "ora", mi sarebbe bastato leggere il timbro postale di spedizione per capire che stavo guardando una foto vecchia diciamo di un mese, risalente all'epoca "ora – 1 mese". Non c'è proprio niente di strano o di difficile da capire: se la posta richiede un mese per la consegna, dovrò rassegnarmi a ricevere informazioni che sono sistematicamente vecchie di un mese. Questo perché la velocità del servizio postale è finita.

Se gli utenti delle Poste si lamentano, figuriamoci cosa dovrebbero dire gli astronomi che ricevono informazioni vecchie anche di miliardi di anni! Neppure la luce si propaga infatti a velocità infinita. Più gli astronomi scrutano lontano, più guardano indietro nel tempo. Ed è questo che, per certi versi, rende tutto più difficile. Per altri versi, invece, rende tutto più affascinante: perché ci mette nelle condizioni di produrre teorie e modelli sulla storia evolutiva dell'Universo che possono essere verificati nel concreto.

Uno storico può sforzarsi di ricomporre dai più vari documenti la vita e il pensiero di un personaggio del passato, ma non potrà mai intervistarlo per capire fino a che punto sia corretta la sua ricostruzione. All'astronomo è invece consentito, almeno in linea di principio, di "interrogare" le galassie di due, cinque o dieci miliardi di anni fa, visto che quando le inquadra al telescopio ne può misurare le caratteristiche di "allora". In questo senso, il suo lavoro è più simile semmai a quello del paleontologo che, attraverso i fossili di una sezione di roccia esposta, può abbracciare con un unico sguardo tutta la varietà delle forme viventi succedutesi nei millenni. Con una differenza, però: mentre la successione ordinata degli strati sedimentari indica al paleontologo, in modo chiaro e immediato, l'avvicendarsi delle varie specie, con la precisa scansione temporale di comparsa e scomparsa delle stesse, il campo inquadrato da un telescopio brulica di galassie che sono distribuite in modo disordinato, alle quali non sempre è facile assegnare la giusta distanza e la giusta epoca cosmica. Purtroppo, le galassie non si mettono ordinatamente in fila, né portano l'orologio al polso.

Noi che scrutiamo il foglio dall'esterno abbiamo una rappresentazione precisa e reale dell'Universo in ogni istante, quella che il matematico e astronomo inglese Edward A. Milne (1896-1950) chiamò la *mappa del mondo*. L'astronomo che vive nell'Universo, che deve fare i conti con la velocità finita della luce, vede invece quella che Milne chiamò la *visione del mondo*. I due panorami non sono gli stessi: obiettivamente, il secondo è parecchio più ambiguo e difficile da decifrare.

Ritorniamo per un momento alla legge di Hubble, che rappresenta il cardine di tutti i modelli cosmologici. Si ricorderà come l'abbiamo ricavata: con la metafora delle auto in corsa sull'autostrada rettilinea. Quello che volevamo mettere in evidenza con quell'esempio è che la legge di proporzionalità tra la velocità e la distanza è una conseguenza diretta e univoca delle ipotesi che si fanno in partenza. Se si suppone che l'Universo sia omogeneo e isotropo, e che perciò tutti gli osservatori, ovunque posizionati, si trovino nelle condizioni di descriverlo con le medesime parole e con le stesse equazioni, allora l'espansione cosmica non può che manifestarsi con una velocità crescente linearmente con la distanza. La legge:

$$v = H \cdot d \qquad (6.2)$$

scaturisce dalla teoria, e per noi, puri spiriti, che sappiamo librarci fuori dall'Universo per ammirare la mappa del mondo, è facile verificare la sua rispondenza con la realtà. La distanza d che compare nella (6.2) è infatti quella che si misura sulla mappa del mondo, quella che separa le galassie "ora", in questo preciso istante; i cosmologi la chiamano *distanza propria d_{pr}*. Ma è anche la distanza che Hubble misurava al telescopio di Monte Wilson, sfruttando le Cefeidi? Non proprio.

Nell'Universo in espansione possiamo considerare altre definizioni di distanza, tutte diverse e tutte valide purché si abbia l'avvertenza di utilizzarle nel contesto giusto. C'è la distanza che la galassia aveva "allora", quando emise la luce che oggi raggiunge il telescopio, ed è certamente una distanza minore di d_{pr}, perché nel tempo trascorso tra "allora" e "ora" l'Universo si è espanso di una quantità pari all'incremento del fattore di scala $R(t)$, dunque pari al rapporto $R(\text{ora})/R(\text{allora})$; tutte le distanze cosmiche saranno nel frattempo aumentate di questo stesso rapporto. La distanza che la galassia aveva "allora" viene detta *distanza di diametro angolare d_a*, perché è quella che si ricava dal confronto tra una dimensione lineare di un oggetto celeste, per esempio il diametro di un disco galattico, e l'angolo sotto cui la vediamo.

Poi c'è la distanza che gli astronomi ricavano confrontando la luminosità intrinseca di una sorgente celeste con il flusso che viene raccolto al telescopio. Qui sulla Terra, il flusso luminoso di una lampadina va calando all'aumentare della distanza

Abell S0740 è un ammasso di galassie con un *redshift* z = 0,034. Essendo un oggetto vicino, la sua distanza propria (460 milioni di anni luce) praticamente coincide con la distanza di diametro angolare (443) e con la distanza di luminosità (473). Il *lookback time* è di 450 milioni di anni. (HST)

a cui lo si misura: se a una certa distanza vale 36, a una distanza doppia varrà 9 (un quarto di 36) e a una distanza tripla varrà 4 (un nono di 36). È la legge dell'inverso del quadrato della distanza. Gli astronomi si comportano come se la legge valesse identicamente anche nell'Universo in espansione, e definiscono in tal modo la *distanza di luminosità d_l*. Questa risulta essere maggiore della distanza propria, perché in uno spazio dinamico, animato da un moto espansivo, il flusso va calando, oltre che per la distanza, anche per altre due ragioni: a) perché il fascio luminoso si "stempera" nel senso della direzione di volo, con le distanze medie tra i fotoni che crescono come il fattore di scala, cosicché il treno di fotoni è meno compatto e il flusso in arrivo è come diluito; e b) perché i fotoni arrivano con una lunghezza d'onda spostata verso il rosso, quindi ciascuno con minore energia. Fatti per bene i conti, la d_l risulta essere maggiore della d_{pr} di un fattore $R(\text{ora})/R(\text{allora})$, e quindi maggiore della d_a di un fattore $[R(\text{ora})/R(\text{allora})]^2$.

C'è infine un'altra distanza, la più usata nei testi divulgativi, che in realtà non è

MS0735.6+7421 è un ammasso relativamente lontano, con *redshift* $z = 0,216$. In questo caso, la distanza propria (2,8 miliardi di anni luce) differisce abbastanza sensibilmente dalla distanza di diametro angolare (2,3) e dalla distanza di luminosità (3,4). Il *lookback time* è di 2,5 miliardi di anni. L'immagine dell'ammasso combina tre riprese: in ottico, del Telescopio Spaziale "Hubble"; nei raggi X, dell'Osservatorio "Chandra"; nelle onde radio, del Very Large Array.

propriamente una misura di lunghezza, ma di tempo; si chiama con termine inglese *lookback time* e rappresenta la differenza temporale tra "ora" e "allora". Se l'orologio cosmico segnava 9 miliardi di anni quando la galassia emise la luce che oggi colpisce i nostri occhi, poiché l'età attuale dell'Universo è stimata in 13,7 miliardi di anni, il suo *lookback time* è di 4,7 miliardi di anni e, in modo alquanto sbrigativo, se ne conclude che la galassia dista 4,7 miliardi di anni luce. È sbagliato: il *lookback time* è un intervallo di tempo, non una distanza spaziale. Lo spazio percorso dalla luce nell'Universo che nel frattempo si espande è molto maggiore, ma tant'è: questa è la "distanza" che più frequentemente troviamo indicata nelle riviste e nei libri di divulgazione.

Gli astronomi usualmente misurano la distanza di luminosità e dovrebbero convertirla in distanza propria al tempo attuale prima di inserirla nella (6.2) per ricavare la costante $H(t)$ al tempo presente, la H_0. Tuttavia, la correzione si rivela superflua se la galassia che si sta considerando non è troppo lontana, perché allora il rapporto $R(\text{ora})/R(\text{allora})$ è solo di poco maggiore di 1 e di conseguenza tutte le distanze più sopra definite risultano avere praticamente il medesimo valore. Se si limita a considerare l'Universo vicino, l'astronomo, che solitamente esplora la "visione del mondo" di Milne, di fatto ha accesso anche alla "mappa del mondo".

Anche sulla misura delle velocità, c'è una puntualizzazione da fare. Quando l'astronomo va a collocare su un grafico le misure di velocità e di distanza di galassie relativamente vicine, per verificare la perfetta linearità della relazione tra le due grandezze e per ricavare, dalla pendenza della retta, il valore di H_0, deve aspettarsi di trovare una notevole dispersione dei punti attorno alla retta a causa dei moti peculiari delle singole galassie che, sovrapponendosi alla recessione cosmologica, "inquinano" le misure. Le galassie, infatti, vanno soggette anche a moti nello spazio, che marchiano lo spettro con spostamenti delle righe per effetto Doppler indistinguibili dagli spostamenti genuinamente dovuti all'espansione del Cosmo. Le galassie non sono necessariamente "ferme" nel sistema di riferimento comovente. Potrebbero essere considerate tali le galassie isolate, quelle che sono dette "galassie di campo", ma non le galassie degli ammassi, che sono animate dal moto di rivoluzione attorno al centro di massa dei rispettivi sistemi. Per avere un'idea più concreta, una galassia distante 270 milioni di anni luce recede a circa 6000 km/s, mentre un valore tipico per i moti peculiari delle galassie all'interno di un medio ammasso è di 600 km/s, il 10% dell'altro. Se si compiono misure su galassie ancora più vicine, l'incidenza percentuale della velocità peculiare risulterà maggiore, e così la dispersione dei punti sul grafico.

Una contromisura che spesso gli astronomi mettono in campo è quella di rilevare le velocità di un nutrito campione di galassie per ogni singolo ammasso e poi di farne la media, contando sul fatto che in questo modo, essendo i moti peculiari orientati casualmente in tutte le direzioni, il loro contributo alla media sarà riportato a zero (o quasi).

Come interpretare il *redshift*?

Se la (6.2) è la relazione teorica che scaturisce dai modelli di Universo omogeneo e isotropo, cosa possiamo dire dell'analoga legge (4.1) che Hubble scoprì tra il 1929 e il 1931? La questione merita più di una precisazione, la prima delle quali è la sottolineatura della natura empirica di quest'ultima: scaturì infatti da osservazioni, ardue e faticose, e solo in seguito incrociò i modelli che l'avevano in qualche modo prevista. È poi da rimarcare che le variabili misurate da Hubble erano il *redshift z* delle galassie considerate [$z = (\lambda - \lambda_0) / \lambda_0$] e le loro distanze d. Queste ultime sono distanze di luminosità, ma, trattandosi di misure effettuate su galassie molto vicine, la distanza di luminosità coincide di fatto con quella propria (e con tutte le altre): per questo la indicheremo con d senza ulteriori specificazioni.

Hubble misurava i *redshift*, ma nei grafici e nella sua legge compaiono le velocità. Questo perché egli intese lo spostamento delle righe spettrali verso il rosso come l'effetto di una normale velocità in allontanamento, interpretabile alla luce dell'usuale effetto Doppler. Concettualmente, ciò era improprio, perché in questo caso non abbiamo a che fare con un moto di un oggetto nello spazio, ma dell'espansione dello stesso spazio. L'effetto Doppler interviene quando una sorgente è ani-

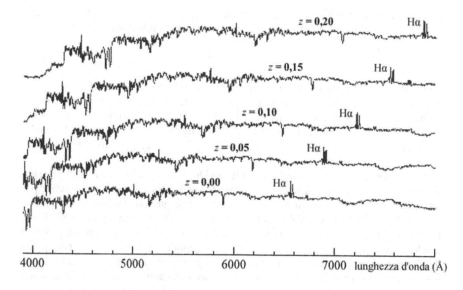

Gli spettri simulati di quattro sorgenti poste a diversi *redshift z*. In particolare, viene segnalata la riga Hα dell'idrogeno in emissione, che nello spettro di riferimento (quello in basso, $z = 0$) si trova alla lunghezza d'onda di 6563 Å. Negli altri, si trova rispettivamente a 6891, 7219, 7547 e 7876.

mata da un moto spaziale in direzione radiale, che qui supporremo in allontanamento, rispetto a un osservatore: la lunghezza d'onda della radiazione emessa (λ_0) si allunga perché la sorgente si sposta nel riferimento dell'osservatore, cambia le proprie coordinate, se ne allontana, di modo che la distanza tra due "creste" successive dell'onda luminosa emessa, che è misurata dalla lunghezza d'onda (λ), risulta essere maggiore di λ_0 di quel tanto di cui la sorgente si è spostata nel tempo che intercorre tra l'emissione di una cresta e della successiva. Nel riferimento dell'osservatore, la radiazione muta la sua lunghezza d'onda da λ_0 a λ nel momento stesso in cui viene emessa e poi la mantiene costante lungo tutto il tragitto, fino allo spettrometro che la misura.

Il *redshift* cosmologico è tutt'altra cosa. Consideriamo una sorgente che non vada soggetta a moti spaziali, che sia ferma, come noi, nel sistema comovente. Quando la sua luce inizia il viaggio verso di noi, la lunghezza d'onda è λ_0; mentre si propaga, lo spazio si espande, e perciò cresce via via anche la distanza fra due creste successive: la lunghezza d'onda va progressivamente aumentando lungo tutto il tragitto, fin quando si consegna ai nostri strumenti come λ. Se il tragitto è lungo, l'aumento sarà cospicuo, e viceversa. Il *redshift* cosmologico è dunque una diretta conseguenza dell'espansione cosmica e ci racconta di quanto è cresciuto il fattore di scala nel tempo impiegato dalla luce per completare il suo viaggio dalla sorgente fino a noi.

Nell'effetto Doppler, come abbiamo già visto nel capitolo 2, formula (2.1), possiamo risalire alla velocità v del corpo celeste che ci invia la radiazione moltiplicando il *redshift* per la velocità (c) della luce: $v = z \cdot c$. Questa era l'operazione che Hubble effettuava, interpretando di fatto il *redshift* come effetto Doppler. Sarebbe invece stato più opportuno enunciare la legge empirica per quello che era, come una relazione di proporzionalità tra il *redshift* (z) e la distanza, scrivendo:

$$z = cost. \cdot d = H_0 \cdot d / c \qquad (6.3)$$

dove, nella seconda parte, abbiamo introdotto la costante di Hubble H_0. Cosa cambia? Agli effetti pratici, poco o nulla, ma solo perché abbiamo a che fare con galassie vicine. I valori più elevati di *redshift* che Hubble e Humason misuravano erano infatti dell'ordine del decimo, diciamo attorno a $z = 0,10$-$0,15$. Il grande astronomo americano non era nelle condizioni di spingersi più in là con la strumentazione del tempo.

L'interpretazione del *redshift* come effetto Doppler è però concettualmente sbagliata[*1]. Lo si capisce considerando che, per galassie lontane, il *redshift* avrebbe potuto essere anche ben maggiore di 1. E allora, se una galassia ha un *redshift* $z = 1,5$ cosa significa? Che la sua velocità spaziale è una volta e mezza quella della luce? È un assurdo: la Relatività Speciale esclude che un moto *nello* spazio possa prodursi a velocità superluminali. Né vale sostituire la semplice relazione $v = z \cdot c$ con quella dell'effetto Doppler relativistico, che si usa per moti spaziali d'altissima velocità, $v = c \cdot (z^2 + 2z) / (z^2 + 2z + 2)$, la cui formulazione garantisce che il valore di v non sia mai superiore a c. Non vale, perché comunque equivarrebbe ad accettare il *redshift* come indicativo di un moto *nello* spazio, di un classico effetto Doppler. L'interpretazione da dare è invece un'altra.

Supponiamo che per una certa galassia si misuri $z = 0,2$. Significa che la lunghezza d'onda λ che riceviamo si è allungata del 20% rispetto alla λ_0 originariamente emessa, e siccome l'aumento della λ è frutto dell'espansione cosmica, significa anche che, nel tempo intercorso tra l'emissione e l'osservazione, il fattore di scala $R(t)$ è cresciuto del 20%; se R(allora) valeva 1, R(ora) vale 1,2, ossia: R(ora) / R(allora) $= 1,2 = 1 + z$. Il fattore $(1 + z)$ ci dà la misura della crescita intervenuta del fattore di scala. Se per un lontano ammasso si misura $z = 2$, vuol dire che oggi tutte le distanze nell'Universo sono cresciute di 3 volte rispetto all'epoca in cui partiva dall'ammasso la luce che adesso raccogliamo; tutte le scale lineari cosmiche erano allora 3 volte minori di quanto siano oggi.

Il *redshift* di una lontana sorgente ci consegna dunque un'informazione importante riguardo all'andamento della funzione $R(t)$, benché non esaustiva. Ci parla infatti della crescita relativa del fattore di scala, ma non ci rivela di per sé in quanto tempo questa crescita sia avvenuta.

È come se al viaggiatore su un treno si dicesse che, tra le ultime due fermate, il tragitto totale finora percorso, misurato dalla partenza, è cresciuto del 20%, senza però che egli abbia potuto cronometrare quanto tempo sia trascorso dall'ultima fermata, né che abbia un'idea precisa di quanti chilometri dividano le ultime due stazioni. Chiedergli quanto tempo e quanti chilometri lo separino attualmente dalla partenza sarebbe davvero chiedergli troppo, anche perché non si sa se il treno viaggi a velocità costante, se stia accelerando, oppure rallentando. Egli potrebbe dare una risposta solo se avesse la certezza del tipo di moto e del valore dei principali parametri cinematici, che è poi ciò che gli astronomi si sforzano d'ottenere dalle osservazioni e che i cosmologi riversano nei loro modelli.

Insomma, il *redshift* di una sorgente ci dice molto, ma per dirci tutto lo si deve interpretare alla luce di un modello. Per esempio, se fosse corretto il modello standard che si assume al momento in cui si scrive questo libro, il *redshift* $z = 2$ corri-

---

[*1] Hubble non ignorava il problema, e infatti chiarisce nel suo *The Realm of the Nebulae* (1936): "Si deve sospendere il giudizio fino a quando si chiarirà se il *redshift* rappresenti effettivamente un moto, oppure no. Per il momento, esprimeremo i *redshift* in termini di velocità per pura con-

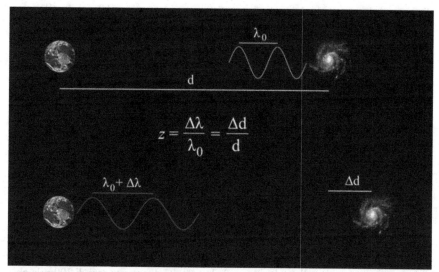

$$z = \frac{\Delta\lambda}{\lambda_0} = \frac{\Delta d}{d}$$

Nell'Universo in espansione, la luce che l'osservatore terrestre riceve ha una lunghezza d'onda maggiore di quella che fu emessa dalla sorgente. L'incremento relativo ($\Delta\lambda/\lambda_0$) è pari all'incremento relativo della distanza della sorgente ($\Delta d/d$), o anche del fattore di scala ($\Delta R/R$), intervenuti nel tempo impiegato dalla luce per raggiungerci. Se, per esempio, la lunghezza d'onda di una certa riga spettrale che riceviamo è maggiore del 20% del suo valore di laboratorio ($z = 0,2$), vuol dire che, nel tempo trascorso tra l'emissione e la ricezione, tutte le distanze nell'Universo sono cresciute del 20%. Il *redshift* cosmologico segnala l'intervenuta espansione *dello* spazio e non ha niente a che vedere con il *redshift* dell'effetto Doppler, che segnala il moto di una sorgente *nello* spazio.

sponderebbe a una sorgente con una distanza all'emissione (d_a) di 5,7 miliardi di anni luce, distante attualmente (d_{pr}) 17 miliardi di anni luce e con distanza di luminosità (d_l) di 51 miliardi di anni luce. Il *lookback time* è di 10,2 miliardi di anni. Si noti la relazione di cui si è già detto fra le tre distanze: $d_l = (1 + z)\, d_{pr} = (1 + z)^2\, d_a$.

La legge di Hubble espressa con la velocità al primo membro, invece che il *redshift*, è più facile da memorizzare, ed è anche più intuitiva, essendo la velocità un concetto più vicino alla nostra mente che un *redshift*. Peccato che rischi di essere fuorviante. È comunque la formulazione che si ritrova più spesso sui libri divulgativi e sui testi scolastici, dove normalmente troviamo scritto che tutte le galassie si stanno allontanando dalla nostra (il che è vero, ma sarebbe meglio aggiungere: "standosene ferme nel sistema comovente"). Obiettivamente, si fa fatica ad abbandonare il concetto di velocità. Allora proviamo a interpretarlo intuitivamente in un altro modo.

Orizzonti

Ritorniamo per un momento a volare sopra l'Universo e ad abbracciare con lo sguardo la mappa del mondo. Da là fuori rivolgiamo la nostra attenzione alla Via Lattea e a una galassia che, per un astronomo terrestre, ha un *redshift* $z = 0,2$. Siccome possiamo assumere della lunghezza che meglio ci aggrada il regolo elastico indicativo dell'espansione del fattore di scala, lo immagineremo esteso quanto la

venienza. Si comportano infatti come spostamenti spettrali dovuti a una velocità [...] indipendentemente dall'interpretazione che alla fine ne verrà data".

distanza d che separa le due galassie. Affidiamo un'estremità del regolo all'astronomo, mentre l'altra, all'altezza della lontana galassia, si allungherà in continuazione, trascinata dall'espansione cosmica proprio come la sottostante galassia. Quella che interpretavamo come velocità della galassia, intendendo erroneamente che si trattasse di un suo moto nello spazio, è in realtà la velocità con cui si allontana dall'astronomo terrestre l'altra estremità del regolo elastico: precisamente, è la velocità a cui si espande attualmente una regione spaziale estesa quanto la distanza che c'è tra la Via Lattea e la galassia considerata; se tale regione fosse estesa solo la metà, anche la velocità sarebbe la metà, sarebbe doppia se fosse doppia e così via in proporzione. Se proprio vogliamo continuare a parlare di "velocità", perché siamo particolarmente affezionati a quel concetto, sforziamoci di immaginarla come la velocità d'allungamento di un impalpabile regolo elastico. Niente a che vedere con la velocità nello spazio di una sorgente celeste. Niente a che vedere con la Relatività Ristretta e con l'effetto Doppler.

Nel nostro esempio, l'estremità del regolo elastico recede di circa 60mila chilometri ogni secondo ($0,2 \cdot c$). Se consideriamo galassie ancora più lontane, e conseguentemente regoli sempre più lunghi, l'allungamento della barra elastica avverrà a tassi sempre maggiori: 80, 100, 200mila chilometri al secondo e oltre. Prima o poi, raggiungeremo una distanza alla quale la velocità di crescita sarà di 300mila chilometri ogni secondo, pari alla velocità della luce. La distanza a cui ciò si verifica dipende solo dal valore di H_0 e viene detta *lunghezza di Hubble* (L_H): $L_H = c / H_0$. La definizione è diretta conseguenza della legge di Hubble, in cui si è posto $v = c$. Con $H_0 = 72$ km s^{-1} Mpc^{-1} ($= 2,3 \cdot 10^{-18}$ s^{-1}), si ha $L_H = 13,6$ miliardi di anni luce. Questa è la lunghezza di Hubble attuale.

La sfera di raggio L_H, centrata sulla Via Lattea, è detta *sfera di Hubble*: la sua superficie rappresenta il confine tra la regione spaziale entro la quale le galassie recedono a velocità minore di quella della luce e la regione in cui la recessione è superluminale. Ogni galassia ha la sua sfera di Hubble e a ogni epoca cosmica il raggio sarà diverso, poiché diverso è il valore di $H(t)$.

Al di là della lunghezza di Hubble cosa succede? Le galassie si allontanano a una velocità superluminale, senza per questo infrangere alcuna legge fisica. La Relatività Ristretta stabilisce infatti che nessun corpo materiale può muoversi attraverso lo spazio a velocità superluminale, ma la recessione delle galassie, che ubbidisce alle leggi della Relatività Generale, non è un moto attraverso lo spazio: è un'altra cosa. Per le galassie che si muovono trascinate dall'espansione dello spazio non è fissato alcun limite di velocità. Quindi, in un Universo infinito ci sono infinite galassie – tutte quelle più distanti della lunghezza di Hubble – che si stanno allontanando da noi molto più velocemente della luce. Anche cento o mille volte più veloci.

Possiamo vedere queste galassie "superluminali"? Generalmente, la risposta che si dà è negativa: esse rimarrebbero per sempre nascoste alla nostra vista. Ma non è vero. Alcune le possiamo osservare, e proveremo a spiegarlo pur sapendo che rischiamo di creare qualche confusione nella testa del lettore. Del che ci scusiamo in anticipo, ma d'altra parte i concetti che andremo a toccare nelle prossime righe sono tra i più tortuosi che si incontrano in cosmologia.

Pensiamo a un fotone che parta da una di queste galassie e che decida di raggiungerci: vede la nostra barra elastica e pensa bene di utilizzarla come un ponte verso la Via Lattea. Si incammina lungo di essa, ma la barra si allunga sotto i suoi piedi: è come se il fotone corresse su un *tapis roulant* impazzito, regolato a una

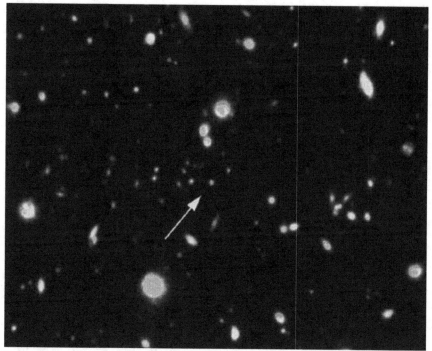

La freccia segnala un quasar osservato al *redshift* z = 4. Vediamo l'oggetto anche se attualmente si sta allontanando a una velocità superluminale (circa 520mila km/s): la sua distanza propria, 23,5 miliardi di anni luce, è quasi doppia della lunghezza di Hubble (L_H = 13,6 miliardi di anni luce). (ESO)

velocità eccessiva. Nel sistema di riferimento locale della galassia che lo emette, il fotone galoppa alla velocità della luce, si allontana dalla sua sorgente di 300mila chilometri ogni secondo, ma il regolo elastico è più veloce, e ogni suo sforzo nel tentativo di raggiungerci risulterà vano. Per noi il fotone recederà, trascinato sempre più lontano dall'espansione cosmica, ma non è necessariamente vero che non potrà raggiungerci mai.

Quando si scrive che è impossibile ricevere segnali da una galassia che recede con velocità superiore a quella della luce, si fa l'errore di confondere la sfera di Hubble con il volume dell'Universo osservabile, quello contenuto entro l'*orizzonte cosmologico* (detto anche *orizzonte delle particelle*). In realtà, si tratta di concetti diversi e ben distinti. Per esempio, non sono le sorgenti che stanno sulla sfera di Hubble ad avere un *redshift* infinitamente grande, ma quelle poste alla distanza dell'orizzonte cosmologico.

La porzione d'Universo accessibile alle osservazioni è quella che risiede entro la massima distanza che la luce ha potuto percorrere dal tempo in cui è nato l'Universo. E qui verrebbe ingenuamente da dire che tale distanza è "circa 14 miliardi di anni luce". L'affermazione è sbagliata e la correggeremo più sotto, ma per ora prendiamola per buona e continuiamo il ragionamento. Se l'Universo esiste da 14 miliardi di anni, supponendo per semplicità che anche le galassie esistano e risplendano da quell'epoca, al massimo potremo raccogliere la luce proveniente da 14 miliardi di anni luce di distanza: in un Universo infinito, esisterà dunque un numero infinito di galassie poste al di là di questa distanza che non possiamo vedere perché la loro luce non ha ancora avuto il tempo di raggiungerci.

La sfera di Hubble ha un raggio che dipende solo dalla costante di Hubble. Se la costante si mantenesse stabile nel tempo, anche il raggio sarebbe sempre lo stesso. Se invece $H(t)$ andasse diminuendo (si badi che può diminuire anche se l'espansione cosmica è accelerata: in effetti, nel modello cosmologico standard diminuisce!), la sfera di Hubble si allargherebbe sempre più, di modo che galassie che in precedenza erano superluminali potrebbero ritrovarsi ad essere "risucchiate" all'interno di essa: continuano a recedere, ma ora con una velocità minore di quella della luce. In ogni caso, per decidere se una galassia sia osservabile, oppure no, si deve confrontare la sua distanza non con il raggio della sfera di Hubble, ma con quello dell'orizzonte cosmologico.

In un Universo con una vicenda dinamica complessa come il nostro, in cui l'espansione, come vedremo più avanti, è passata da una fase decelerata a una accelerata, possono verificarsi situazioni abbastanza bizzarre. La velocità di recessione di ogni sorgente celeste varia nel tempo (sono infatti funzioni del tempo sia la distanza propria, sia la costante di Hubble) e i cosmologi ci assicurano che le sorgenti che emisero prima di 9 miliardi di anni fa (*lookback time*) la luce che oggi riceviamo si trovavano al di là della sfera di Hubble all'epoca dell'emissione: dunque, riceviamo radiazioni da sorgenti che, quando le emisero, recedevano a velocità superluminali. Addirittura, potremmo riceverle anche da sorgenti che sono rimaste sempre al di là della sfera di Hubble, e che lo sono tuttora. L'apparente paradosso è spiegabile considerando che la sfera di Hubble, espandendosi, in qualche epoca passata potrebbe aver inglobato la regione in cui si stavano muovendo i fotoni diretti verso di noi, benché non ancora quella in cui risiede la sorgente da cui sono partiti miliardi di anni fa.

In definitiva, i cosmologi ci dicono che tutte le galassie, gli ammassi, i quasar che osserviamo con un *redshift* maggiore di circa 1,4 hanno una distanza propria maggiore della lunghezza di Hubble e perciò si stanno attualmente allontanando da noi con una velocità superiore a quella della luce. Sono sorgenti superluminali, eppure osservabili.

Quanto all'orizzonte cosmologico – e qui correggiamo l'affermazione fatta più sopra –, le regioni più lontane che, di fatto, possiamo osservare sono quelle della *superficie dell'ultimo scattering*, che tappezza l'intera volta celeste e da cui ci perviene la radiazione cosmica di fondo, di cui parleremo diffusamente nel seguito. Più in là di così non è possibile andare, per i motivi che avremo modo di spiegare. Il *redshift* della superficie dell'ultimo *scattering* è pari a circa 1090. Quanto distano da noi quelle regioni? "Circa 14 miliardi di anni luce", abbiamo detto; ma sbagliavamo, perché non si deve confondere il *lookback time* con la distanza propria attuale, quella che si misura sulla mappa del mondo. Si deve infatti tener conto di quanto si è espanso l'Universo nel corso della sua storia, di quanta strada ha effettivamente percorso un fotone della radiazione di fondo nel sistema di riferimento comovente, una strada che si andava via via allungando sotto i suoi piedi. Calcoli alla mano, risulta che la superficie dell'ultimo *scattering* si trova attualmente a circa 45 miliardi di anni luce di distanza. Dunque, i punti da cui ci perviene il fondo cosmico a microonde sono abbondantemente al di là della sfera di Hubble e infatti stanno attualmente espandendosi a oltre tre volte la velocità della luce.

6 Modelli d'Universo

L'equazione di Friedmann

Il merito di Alexander Friedmann, come si è detto, fu di aver proposto una soluzione generale al problema cosmologico, impostato alla luce della Relatività Generale di Einstein. In particolare, nell'ipotesi che il contenuto dell'Universo sia assimilabile a un fluido a pressione nulla, egli sviluppò un'equazione da cui è possibile ricavare l'andamento nel tempo del fattore di scala $R(t)$. Possiamo, se non comprenderla fino in fondo, e risolverla, almeno intuire il senso e la portata di questa equazione? Certamente.

Anzitutto diciamo che l'*equazione di Friedmann* non è un'usuale equazione algebrica, come quelle che impariamo a risolvere al liceo, con un'incognita x numerica. È invece un'equazione differenziale (le si studia all'Università), che ha per incognita una funzione matematica: dunque, non un numero, ma un'espressione, più o meno complessa, che contiene una variabile e diversi parametri numerici. Nello specifico, la funzione è il fattore di scala $R(t)$ e la variabile è il tempo t; i parametri che poi le osservazioni dovranno determinare sono la densità media della materia cosmica, il valore della costante cosmologica e il parametro di curvatura, che fissa la geometria dell'Universo. Nell'equazione di Friedmann sono contemporaneamente presenti sia $R(t)$ che il tasso della sua variazione, quel $T(t)$ che abbiamo già incontrato in precedenza e che è legato alla costante di Hubble H dalla relazione: $H(t) = T(t)/R(t)$.

Ovviamente, non è opportuno che noi si provi a ripercorrere la catena di ragionamenti che condussero Friedmann alla formulazione dell'equazione: il nostro bagaglio tecnico è inadeguato e non saremmo in grado di seguirlo lungo la strada impervia da lui indicata, lastricata di concetti tipicamente relativistici. Quello che faremo sarà di imboccare una via parallela, più liscia, pavimentata solo di concetti newtoniani, che porta curiosamente a un risultato pressoché identico nella forma, come già ebbero a rimarcare E. Milne e W. McCrea a metà degli Anni Trenta del secolo scorso. Al solito, dovremo poi resistere alla tentazione di confondere la scorciatoia con la via maestra, evitando di affezionarci oltre il lecito alla visione newtoniana: il nostro è infatti un semplice artificio, attraverso il quale, lungi dal ricavare in modo rigoroso l'equazione di Friedmann, cerchiamo solo di intuirne il significato generale.

L'analogia newtoniana viene sviluppata nel box d'approfondimento a pag. 127. Qui ci limitiamo a riportare l'equazione di Friedmann nella sua forma canonica:

$$T^2 = \frac{8\pi G R^2}{3} \left(\rho + \frac{\Lambda c^2}{8\pi G} \right) - kc^2. \qquad (6.4)$$

Accanto a questa, si deve scrivere una seconda equazione, la $\rho R^3 = cost.$, che esprime la conservazione della massa totale dell'Universo: poiché il volume cresce come il cubo del fattore di scala, la densità media ρ decrescerà della medesima misura. Si tenga presente che R, T e ρ non sono parametri numerici, ma funzioni del tempo: $R(t)$, $T(t)$ e $\rho(t)$. La $R(t)$ è il Santo Graal della cosmologia, la funzione che descrive l'andamento del fattore di scala, mentre $T(t)$ è il tasso della sua variazione nel tempo.

La costante k, detta *parametro di curvatura*, stabilisce quale sia la geometria su larga scala dell'Universo e può assumere solo tre valori numerici discreti: -1, 0 e $+1$.

Se $k = 1$ lo spazio è "chiuso", a geometria sferica, finito e illimitato, come

Capire l'Universo

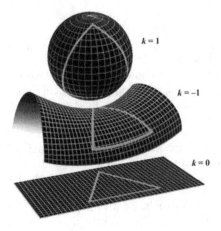

Il parametro di curvatura k stabilisce quale sia la geometria su larga scala dell'Universo. Per $k = 1$ lo spazio è a geometria sferica, per $k = -1$ ha geometria iperbolica, per $k = 0$ la geometria è piana. La somma degli angoli interni di un triangolo è, rispettivamente, maggiore, minore e uguale a 180°.

quello che Einstein aveva imposto al suo modello. In questo Universo, la somma degli angoli interni di un triangolo è maggiore di 180° e linee che sono parallele, alla lunga, tendono a convergere.

Se $k = -1$ lo spazio si dice "aperto", a geometria iperbolica, infinito e illimitato. In uno spazio come questo, la somma degli angoli interni di un triangolo è minore di 180° e le rette parallele tendono a divergere.

Infine, se $k = 0$ abbiamo l'usuale spazio euclideo "piatto", a geometria piana, infinito e illimitato. In esso vale la geometria che abbiamo studiato nella scuola media.

Dall'equazione di Friedmann possono scaturire varie e diverse soluzioni per $R(t)$, in dipendenza dei valori che possono assumere i parametri k e Λ. Ciascuna soluzione è un diverso *modello*, che dovrà essere confrontato con i dati che scaturiscono dalle osservazioni per stabilire se sia compatibile con la realtà o se sia da scartare. In totale, i modelli possibili sono undici, raggruppabili in tre famiglie.

Se si attribuisce un valore negativo alla costante cosmologica Λ, abbiamo tre possibili modelli nei quali, qualunque sia il valore del parametro di curvatura, risulta che $R(t)$, dopo un'espansione iniziale e dopo aver toccato un massimo, inizia a decrescere e in un tempo finito crolla a zero. Passa cioè da un Big Bang, la fase immediatamente successiva al tempo $t = 0$, quando era $R = 0$, a un Big Crunch, "il grande stritolamento", quando il fattore di scala torna di nuovo ad azzerarsi al termine della contrazione. Nessuna meraviglia che ciò succeda: la costante cosmologica è stata introdotta da Einstein con un valore positivo per contrastare la gravità; se assume un valore negativo, da rivale si trasforma in alleata della gravità nel contrasto all'espansione.

Parlando di Big Bang e di Big Crunch, si è portati a pensare alla totalità dell'Universo racchiusa in una capocchia di spillo, come se $R(t)$ fosse il raggio dell'Universo. Questa rappresentazione avrebbe semmai un senso se fosse $k = 1$, ossia in presenza di una geometria sferica, con un Universo finito. Negli altri casi, quando il parametro di curvatura è nullo oppure è pari a -1, l'Universo è infinito e quindi non ha un raggio misurabile. Conviene dunque ribadire che $R(t)$ non è il "raggio" dell'Universo, ma solo il fattore di scala: è il termine per cui va moltiplicata la distanza delle coordinate tra due punti comoventi se vogliamo conoscere la distanza fisica effettiva. Per quanto l'idea sembri abbastanza singolare, nel Big Crunch di un Universo a geometria piana o iperbolica dobbiamo figurarci una situazione in cui tutte le distanze tra gli ammassi vanno riducendosi fino tendenzialmente ad azzerarsi, mentre lo spazio continua ad essere infinitamente esteso. E così nel Big Bang, a direzione invertita: le distanze vanno crescendo punto per

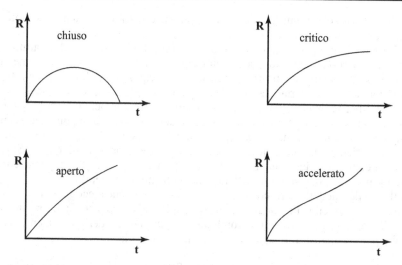

L'andamento del fattore di scala in quattro diversi modelli d'Universo. Il modello d'Universo "chiuso" prevede un Big Bang, un'espansione, una successiva contrazione e un Big Crunch. Il modello "critico" prevede un'espansione rallentata in cui il tasso d'espansione tende asintoticamente a zero dopo un tempo infinito. Nel modello "aperto" l'espansione rallenta senza però che il tasso d'espansione tenda mai a zero. Il quarto modello è quello attualmente favorito: all'inizio l'espansione è rallentata, da un certo momento in poi è accelerata. I primi tre modelli erano in auge fino alla fine del secolo scorso: si ipotizzava che non ci fosse costante cosmologica e allora l'andamento del fattore di scala, così come il destino dell'Universo, era determinato solo dal valore della densità media. Una densità maggiore di quella critica portava a un Universo chiuso; una densità minore di quella critica portava a un Universo aperto; la densità pari al valore critico determinava il caso intermedio.

punto e tutte le regioni vanno localmente espandendosi in un Universo che è già senza limiti e confini.

Se si ipotizza un valore positivo per la costante cosmologica, i possibili modelli sono cinque, che si differenziano fra loro per il parametro di curvatura, oppure per il valore di Λ: sono caratterizzati per lo più da una fase finale in cui l'espansione risulta accelerata. Tra questi v'è il modello che attualmente raccoglie i maggiori favori.

Infine, particolarmente interessante è la famiglia dei tre modelli con $\Lambda = 0$, che sono stati in auge per tutta la seconda metà del secolo scorso e che venivano indicati come i più verosimili prima che emergessero prove convincenti del fatto che è in atto un'espansione accelerata. Sessant'anni dopo che Einstein stesso l'aveva disconosciuta, e in assenza d'osservazioni che puntassero a una sua riabilitazione, quasi nessuno più credeva che la costante cosmologica dovesse giocare qualche ruolo significativo: pareva essere solo un logoro e inutile argomento da consegnare alla storia. Di conseguenza, tra gli undici modelli possibili che scaturivano dall'equazione di Friedmann si scartavano gli otto che prevedevano un suo valore diverso da zero e restavano questi tre, che iniziano tutti con un Big Bang, ma che in seguito si differenziano nettamente: con $k = 1$ si ha il modello "chiuso", che termina con un Big Crunch; con $k = -1$ si ha il modello "aperto", con l'espansione che rallenta pur mantenendo ritmi serrati fino all'infinito; con $k = 0$ si ha il modello "critico", in cui la velocità dell'espansione rallenta e tende asintoticamente a zero all'infinito.

Ecco il motivo per cui, negli ultimi trent'anni del XX secolo, il dibattito cosmologico è ruotato intorno alla questione della geometria dell'Universo che, nei modelli a $\Lambda = 0$, diventa discriminante anche nei riguardi dell'evoluzione futura. Poiché si tendeva a scartare la soluzione a geometria sferica, che richiedeva valori eccessivi per la densità di materia, restavano le altre due opzioni, tra le quali si sarebbe potuto scegliere sulla base dell'entità della decelerazione, più marcata per il modello "critico", meno marcata per il modello "aperto". Le osservazioni miravano a evidenziare proprio questo: in che misura l'espansione rallentasse. Si può dunque capire lo sbigottimento dei cosmologi quando, nel 1998, ci si rese conto che l'espansione non solo non rallenta, ma addirittura accelera!

Il caso del modello "critico", con $\Lambda = 0$ e $k = 0$, oltre che raccogliere i maggiori consensi, era quello che più di ogni altro semplificava l'equazione di Friedmann, annullando un paio di termini ingombranti, al punto da renderla facilmente risolvibile per via analitica. L'equazione si riduce infatti alla:

$$T^2 = 8\pi G\rho R^2/3 \qquad (6.5)$$

che ha una soluzione del tipo $R(t) = cost. \cdot t^{2/3}$, dove *cost.* è una costante di proporzionalità. Il fattore di scala cresce come la radice cubica del quadrato del tempo: per capirci, tra 5 e 10 miliardi di anni cresce del 59%, tra 10 e 15 miliardi di anni del 31%, tra 15 e 20 miliardi di anni del 21% e così via, progressivamente rallentando. In questo modello, il valore della costante di Hubble varia in maniera inversamente proporzionale al tempo[2]: $H = 2/3t$; dunque, la costante di Hubble è indicatrice dell'epoca cosmica in cui si vive, ragione per cui basta misurare l'attuale valore della costante H_0 per conoscere quanto tempo è trascorso dall'inizio dell'espansione: $t_0 = 2/(3H_0)$.

Questa semplice conclusione è stata a lungo fonte di perplessità e di imbarazzo tra i cosmologi perché con il valore che vent'anni fa veniva attribuito alla costante di Hubble si ricavava un'età dell'Universo dell'ordine di una decina di miliardi di anni, quando le stelle più vecchie della Via Lattea mostravano di averne almeno una dozzina. Evidentemente, qualcosa non quadrava se le stelle risultavano essere più antiche dell'Universo (le figlie più anziane della madre!). C'era un campanello d'allarme che squillava forte, ma a quel tempo nessuno lo voleva sentire.

I parametri di densità e di decelerazione

Fra i tre modelli a costante cosmologica nulla, quello caratterizzato da $k = 0$ sta sul crinale che separa il modello "aperto", in cui l'espansione prosegue all'infinito, da quello "chiuso", che termina con il Big Crunch, e si guadagna questa particolare posizione perché assegna alla densità media dell'Universo un ben preciso valore "critico", facilmente desumibile dall'equazione (6.5), quando si ricordi che $T = H \cdot R$:

$$\rho_{crit} = 3H^2 / 8\pi G.$$

Il valore numerico della *densità critica* (ρ_{crit}) non è dato una volta per sempre,

---

[2] Tenuto conto che $H = T/R$ e che T è il tasso di variazione di R, si faccia la derivata di R e la si divida per R. Si otterrà: $H = 2/3t$. Da cui: $t = 2/3H$. La derivata è un operatore differenziale che s'impara ad usare all'ultimo anno delle scuole medie superiori.

poiché dipende dalla costante di Hubble, che varia nel tempo. In ogni caso, in ogni istante della sua storia evolutiva l'Universo "critico" si ritrova sempre ad avere una densità media esattamente pari a quella critica del tempo. Con il valore attuale della costante di Hubble, risulta: $\rho_{crit} = 9,7 \cdot 10^{-27}$ kg/m^3. Invece di esprimerla come la massa contenuta nell'unità di volume, se moltiplichiamo il suo valore per il quadrato della velocità della luce (c^2) la possiamo anche esprimere in joule/m^3, come l'energia presente nell'unità di volume: $\rho_{crit} = 8,7 \cdot 10^{-10}$ J/m^3.

La densità critica viene normalmente utilizzata come riferimento per dare la misura del contributo delle varie componenti all'energia totale dell'Universo. A questo scopo si introduce il *parametro di densità*, una grandezza numerica adimensionale, solitamente indicata dalla lettera greca omega maiuscola, Ω, con un deponente che specifica a quale componente si riferisca, definita come il rapporto tra la densità della componente specifica e la densità critica. Per esempio, se – come sembra – la densità della materia fosse $2,6 \cdot 10^{-27}$ kg/m^3, il corrispondente parametro di densità sarebbe $\Omega_m = \rho_m / \rho_{crit} = 0,27$, a indicare che la materia contribuisce alla densità cosmica in misura del 27% della densità critica.

Quando parliamo del contributo della materia all'energia totale dell'Universo, dobbiamo intendere l'equivalente energetico della massa a riposo ($E = mc^2$) dei pianeti, delle stelle e delle galassie, ossia di quella che chiamiamo *materia barionica*, costituita da protoni e neutroni, a cui si deve aggiungere la loro energia cinetica e anche l'energia gravitazionale che lega le stelle a una galassia e le galassie a un ammasso. La materia barionica è quella che possiamo osservare al telescopio, perché emette luce. Ma non solo. C'è anche materia barionica la cui emissione è troppo debole perché possa essere rivelata dagli strumenti: non la vediamo e perciò la chiamiamo *materia oscura barionica*. Ne fanno parte i buchi neri, le nane nere ecc. Anch'essa dà un contributo e deve essere conteggiata. Infine, abbiamo forti indizi dell'esistenza di *materia oscura non-barionica*, ossia che non è fatta di protoni e neutroni, ma di altre particelle, di natura ancora ignota, che non interagiscono con la materia ordinaria attraverso le forze elettromagnetiche, ma solo attraverso la forza di gravità. Questa componente non emette, né assorbe, la luce, e per questo rientra nella categoria della materia oscura. Ne parleremo diffusamente nel capitolo 8. Basti per ora sapere che anche la densità di massa e d'energia di questa misteriosa componente va conteggiata nel bilancio totale della materia, tanto più che varie stime ricavate in maniera indipendente convergono tutte nell'indicarci che la massa totale della materia non-barionica è circa sei volte maggiore di quella della materia barionica.

La materia non è però l'unico "ingrediente" che fornisce energia al Cosmo. C'è anche la costante cosmologica. La Λ è presente nell'equazione di Friedmann attraverso il termine $\Lambda c^2/8\pi G$, che ha le dimensioni di una densità (kg/m^3) e che, comparendo accanto alla densità materiale ρ, ne condivide ruolo e funzioni. La costante cosmologica non ha certamente una natura materiale, eppure produce gli stessi effetti di una normale densità di materia. Esprimendo il suo contributo in J/m^3, come una densità energetica, il termine diventa $\Lambda c^4/8\pi G$.

Non staremo ora a discutere che significato si debba attribuire all'energia associata alla costante cosmologica (lo faremo nel capitolo 9): c'è chi la vede come un'energia insita nella struttura dello spaziotempo, chi la collega a certi effetti quantistici che avverrebbero nel vuoto. Le idee non mancano e il dibattito tra i cosmologi e i fisici delle particelle è assai animato. Limitiamoci qui a sottolineare il fatto che, mentre la materia si diluisce a mano a mano che l'Universo si

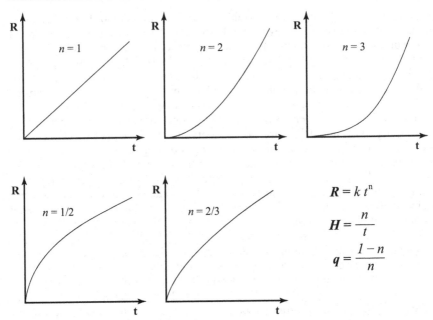

Sono riportate, a mo' d'esempio, alcune semplici leggi di variazione del fattore di scala R in funzione del tempo. Sono tutte relazioni algebriche del tipo $R = k\,t^n$, con n positivo (con n negativo si avrebbe una contrazione dell'Universo). Per ciascuna di queste funzioni è facile calcolare i valori di H e di q. Si noti che, qualunque sia il valore dell'esponente n, la costante di Hubble decresce in misura inversamente proporzionale al tempo. Il modello con $n = 2/3$ è il modello "critico" ($k = 0$, $\Lambda = 0$), favorito dai cosmologi negli ultimi quindici anni del secolo scorso.

espande, e quindi la sua densità decresce, la densità energetica della costante cosmologica (ρ_Λ) non muta nel tempo[*3]. Si indica con Ω_Λ il parametro di densità della costante cosmologica.

Partendo dall'equazione di Friedmann (6.4), con un paio di passaggi algebrici che il lettore potrebbe trovare da sé, si giunge a questa importante relazione:

$$kc^2/R^2H^2 = \Omega_m + \Omega_\Lambda - 1$$

dalla quale si evince che se $\Omega_{tot} = \Omega_m + \Omega_\Lambda = 1$ (se cioè la densità totale è pari a quella critica) allora $k = 0$. Con Ω_{tot} abbiamo indicato il parametro di densità totale, somma dei contributi della materia e della costante cosmologica. Se Ω_{tot} è minore di 1, k sarà negativo ($k = -1$); se Ω_{tot} è maggiore di 1, k sarà positivo ($k = 1$). Questo vale per tutti i modelli FRW. Dunque, la curvatura dello spazio dipende esclusivamente dal contenuto d'energia, come del resto impone la Relatività Generale, e la densità critica rappresenta lo spartiacque tra Universi a geometria sferica e a geometria iperbolica. Avremo una geometria piana – come sembra che sia nella realtà – se la densità è proprio pari a quella critica. Fino al 1998, nel modello cosmologico standard di allora, che non prevedeva la costante cosmologica, la densità media determinava anche l'evoluzione dinamica dell'Universo, se tutto sarebbe finito con un Big Crunch, oppure se l'espansione sarebbe durata in eterno. Ora non più.

[*3] Non così il corrispondente parametro di densità: $\Omega_\Lambda = \rho_\Lambda / \rho_{crit}$, che varia nel tempo perché varia la densità critica.

Quanto all'espansione, assodato che nei vari modelli che scaturiscono dall'equazione di Friedmann essa si sviluppa con tassi variabili nel tempo, per descriverne il comportamento i cosmologi hanno introdotto un parametro adimensionale, indicato con la lettera q e detto *parametro di decelerazione*, che è positivo se l'espansione è decelerata e negativo se accelerata.

Il parametro di decelerazione è una grandezza difficile da afferrare in maniera intuitiva. Nella sua definizione intervengono il fattore di scala R, il tasso della sua variazione T e il tasso di variazione di T, che indicheremo con la lettera S^{*4}: $q = -R \cdot S/T^2$. Il suo valore assoluto non è mai troppo grande, anche in presenza di un'accelerazione marcata: i valori non vanno molto al di là dell'unità. Per esempio, nel caso dell'Universo "critico", a geometria piana

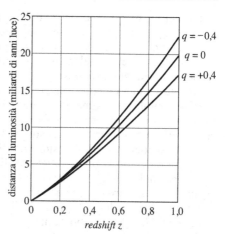

La distanza di luminosità di una lontana galassia dipende non solo dal suo *redshift*, ma anche dal parametro di decelerazione q. Il grafico rappresenta la relazione (6.7) e mostra come varia la distanza in funzione di tre diversi valori di q.

e senza costante cosmologica, che sappiamo essere decelerato, il parametro q vale 0,5. Se l'espansione avvenisse con il fattore di scala R che cresce linearmente con il tempo, ossia con un tasso di crescita costante ($R = k \cdot t$; $T = cost.$), senza accelerazioni o decelerazioni, sarebbe $q = 0$. Attenzione a non confondere questa situazione con quella in cui non il tasso di crescita T, ma il tasso di crescita relativo T/R, ossia la costante di Hubble $H(t)$, si mantiene costante nel tempo: in questo caso, l'espansione è accelerata e risulta $q = -1$.

Il parametro di decelerazione interviene in un paio di relazioni che è utile segnalare.

La prima fa riferimento al peso relativo dei contributi della materia e della costante cosmologica all'energia totale dell'Universo. Si può infatti dimostrare, sempre a partire dall'equazione di Friedmann, ma non è immediato per chi non mastichi l'analisi differenziale, che a ogni epoca cosmica:

$$q = \Omega_m/2 - \Omega_\Lambda. \qquad (6.6)$$

La relazione ci avverte che se il contributo della materia è più del doppio di quello della costante cosmologica, allora l'espansione è decelerata (q è positivo). Al contrario, dovremo attenderci un'accelerazione (q negativo) se la densità dell'energia della costante cosmologica fornisce un contributo importante. Nell'Universo reale, se è corretto il modello cosmologico favorito quando scriviamo questo libro ($\Omega_m = 0,27$; $\Omega_\Lambda = 0,73$), assistiamo a un'accelerazione, con q_0 circa uguale a $-0,6$.

La seconda relazione è la seguente:

$$d_l = [1 + 0,5\, z\, (1 - q_0)]\, cz/H_0. \qquad (6.7)$$

[*4] Le lettere che abbiamo usato per indicare queste grandezze non sono convenzionali e il lettore non le troverà indicate alla stessa maniera in altri testi. Ce le siamo inventate per evitare simbologie matematiche complesse. In ogni caso, per chi padroneggia l'analisi differenziale, T corrisponde alla derivata prima del fattore di scala R e S alla derivata seconda.

Essa ci mostra la dipendenza della distanza di luminosità d_l di una sorgente celeste (espressa in Megaparsec) dal *redshift* a cui la si osserva[*5].

L'astronomo che esplora non la mappa del mondo, ma la visione del mondo, comprende bene che la relazione di proporzionalità diretta tra *redshift* e distanza, scoperta da Hubble, vale in senso stretto fin quando la si applica a galassie relativamente vicine, diciamo per z minori di 0,2, ma che più in là non regge. La specifica evoluzione dinamica a cui l'Universo è andato soggetto prima dell'epoca in cui l'astronomo compie le sue osservazioni fa la differenza: la distanza che l'astronomo misura per una sorgente caratterizzata da un certo *redshift* sarà diversa a seconda che l'espansione dell'Universo sia stata accelerata (in questo caso sarà maggiore) oppure rallentata. E, se è diversa, non può essere funzione solamente del *redshift*, come vorrebbe la legge di Hubble: dipenderà invece anche dal parametro di decelerazione.

La dipendenza della distanza di luminosità da queste due variabili, z e q_0, oltre che da H_0, viene prevista in tutti i modelli FRW nella forma indicata dalla (6.7). Il lettore può verificare facilmente che, indipendentemente dal valore del parametro di decelerazione, per *redshift* piccoli la (6.7) si riduce alla normale legge di Hubble: $d_l \approx cz/H_0$. Per esempio, può provare a inserire nella formula $z = 0,1$ e troverà, per l'espressione racchiusa tra parentesi quadre, un valore pressoché identico, che poco si discosta da 1, tanto che ponga $q_0 = 0,5$ oppure $-0,5$. Fintantoché prendiamo in esame solo galassie vicine, la relazione tra distanza e *redshift* si mantiene lineare e non rivela se l'espansione è accelerata, oppure no.

A partire dagli anni Sessanta del secolo scorso, gli astronomi hanno dedicato gran parte della loro attività scientifica alla raccolta di misure di *redshift* e di distanza di galassie che fossero il più possibile lontane, mettendo le due grandezze in grafico nella speranza di evidenziare gli eventuali scostamenti dalla perfetta proporzionalità. Infatti, a parità di *redshift*, un'espansione accelerata dovrebbe mostrare le galassie a distanze maggiori di quelle attese in base alla legge di Hubble (quindi come oggetti più deboli); sarebbero invece più vicine e brillanti se l'espansione fosse decelerata. In definitiva, dagli scostamenti dalla retta, dalla forma del grafico distanza/*redshift* (o, equivalentemente, magnitudine/*redshift*) costruito sulle osservazioni, dovrebbe essere possibile, in linea di principio, desumere il valore del parametro di decelerazione.

Gli sforzi sono stati vani fino al 1998. Da un lato, perché i più potenti strumenti a disposizione in quei decenni non riuscivano a spingere lo sguardo abbastanza lontano da giungere a quei valori di *redshift* (circa $z = 1$) in cui cominciano a rendersi avvertibili le deviazioni dalla legge lineare. Dall'altro, perché stimare la distanza di una galassia lontana è un esercizio alquanto incerto, ove gli errori di misura sovrastano di gran lunga i lievi scostamenti dalla retta che si vorrebbe poter apprezzare. Di fatto, le misure cadevano tutte in quella porzione del grafico, corrispondente a z molto piccoli, ove le curve relative a diversi valori di q_0 praticamente si sovrappongono risultando fra loro indistinguibili. La situazione è cambiata quando è stato possibile affiancare ai telescopi al suolo uno strumento di qualità eccelse come il Telescopio Spaziale "Hubble", quando la lastra fotografica è stata soppiantata dai rivelatori al silicio, estremamente più sensibili, e quando infine si sono adottate le supernovae di tipo Ia come indicatori di distanza. Le SN Ia si sono infatti rivelate le candele-standard più affidabili e brillanti di cui gli astronomi abbiano mai potuto disporre.

[*5] Si deve avvertire che la (6.7) non è una relazione esatta, essendo un'espansione in serie troncata; merita comunque attenzione perché fu al centro del dibattito cosmologico tra gli anni Sessanta e Ottanta del secolo scorso. Ne riparleremo anche nel capitolo 9.

L'equazione di Friedmann in ottica newtoniana

Partiamo da questa analogia: se dalla superficie della Terra lanciamo un sasso verso l'alto, cosa può succedere? Tutto dipende dalla velocità che gli conferiamo: se questa è maggiore della velocità di fuga, il sasso salirà in quota sempre più fino a uscire per sempre dal campo di gravità del nostro pianeta. Altrimenti, prima o poi ricadrà al suolo.

In termini quantitativi, bisogna sommare l'energia cinetica del sasso con la sua energia potenziale gravitazionale, per ottenere l'energia totale. L'energia cinetica ($E_c = mv^2/2$) è quella che il sasso di massa m possiede in virtù della velocità v a cui è stato lanciato ed è positiva; l'energia potenziale è negativa ed è l'energia di legame esercitata dal campo di forze a cui il sasso è sottoposto ($U_g = -GmM/R$, ove M è la massa della Terra, R è il raggio terrestre, cioè la distanza del sasso dal centro della Terra, e G è la costante di gravitazione universale). Se l'energia cinetica prevale sulla potenziale (ossia, se l'energia totale è positiva), il sasso può liberarsi per sempre dal legame con la Terra; in caso contrario, ricadrà al suolo. La situazione intermedia, con l'energia totale esattamente uguale a zero, è quella in cui il sasso si allontana dalla Terra con una velocità che, all'infinito, tende asintoticamente a zero.

Immaginiamo ora di prendere una regione sferica di Universo di raggio R, isotropa e omogenea, di densità media ρ, i cui punti si stanno tutti espandendo secondo la legge di Hubble. Assimiliamola alla Terra e consideriamo una particella (o una galassia, è lo stesso) sul suo bordo, come fosse il sasso del nostro esempio, lanciata a velocità $V = H \cdot R$: si allontanerà per sempre o ricadrà indietro? Per rispondere, bisogna calcolarne l'energia totale.

Prima, però, rendiamo più realistico il nostro modello affiancando alla gravità una seconda forza, di tipo antigravitazionale, qualcosa che simuli la costante cosmologica Λ. In un'ottica newtoniana, Milne e Mc Crea dimostrarono che la costante cosmologica si comporta come una forza repulsiva ($F = mc^2\Lambda r/3$) che cresce con la distanza, risultando praticamente trascurabile alla scala del Sistema Solare o della Galassia (la costante Λ è infatti piccolissima), ma decisiva alle grandi scale del Cosmo. L'energia potenziale associabile alla costante cosmologica, al bordo della sfera, vale: $U_\Lambda = -mc^2\Lambda R^2/6$.

Per semplicità, supponiamo che la particella sia di massa unitaria ($m = 1$ kg). L'energia cinetica vale perciò: $E_c = V^2/2 = H^2 \cdot R^2/2$; e, poiché $H = T/R$, sostituendo si avrà: $E_c = T^2/2$.

L'energia potenziale gravitazionale (per una massa unitaria) varrà: $U_g = -G \cdot M/R$; esprimendo la massa M come il prodotto della densità ρ per il volume della regione sferica di raggio R, avremo: $U_g = -4\pi GR^2\rho/3$.

L'energia totale sarà: $E_{tot} = E_c + U_g + U_\Lambda$. Sarà positiva se la particella potrà sfuggire al campo gravitazionale della sfera, e negativa se vi resterà legata. Nel caso intermedio sarà nulla. Giriamo l'equazione così: $E_c = -U_g - U_\Lambda + E_{tot}$ ed esplicitiamola:

$$T^2/2 = 4\pi GR^2\rho/3 + \Lambda c^2 R^2/6 + E_{tot}$$

o equivalentemente:

$$T^2 = \frac{8\pi GR^2}{3}\left(\rho + \frac{\Lambda c^2}{8\pi G}\right) + 2E_{tot}.$$

Fin qui la nostra simulazione. L'equazione relativistica di Friedmann, valida per fluidi a pressione nulla, è la (6.4). Come si vede, è formalmente del tutto identica a questa.

Ora possiamo ben capire perché l'equazione di Friedmann è conosciuta anche come l'*equazione energetica dell'Universo*.

7 Big Bang

Un nomignolo sarcastico

George Gamow era un gran burlone. A *Nature*, la più autorevole e compassata delle riviste scientifiche, ebbe l'ardire di inviare un articolo nel quale spiegava con la forza di Coriolis perché le vacche masticano ruotando le mascelle in senso orario nell'emisfero nord e antiorario nell'emisfero sud, come, a suo dire, aveva avuto modo d'osservare nei suoi viaggi in giro per il mondo. Non v'è collega che abbia incrociato le lame con lui in qualche disputa scientifica che sia stato risparmiato dalle sue poesiole vagamente canzonatorie o dai suoi disegni satirici. Scienziato capace di profonde intuizioni fisiche, non si può dire che fosse un campione in matematica: era solito scivolare su banali errori di calcolo in quasi tutti i suoi articoli, ma la cosa non lo disturbava più di tanto perché: "Un mio docente di Odessa diceva che gli scienziati non devono preoccuparsi di fare conti precisi. Mica sono impiegati di banca".

Sbagliava qualche conto, ma nessuno come lui sapeva cogliere intuitivamente il nocciolo delle questioni o il punto debole di un ragionamento, e comunque tutti gli riconoscevano una genialità fuori del comune, che egli riversò in ogni campo in cui la sua irrefrenabile curiosità lo portava ad applicarsi: dalla fisica quantistica alla fisica nucleare, dall'astrofisica alla biologia molecolare. Prendeva in giro i fanti e non risparmiava neppure i santi. Di sé diceva d'aver capito che da grande avrebbe fatto lo scienziato quella volta che da ragazzo, fatta la comunione, corse a casa con la particola in bocca per metterla sotto il microscopio e verificare se fosse pane o carne. Ateo, spirito libero, l'Unione Sovietica staliniana gli stava stretta e nel 1933, quando aveva 29 anni, dalla natia Odessa era emigrato negli Stati Uniti per insegnare nella capitale alla George Washington University. All'Università di S. Pietroburgo aveva studiato cosmologia sotto la guida di Alexander Friedmann.

In campo cosmologico, Gamow era impressionato dalla teoria dell'*atomo primitivo* sviluppata negli anni Trenta dallo scienziato e sacerdote belga Georges Lemaître, teoria che, in verità, non aveva mai raccolto troppi favori e che anzi era stata apertamente contrastata da eminenti autorità scientifiche, quali Eddington e – ma solo in un primo tempo – Einstein. Eddington l'aveva bollata nientemeno che come "filosoficamente ripugnante". Lemaître fu il primo a interrogarsi sulla storia passata dell'Universo: se l'espansione agì anche in passato, risalendo all'indietro nel tempo si sarebbe dovuti giungere a una fase di estrema compressione, ove tutta la radiazione e tutta la materia si dovevano trovare raggrumate in un "corpo" di dimensioni ultramicroscopiche. Appunto, in un atomo primitivo. Da quell'atomo sarebbero scaturiti lo spazio e il tempo.

Proposta da un credente, anzi da un sacerdote, l'idea poteva sembrare capziosa e preconcetta: forse voleva suggerire che all'origine del tuttto ci fu un atto creativo, un intervento divino. Da qui, probabilmente, l'opposizione di molti. In realtà, maliziosa non era l'idea, ma la lettura delle intenzioni dell'autore. Lemaître, pur es-

Capire l'Universo

Georgiy Antonovich (poi George) Gamow (1904-1968).

sendo uomo di profonda fede, era ben conscio, per intima convinzione, dell'incommensurabilità tra il discorso scientifico e quello teologico e non v'è traccia nei suoi scritti di affermazioni in cui si faccia confusione tra i due piani.

In ogni caso, il modello cosmologico da lui sviluppato comprendeva la costante cosmologica e prevedeva tre fasi evolutive per l'Universo: la prima è quella "esplosiva" in cui si ha una sorta di disintegrazione radioattiva dell'atomo primitivo da cui prendono origine tutti gli elementi (prendono origine, non "vengono creati"); la seconda è quella in cui si assiste a un sostanziale equilibrio tra la gravità e la costante cosmologica, per cui l'espansione rallenta fino a bloccarsi e il fattore di scala rimane praticamente costante per un tempo che sarà più o meno lungo a seconda del valore che si attribuisce alla costante cosmologica: è in questo periodo che, a livello locale, la gravità dà origine a stelle e galassie; la terza fase è quella in cui la costante cosmologica prende il sopravvento e lancia l'Universo in un'espansione accelerata.

Gamow, affascinato dal modello di Lemaître (lo riconoscerà pubblicamente nei suoi scritti), viene considerato il padre della *Teoria del Big Bang* per aver sottolineato che l'atomo primitivo dello scienziato belga non sarebbe dovuto essere solo straordinariamente denso, ma anche incredibilmente caldo.

Ebbene, neppure in occasione dell'articolo che lo consegnò alla storia, in cui sviluppava un'idea nuova e originale sulla formazione degli elementi chimici e prevedeva l'esistenza della radiazione cosmica di fondo, lo scienziato di Odessa riuscì a tenere a freno la sua vena goliardica. Brigò infatti affinché uscisse sul fascicolo della *Physical Review* del 1° aprile (del 1948) e all'ultimo momento aggiunse alla firma dei veri autori – lui e il suo giovane collaboratore Ralph Alpher – quella dell'ignaro Hans Bethe, allora fisico alla Cornell University, perché gli suonava bene che una nota dedicata alla nascita degli elementi si aprisse con le prime tre lettere dell'alfabeto greco: alfa, beta e gamma. Il lavoro firmato da Alpher, Bethe, Gamow viene ancora oggi menzionato come "teoria $\alpha\beta\gamma$".

Gamow voleva fornire una risposta alla domanda: da dove provengono l'idrogeno, l'elio, il carbonio, il silicio e tutti gli elementi costitutivi della materia che ci circonda? Gli astronomi se lo chiedevano già da una decina d'anni, dopo che i progressi della fisica nucleare avevano cominciato a individuare i meccanismi che consentono alle stelle di risplendere per miliardi di anni, fondendo l'idrogeno del loro nocciolo per produrre elio. Già, ma oltre l'elio?

Nell'immediato Dopoguerra, e per tutti gli anni Cinquanta, si confrontarono due scenari diversi, che erano figli di teorie cosmologiche antitetiche. Da un lato, c'erano i sostenitori dei modelli relativistici FRW, per i quali l'espansione cosmica rimandava a fasi evolutive passate in cui il fattore di scala era molto più piccolo di oggi e l'Universo era verosimilmente più denso e caldo. Dall'altro, c'erano i sostenitori della *Teoria dello Stato Stazionario*, come Fred Hoyle, Hermann Bondi, Thomas Gold, Margaret e Geoffrey Burbidge, per i quali andavano soggetti ad evoluzione i costituenti del Cosmo, ossia le stelle e le galassie, ma non l'Universo nel suo complesso, che è da sempre uguale a se stesso e che tale per sempre rimarrà. La Teoria dello Stato Stazionario estendeva e completava il Principio Cosmologico adottando il *Principio Cosmologico Perfetto*: non solo due osservatori contemporanei, dislocati in regioni lontane dell'Universo, rilevano gli stessi parametri, per esempio la stessa densità media della materia cosmica, la stessa età media delle galassie ecc., ma anche osservatori vissuti in epoche cosmiche diverse misurano sempre quegli stessi valori. Quindi, secondo quel principio, l'Universo sarebbe omogeneo non solo nello spazio, ma anche nel tempo. Non ebbe un inizio, non avrà una fine, né conosce un'evoluzione globale di alcun tipo: l'Universo è stazionario ed eterno.

Naturalmente, poiché l'espansione è un dato di fatto incontrovertibile e quindi il volume dell'Universo va sempre più aumentando, per garantire la costanza nel tempo della densità media bisognava ipotizzare che, attraverso qualche meccanismo sconosciuto, si verificasse una generazione continua di nuova materia. E poiché questa darà vita a nuove giovani galassie, ecco spiegata anche la costanza dell'età media dei sistemi e l'assenza di effetti evolutivi globali.

Il Principio Cosmologico Perfetto era indubbiamente attraente sotto il profilo filosofico, e nell'ambiente astronomico erano in molti a guardarlo con favore, specie dopo che la Chiesa di Roma aveva espresso con irrituale fervore la sua preferenza per il Big Bang, in ciò guidata da motivazioni di certo non solamente scientifiche.

Ma la creazione di materia *ex nihilo* non inficia il principio di conservazione dell'energia, pilastro della fisica che conosciamo? Il fatto è che non si può verificare se la legge venga calpestata o meno, rispondevano Hoyle e compagni. I tassi di creazione di nuova materia richiesti dal modello sono talmente bassi (dell'ordine di un nuovo protone in un volume come quello di una stanza ogni milione di anni) da rendere vano ogni tentativo di verifica e di misura con gli strumenti di cui disponiamo.

Gamow stava nel partito dell'Universo evolutivo. I sostenitori della Teoria dello Stato Stazionario ritenevano che gli elementi nascessero tutti nel nocciolo delle stelle e che venissero riversati nel mezzo interstellare a seguito delle esplosioni di supernovae. Lui non era d'accordo: se nelle fornaci stellari l'elevata temperatura fa scontrare violentemente i nuclei, dissociandoli nei loro costituenti, e se subito questi ne ricompongono di nuovi, ammettendo che le stelle lavorino a pieno ritmo da tempo immemorabile, nei loro noccioli dovrebbe essersi instaurata una situazione d'equilibrio nella quale i nuclei strutturalmente più stabili sono presenti in numero preponderante rispetto a quelli instabili, meno legati, più facili da scindere. E allora gli elementi del gruppo del ferro, che hanno la più elevata energia di legame per nucleone, dovrebbero essere tra i più abbondanti nell'Universo.

Ma è davvero questo ciò che si osserva? No, tutt'altro. Da qui l'intuizione di Gamow che le abbondanze cosmiche degli elementi non sono frutto di situazioni d'equilibrio consolidatesi nel tempo: sembrerebbero invece scaturite da un evento episodico, di breve durata e di inusitata potenza, qualcosa di simile a un'immane esplosione termonucleare. Gli elementi potrebbero essere nati con l'Universo stesso, nelle condizioni d'altissima temperatura che si verificarono nelle primissime fasi evolutive e che non si ripeterono mai più in seguito. Alpher gli suggerì che il meccanismo appropriato poteva essere quello della cattura neutronica, in cui un nucleo ingloba un neutrone, e poi un altro e un altro ancora, in rapida sequenza, cosicché a ogni reazione incrementa di un'unità il proprio numero di massa (e, con la successiva emissione di un elettrone per decadimento radioattivo, anche il numero atomico): mattone sopra mattone, il processo avrebbe così dato origine a tutti gli elementi della tabella di Mendeleev. Ad Alpher l'idea era venuta perché proprio in quei mesi, presso l'Applied Physics Laboratory, dove lui lavorava, si stavano calcolando le probabilità d'occorrenza di ciascuna di tali reazioni di cattura neutronica, partendo dall'elio a salire, e la curva che le esprimeva, in funzione del numero di massa, si accordava assai bene con quella delle abbondanze cosmiche misurate: quanto maggiore era la probabilità di formare un certo elemento, tanto più quell'elemento risultava essere abbondante nell'Universo. Non poteva trattarsi di una pura coincidenza.

Hoyle e compagni irridevano l'assurdità dell'enorme estrapolazione che Gamow proponeva: dopotutto, si pretendeva di applicare dati ricavati in un laboratorio terrestre alla scala dell'Universo e a temperature e densità inimmaginabili, in quell'inverosimile "esplosione primordiale" che per scherno Fred Hoyle bollò come "Big Bang", il "gran botto". Il nomignolo incontrò subito il favore dei cosmologi, oltre che del pubblico, e da allora viene usato anche nella letteratura professionale. Presso il grande pubblico, il termine è venuto ad assumere il significato improprio di atto creativo dell'Universo, il biblico *Fiat lux*, e viene immaginato, altrettanto impropriamente, come una sorta di grande esplosione. Dai cosmologi viene usato in una duplice accezione, di episodio e di fase: è l'istante in cui scattò l'espansione ed è l'intero periodo in cui il giovane Universo restò caldo e denso.

In seguito, si comprese che l'intuizione di Gamow era buona solo a metà (forse anche meno...): erano infatti sbagliate sia la premessa che nell'Universo dei primordi i neutroni fossero la specie nucleare dominante, sia l'idea che l'incremento del numero atomico avvenisse per decadimento radioattivo. Il meccanismo di formazione per successive catture neutroniche può funzionare solo per i primi elementi, i più leggeri, ma non per tutti gli altri. In particolare, non ci sarebbe modo di scavalcare il doppio "vallo" in corrispondenza delle masse atomiche 5 e 8, perché i nuclei con questo numero di massa sono fortemente instabili e in una frazione di secondo (miliardesimi di miliardesimi...) decadono nei nucleoni componenti, interrompendo il processo di costruzione piramidale.

L'ineffabile Gamow ci scherzava sopra. Siccome il 99% della materia universale è costituita da elementi leggeri, principalmente idrogeno ed elio, diceva d'essere comunque soddisfatto, poiché aveva fallito nello spiegare soltanto quel risibile 1% rimanente. Per inciso, qualche anno dopo furono proprio Hoyle, William Fowler e i coniugi Burbidge a comprendere il modo in cui la Natura, nel nocciolo delle stelle, riesce a superare quei "valli" e a sintetizzare anche gli elementi pesanti.

La radiazione cosmica di fondo

Se davvero, come ipotizzato da Gamow, l'Universo ebbe un inizio caldissimo, con lo spazio inondato di fotoni d'altissima energia, ne conseguiva che anche ai nostri giorni si dovrebbe poter rilevare qualche traccia di quella fase. Ovviamente, solo una pallida traccia, poiché c'è da attendersi che l'espansione dell'Universo intervenuta da allora abbia avuto buon gioco nel "raffreddare" il torrido ambiente dei primordi. Gamow e Alpher[1] calcolarono che si sarebbe dovuta misurare una ra-

[1] Più Alpher, che Gamow. Alpher (con Robert Herman) aveva esplicitato questa sua previsione in una breve nota inviata alla rivista *Nature* per correggere un errore presente in un precedente articolo di Gamow.

diazione diffusa, proveniente da ogni punto della volta celeste, con una distribuzione spettrale caratteristica di un corpo nero (si veda il box a pag. 136) alla temperatura di soli 5 gradi centigradi sopra lo zero assoluto (5 K = –268 °C). Questa era la previsione, che però non poteva essere verificata perché i due ritenevano (erroneamente) che non esistessero a quel tempo gli strumenti idonei per farlo.

Restando in sospeso la verifica empirica, la previsione passò quasi inosservata, tanto è vero che pochi se ne ricordarono nel 1965, quando, del tutto casualmente, quell'emissione venne effettivamente scoperta: era la *radiazione cosmica di fondo* (nel seguito useremo la sigla CBR, acronimo dell'inglese Cosmic Background Radiation). Autori della scoperta furono Arno Penzias e Robert Wilson, ricercatori della Bell Telephone, che per questo si guadagnarono il Premio Nobel nel 1978.

I due lavoravano a una potente antenna radio, sita in Holmdel, nel New Jersey, che per forma e modalità di puntamento agiva come un cornetto acustico, con un'ampia superficie entro la quale segnali radio anche molto deboli potevano essere raccolti e convogliati al ricevitore, ospitato in una struttura fissa all'apice del corno. L'antenna era mobile sia in azimut che in altezza, ed era stata costruita per migliorare i sistemi di comunicazione con i satelliti in orbita: in particolare, avrebbe dovuto partecipare a un esperimento di trasmissione di dati (voce e immagini) dagli Stati Uniti all'Europa, con il satellite Telestar come ripetitore orbitale. Nelle onde radio, il corno di Holmdel era tra gli strumenti più sensibili di quegli anni, ma non era mai stato utilizzato a scopi radioastronomici.

Per tutto il 1964, Penzias e Wilson avevano lavorato alla misura della sensibilità della loro antenna, che cercarono di incrementare dotando il ricevitore di uno speciale dispositivo maser, raffreddato a pochi gradi sopra lo zero assoluto. Lo scopo era di ridurre il più possibile l'entità dei disturbi elettronici interni, del "rumore", come si dice in gergo, al fine di elevare il rapporto segnale/rumore e garantire la buona qualità delle immagini televisive trasmesse. Tuttavia, per quanti sforzi i due facessero, c'era un fastidioso rumore di fondo che pareva resistere a ogni tentativo di eliminazione. Dopo aver ispezionato ogni parte dell'antenna, assicurandosi che l'origine non fosse interna, e dopo aver escluso ogni possibile interferenza esterna terrestre, si convinsero che la sorgente non poteva che essere il cielo: quel debole segnale, tuttavia, non proveniva da alcun oggetto celeste localizzato, essendo presente qualunque fosse la regione che l'antenna puntava, di giorno, di notte, in ogni stagione. La situazione era decisamente imbarazzante: Penzias e Wilson ne fecero solo un cenno fugace all'interno di un corposo articolo in cui davano conto del loro lavoro. Era il classico nascondere la polvere sotto il tappeto. E infatti la polvere era sempre lì, con quel sibilo fioco, insopportabilmente insistente, che toglieva il sonno ai nostri.

Curiosamente, in quegli stessi mesi c'erano due gruppi che, operando all'insaputa l'uno dell'altro, ed entrambi all'insaputa di ciò che angustiava i due futuri Premi Nobel, si stavano chiedendo se non fosse possibile organizzare una campagna per verificare la correttezza dell'ormai datata previsione di Gamow e Alpher.

Nell'Unione Sovietica, A.G. Doroshkevich e I. Novikov si erano imbattuti nel vecchio articolo del 1948 e, atteso che il picco dell'emissione della CBR doveva cadere nel dominio delle microonde, avevano indicato proprio l'antenna di Holmdel come lo strumento più consono per tentarne la rivelazione.

Negli Stati Uniti, a Princeton, distante solo una cinquantina di chilometri da Holmdel, Robert Dicke già nel 1946 aveva sviluppato un particolare radiometro sensibile alle microonde e ora stava progettando di realizzarne un altro, più moderno ed efficiente, nella convinzione di poter rilevare in quella banda spettrale

Arno Penzias e Robert Wilson davanti all'antenna di Holmdel con la quale scoprirono, nel 1965, la radiazione di fondo nelle microonde.

l'eventuale presenza di una radiazione cosmica diffusa su tutta la volta celeste. A dire il vero, le motivazioni di Dicke derivavano da tutt'altre premesse: egli non era al corrente della previsione di Gamow e si aspettava semmai di trovare radiazione a una temperatura dell'ordine di una quarantina di gradi sopra lo zero assoluto.

Quanto a Gamow e Alpher, essi non sospettavano minimamente che qualcuno stesse operando per sottoporre a verifica il loro vecchio lavoro. La comunicazione tra scienziati a quei tempi lasciava non poco a desiderare.

Per puro accidente, Penzias confidò il problema del sibilo misterioso al collega Bernard Burke, parlandone in via confidenziale nel viaggio di ritorno da una conferenza a cui entrambi avevano partecipato verso la fine del 1964, esprimendo altresì la convinzione che il segnale fosse reale e d'origine celeste, non un rumore strumentale. Se non aveva pubblicato nulla al riguardo, pur essendo convinto dell'importanza del suo significato, era perché temeva di finire impallinato dalle critiche dei colleghi. Burke, che aveva avuto notizia di ciò che si stava preparando a Princeton, scrisse subito a Dicke per invitarlo a mettersi in contatto con i due ricercatori di Holmdel. Dicke non aspettava altro. Così, pochi mesi dopo, verso la metà del 1965, a seguito della pubblicazione in contemporanea di due articoli sul *The Astrophysical Journal Letters*, l'uno a firma di Dicke e colleghi, più di stampo teorico, tendente a inquadrare la portata scientifica della scoperta, l'altro, di carattere eminentemente empirico, a firma di Penzias e Wilson, la comunità astronomica e l'opinione pubblica mondiale vennero informate che era stata scoperta quella che fu presentata come l'"eco" del Big Bang, l'oceano di fotoni dentro i quali aveva preso forma il nostro Universo.

Nei mesi successivi, altre antenne rilevarono la CBR a lunghezze d'onda diverse da quelle su cui era sintonizzato il corno di Holmdel, con l'intento di tracciare la curva completa della distribuzione dell'energia, onde verificare se si trattasse proprio di uno spettro di corpo nero alla temperatura di soli pochi gradi sopra lo zero assoluto, come predetto da Gamow e Alpher. Le misure di Penzias e Wilson suggerivano un valore intorno a 3 K e le altre lo convalidarono. Il picco dell'emissione si verificava alle lunghezze d'onda millimetriche.

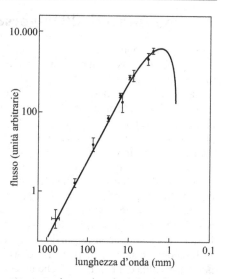

Misure in diverse bande della radiazione cosmica di fondo effettuate nei primi anni Settanta. Le misure si accordano bene con uno spettro di corpo nero alla temperatura di 2,7 K (curva continua).

In anni più recenti, diversi esperimenti condotti con strumentazione in volo su palloni sonda, e soprattutto le due fondamentali missioni spaziali COBE (Cosmic Background Explorer, 1992) e WMAP (Wilkinson Microwave Anisotropy Probe, 2001) della NASA, espressamente dedicate a misure sulla CBR, hanno rilevato che la distribuzione d'energia è esattamente quella di un corpo nero e che la temperatura è di 2,725 K, confermando altresì la sua straordinaria isotropia: da un punto all'altro della volta celeste le differenze di temperatura non vanno oltre qualche parte su centomila!

La conferma che l'alba dell'Universo fu calda, anzi torrida, calò la pietra tombale sopra la Teoria dello Stato Stazionario, pure se il modello non fu estromesso dal dibattito cosmologico subito e del tutto, anche grazie all'autorevolezza e alle indubbie capacità dialettiche dei suoi sostenitori. Il Principio Cosmologico Perfetto aveva subito un durissimo colpo, ma Hoyle e compagni organizzarono un'orgogliosa e caparbia difesa imboccando altre strade. Una di queste fu l'annosa disputa sul significato da attribuire al *redshift* dei quasar, una classe molto particolare di galassie dal nucleo attivo: per i sostenitori del Big Bang non v'è dubbio che il *redshift* sia di natura cosmologica, espressione dell'espansione del Cosmo, e indicativo della distanza di quelle sorgenti; sarebbe invece un semplice effetto Doppler per gli altri, indicativo di moti spaziali ad altissima velocità, da mettere in relazione con i processi energetici esplosivi che vanno creando sempre nuova materia. Ormai è chiaro che la disputa è da considerarsi chiusa, e perduta dai fautori dello Stato Stazionario, ma ci sono voluti più di trent'anni per smantellare le argomentazioni di quel manipolo di teorici geniali. Quella del Principio Cosmologico Perfetto è stata una lenta, inarrestabile agonia, iniziata proprio con la formidabile scoperta dell'antenna a corno di Holmdel.

Il termometro dell'Universo

Le stelle emettono profluvi di luce; il mezzo tra le galassie degli ammassi è fonte di raggi X; le galassie in cui nuove stelle stanno nascendo a tassi elevati, generalmente avvolte da nubi di polveri, emettono quantità imponenti di radiazione infrarossa; altre sono forti sorgenti di onde radio. Lo spazio è percorso in lungo e in largo da onde elettromagnetiche in tutte le bande spettrali. E allora non potremmo pensare che la CBR sia semplicemente la "coda" alle basse frequenze della componente radiativa dell'Universo, senza attribuirne necessariamente l'origine alla fase calda del Big Bang?

Sono due i motivi che ci fanno escludere questa possibilità. Il primo è che il flusso radiativo che si misura nelle diverse bande spettrali non segue una coerente distribuzione spettrale di corpo nero (per la radiazione che vaga nell'Universo non c'è né il tempo né il modo per "termalizzarsi", per mettersi in equilibrio termico con l'ambiente cosmico) e allora risulterebbe difficile giustificare il fatto che solo la sua coda abbia a comportarsi come tale.

Il secondo è ancora più persuasivo. Ammettiamo che la CBR non sia stata emessa nella fase calda del Big Bang e che invece sia figlia delle stelle. Il motore energetico delle stelle è di natura nucleare: poiché le osservazioni ci dicono quanti nuclei (essenzialmente di elio) sono stati sintetizzati dall'inizio dei tempi, mentre la fisica ci dice quanta energia viene liberata in ciascuna reazione di sintesi, non è difficile fornire una stima dell'emissione energetica totale rilasciata da tutte le stelle nel corso

Cos'è un corpo nero

Tutti i corpi investiti dalla luce ne assorbono una certa frazione, ma ne riflettono la gran parte: è per questo che si rendono visibili. Però, un corpo caldo è sorgente esso stesso di radiazione a tutte le lunghezze d'onda: solo un corpo che si trovi allo zero assoluto ($T = 0$ K $= -273$ °C) non emette *radiazione termica*. Se l'oggetto non è troppo caldo, come il corpo umano (circa 37 °C) o l'acqua in ebollizione (circa 100 °C), il grosso dell'emissione si ha nell'infrarosso o nelle onde radio; se invece è molto caldo, come una stella, l'emissione si verifica soprattutto nella banda visuale.

Per misurare l'entità dell'emissione di un corpo caldo alle varie lunghezze d'onda, occorre effettuare le misure su un corpo che sia fonte esclusivamente di radiazione termica e che non rifletta in alcun modo la luce di altre sorgenti. Che sia cioè un assorbitore perfetto. Questo è il motivo per cui lo si definisce *corpo nero*: è infatti noto che il nero assorbe tutta la radiazione che lo investe, al contrario del bianco, che la riflette (e infatti bianchi, o comunque chiari, per non accaldarci, sono gli abiti che indossiamo nella stagione estiva). Un corpo nero ideale non esiste in natura; tuttavia, si possono costruire dispositivi (non stiamo a dire come) che ne simulano il comportamento.

La rappresentazione grafica dell'emissione di un tale corpo in funzione della lunghezza d'onda è detta *spettro di corpo nero* ed è una curva a campana asimmetrica, che presenta un picco alla lunghezza d'onda ove si registra la massima

dell'intera storia dell'Universo. E poiché il risultato corrisponde solo a una frazione della densità energetica della CBR, l'ipotesi di partenza è da scartare. La radiazione cosmica di fondo, pur essendo costituita da onde di bassa frequenza, con fotoni che hanno ciascuno la decimillesima parte dell'energia di un fotone ottico, rappresenta il contributo di gran lunga maggioritario alla componente radiativa dell'Universo: in ogni centimetro cubo di spazio sono sempre presenti mediamente diverse centinaia di fotoni della CBR.

Nei paragrafi precedenti abbiamo spesso parlato di un "Universo caldo". In che senso l'Universo può essere caldo, oppure freddo? Cos'è e come si può misurare la sua temperatura? Nel Cosmo esistono stelle calde, come Rigel, e fredde, come Betelgeuse; esistono pianeti torridi, vicini alla loro stella, e gelidi, perché ne sono lontani. Le nubi di gas e polveri che si osservano nei bracci delle galassie spirali hanno generalmente temperature di poche decine di gradi sopra lo zero assoluto, mentre nei dischi di accrescimento che circondano certe stelle collassate si toccano i milioni di gradi. Quando parliamo di "temperatura dell'Universo" evidentemente non ci riferiamo a quella, estremamente variegata, delle diverse classi d'oggetti che esso contiene, ma alla temperatura attribuibile alla radiazione di fondo. Attualmente, la CBR ha una distribuzione spettrale di un corpo nero a circa 3 K e noi diciamo che la temperatura attuale dell'Universo è di circa 3 K. Naturalmente, non è sempre stato così: la temperatura dell'Universo è variata nel tempo.

Anche la radiazione di fondo, come ogni altra radiazione, va soggetta al *redshift* cosmologico: i suoi fotoni vanno aumentando nel tempo la loro lunghezza d'onda,

---

emissione e andamenti digradanti sui due lati con forme e pendenze diverse. La figura della campana non dipende dal materiale di cui è fatto il corpo nero, o dalle sue caratteristiche geometriche (cubo, sfera, grande, piccolo...), ma solo dalla sua temperatura. In particolare, il picco dell'emissione si colloca a una lunghezza d'onda (λ_{max}) che dipende dalla temperatura (T) secondo la *legge di Wien*:

$$\lambda_{max} = 0,0029 / T. \qquad (7.1)$$

La lunghezza d'onda è qui espressa in metri e la temperatura in kelvin. Per esempio, un corpo a 5780 K (pari a 5510 °C, la temperatura fotosferica del Sole), emette il massimo di luce a circa 500 nm, nel visuale. L'acqua bollente a circa 7800 nm, nell'infrarosso lontano.

Quando si dice, con espressione gergale, che la radiazione cosmica di fondo (CBR) "ha una temperatura" di 3 K si deve intendere che la forma dello spettro registrato dalle misure è la stessa di quello emesso da un corpo nero alla temperatura di 3 °C sopra lo zero assoluto.

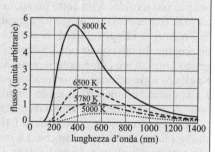

Spettri di corpo nero per tre corpi con temperatura rispettivamente di 5000, 6500 e 8000 K. Il picco si sposta sempre più a lunghezze d'onda minori quanto più cresce la temperatura della sorgente emittente. La banda visuale va grosso modo da 400 a 800 nm. Il quarto spettro si riferisce a un corpo con temperatura di 5780 K, quella del Sole.

in perfetta sintonia con l'espansione dello spazio in cui si propagano, conservando tuttavia nella loro distribuzione la forma a campana asimmetrica che è tipica di uno spettro di corpo nero.

Supponiamo di osservare una galassia al *redshift* $z = 4$. Qual era la temperatura dell'Universo all'epoca cosmica in cui la galassia ci inviava la sua luce? Poiché allora il fattore di scala era 5 volte minore ($1 + z = 5$), anche tutte le lunghezze d'onda lo erano. A quei tempi, un astronomo di quella lontana galassia avrebbe misurato il picco della sua CBR a una lunghezza d'onda 5 volte minore di quella che misuriamo attualmente, corrispondente a una temperatura di corpo nero 5 volte maggiore di quella attuale, ossia di circa 15 K (cfr. la 7.1 del box d'approfondimento di pag. 137). Dunque, la temperatura T della CBR alle diverse epoche cosmiche varia con il *redshift z*, e con il fattore di scala R, come:

$$T = T_0 (1 + z) = T_0 \cdot R_0/R \qquad (7.2)$$

ove R_0 e T_0 sono i valori attuali dei due parametri. Quando l'Universo era 50 o 100 volte più piccolo di adesso, la sua temperatura era altrettante volte maggiore.

I fotoni della CBR, che hanno grandi lunghezze d'onda (e quindi un'energia bassissima), possono tranquillamente attraversare una nube gassosa senza essere assorbiti dai suoi atomi: la materia dell'Universo locale è sostanzialmente trasparente alla radiazione cosmica di fondo, che può così diffondersi nell'Universo quasi del tutto indisturbata. E qui, in apparenza, ci imbattiamo in un intrigante paradosso. Sappiamo che una distribuzione spettrale tipica di un corpo nero si viene a stabilire quando si realizza una situazione d'equilibrio termico tra un corpo caldo e la radiazione che esso emette, a seguito di un gran numero di urti e di interscambio d'energia tra i fotoni e gli atomi del corpo. Allora, se la materia è trasparente alla CBR e praticamente non interagisce con essa, se non ci sono urti "termalizzanti", come è possibile che la radiazione di fondo sia quella di un perfetto corpo nero? Quando si instaurò quella situazione d'equilibrio di cui la CBR è palese testimonianza?

Risalendo indietro nel tempo, a *redshift* elevati, troveremo un Universo sempre più piccolo e caldo. A un certo punto, la temperatura sarà tale per cui un gran numero di fotoni avrà un'energia paragonabile o superiore all'energia di legame che, nell'atomo di idrogeno, tiene incatenato l'elettrone al nucleo, che è costituito da un protone. In tali condizioni, un "colpo" ben assestato da parte di un fotone energetico potrà avere come esito la rottura del legame, la liberazione dell'elettrone. Se gli urti sono numerosi, mentre al di qua, a una temperatura più bassa, l'Universo è una distesa d'atomi d'idrogeno neutro, al di là avremo una distesa di plasma, ossia di gas ionizzato, costituito da elettroni liberi e da protoni.

In questa situazione, i fotoni della CBR non sono più liberi di attraversare indisturbati le vaste distese cosmiche. La radiazione, infatti, interagisce molto efficacemente con il plasma: in particolare, i fotoni vengono in continuazione diffusi dagli elettroni liberi. Ne urtano uno, cambiano direzione, subito ne urtano un secondo, cambiando ancora direzione. Il loro è un percorso a zig-zag, una carambola infinita con ripiegamenti lungo tragitti che si avviluppano su se stessi senza mai portare il fotone troppo lontano dal punto di partenza. I fotoni sono come "ingabbiati".

Ecco allora, finalmente, la fase che cercavamo, quella in cui, attraverso urti frequenti e ripetuti, la radiazione poté termalizzarsi, realizzando l'equilibrio termico con la materia. Questa fase durò alcune decine di migliaia di anni e si concluse solo a $z = 1090$, quando l'espansione portò la temperatura dell'ambiente cosmico a meno di 3000 K e l'energia dei fotoni al di sotto del valore che rendeva possibile la ionizzazione dell'idrogeno. Se prima i fotoni erano abbastanza energetici da riuscire a spezzare il legame tra il protone e l'elettrone, restituendo particelle cariche all'ambiente di plasma con la stessa frequenza con la quale quelle stesse particelle, dotate di carica elettrica opposta, si attraevano per combinarsi in atomi neutri, ora non sono più in grado di farlo. L'equilibrio dinamico si rompe. Per la prima volta nella sua storia, l'Universo si ritrova popolato di atomi neutri; da un ambiente di plasma che ingabbia i fotoni, e quindi è opaco alla radiazione, si passa a un ambiente di atomi neutri che è trasparente ai fotoni, di modo che questi possano sciamare liberamente per il Cosmo.

La CBR che oggi osserviamo proviene da lì, da quella sorta di "muraglia" incandescente posta a $z = 1090$, calda come la fotosfera di una stella rossa, che è opaca alla radiazione e che il nostro sguardo non può penetrare. Cogliamo i fotoni che l'hanno varcata, ma non quelli che se ne stanno appena al di là e che ne restano prigionieri. È la struttura più lontana che possiamo osservare, è il nostro estremo orizzonte osservativo, un tendale che l'Universo cala davanti alla nostra curiosità quasi che volesse occultare gli eventi che hanno avuto luogo nelle epoche precedenti; i cosmologi la chiamano "superficie dell'ultimo *scattering*", una superficie sferica che tappezza l'intera volta celeste sulla quale avvenne l'ultima interazione con il plasma da parte dei fotoni che da quel momento in poi conquistavano la propria libertà.

L'epoca a cui ciò si verificò, circa 380mila anni dopo il Big Bang, viene detta *era della ricombinazione*, con riferimento al fatto che elettroni e protoni si uniscono a formare l'idrogeno neutro. Alla superficie dell'ultimo *scattering* la temperatura era di circa 3000 K; l'emissione di perfetto corpo nero che da essa emana viene da noi ricevuta 1090 volte più fredda, alla temperatura di soli 2,725 K.

L'era radiativa

Al di là della superficie dell'ultimo *scattering* si svolgono eventi di capitale importanza, che indirizzeranno l'intera storia evolutiva dell'Universo. Se quella fase primordiale fosse durata più a lungo, oppure se fosse stata più breve, se l'andamento della temperatura in funzione del tempo fosse stato diverso da quello che fu, ne avrebbero risentito la composizione chimica dell'Universo, il tempo di formazione delle prime stelle, il tempo e il modo d'aggregazione delle galassie negli ammassi. Se fosse andata diversamente, con ogni probabilità non avremmo potuto essere qui a parlarne. È perciò più che giustificata la curiosità dei cosmologi nei riguardi di tutto ciò che si svolse nei primi 380mila anni del Cosmo, al di là di quel "tendale" incandescente, opaco, impenetrabile allo sguardo. Poiché squarciare il velo è impossibile, se l'occhio è impotente, ancora una volta si cercherà di ricostruire la sequenza degli eventi per via teorica, con gli occhi della mente.

Il punto di partenza del nostro ragionamento è sempre la radiazione cosmica di fondo, in particolare la sua densità energetica, pari a $\rho_{CBR} = 4,2 \times 10^{-14}$ J/m³, che metteremo a confronto con quella della materia, sia luminosa che oscura, $\rho_m = 2,4 \times 10^{-10}$ J/m³. Questi sono i valori che si ricavano dalle misure per l'epoca cosmica attuale. Pur tenendo presente che sono valori approssimati, e suscettibili di aggiustamenti e revisioni a seguito di nuove e più precise misure, bastano a segnalarci che la densità materiale è attualmente la componente di gran lunga maggioritaria, superando di circa 6mila volte quella della CBR: questo è il motivo per cui, in prima approssimazione, il contributo della radiazione può essere trascurato quando si esprime l'equazione di Friedmann nella forma (6.4), che infatti si riferisce a un "fluido" di sola materia, a pressione nulla.

Ma non è sempre stato così. Attualmente, un metro cubo di spazio contiene in media due protoni insieme con 400 milioni di fotoni della CBR[*2]. Se immaginiamo di risalire indietro nel tempo fino a quando il fattore di scala era, diciamo, 5 volte più piccolo, il contenuto di particelle e di fotoni del nostro cubo spaziale covariante sarà sempre lo stesso in termini numerici, ma, occupando ora un volume 125 (5^3) volte minore, la densità sarà maggiore. La densità della materia sarà 125 volte maggiore. Quella della radiazione, invece, sarà 625 (5^4) volte maggiore, perché abbiamo visto che con la riduzione del fattore di scala cresce la temperatura della CBR, e quindi la frequenza dei suoi fotoni, ossia la loro energia (l'energia di un fotone è proporzionale alla sua frequenza). In numero, i fotoni sono sempre quelli, ma ciascuno di essi ora ha un'energia 5 volte maggiore. In definitiva, mentre la ρ_m varia come $1/R^3$, la ρ_{CBR} varia come $1/R^4$.

La radiazione ha, per così dire, una marcia in più: la sua densità energetica cresce più vigorosamente di quella della materia a mano a mano che si risale indietro nel tempo. È perciò inevitabile che prima o poi si entrerà in una fase in cui il rapporto di forza tra le due componenti risulta ribaltato, con la radiazione che si impone come la componente energetica più importante dell'Universo. Ciò si verificò quando il fattore di scala R era all'incirca 1/6000 del suo valore attuale, quindi ben al di là del "tendale" della superficie dell'ultimo *scattering*, che è posto a circa $R = R_0/1090$, ove R_0 è il valore attuale del fattore di scala.

Ma non stiamo trascurando un terzo contributo alla densità energetica dell'Universo, quello della costante cosmologica? Sarebbe una grave dimenticanza, visto che, nella fase attuale, essa è la voce di gran lunga più significativa nel bilancio dell'energia del Cosmo: grosso modo, dalle misure risulta $\rho_\Lambda = 6{,}4 \times 10^{-10}$ J/m^3, che è più del doppio della densità energetica della materia.

Nel capitolo precedente, abbiamo riportato l'espressione analitica di questa grandezza ($\rho_\Lambda = \Lambda c^4/8\pi G$): come si vede, essa contiene solo costanti numeriche e fisiche ed è indipendente dal fattore di scala. La densità ρ_Λ resta dunque costante nel tempo. Oggi è dominante perché l'espansione cosmica ha enormemente diluito la densità della materia e in misura ancora maggiore quella della radiazione, ma nel lontano passato era una componente del tutto trascurabile rispetto alle altre, come si vede dal grafico della pagina a fronte, che mostra l'andamento delle tre densità in funzione del fattore di scala.

Quando l'Universo era circa seimila volte più piccolo di oggi, e per tutta la fase precedente, il "fluido" maggiormente rappresentativo del suo contenuto era la radiazione. Non la materia, né la costante cosmologica. Nelle condizioni proprie di quella che è detta *era radiativa*, ossia l'era cosmica dominata dalla radiazione, l'equazione di Friedmann è diversa dalla (6.4) e, una volta risolta, fornisce una semplice relazione analitica tra il fattore di scala e il tempo, con il primo che cresce come la radice quadrata del secondo: $R = cost. \cdot \sqrt{t}$.

E siccome la temperatura, come si è già visto, varia in ragione inversa del fattore di scala, il suo valore andrà come l'inverso della radice quadrata del tempo secondo la: $T = 1{,}5 \times 10^{10} / \sqrt{t}$; la costante numerica $1{,}5 \times 10^{10}$ si ricava dall'equazione di Friedmann. Così, per esempio, all'epoca cosmica $t = 0{,}01$s la temperatura era di

---

[*2] Per il calcolo del numero dei fotoni abbiamo considerato l'energia media dei fotoni di un corpo nero a 2,73 K (circa 1 × 10^{-22} J). Quanto ai protoni, occorre sottolineare che il numero dato è un'approssimazione grossolana. Ci sarebbero 2 protoni in ogni metro cubo se tutta la materia universale fosse barionica, ma sappiamo che non è così: per i 6/7 si tratta di materia oscura non-barionica (che non

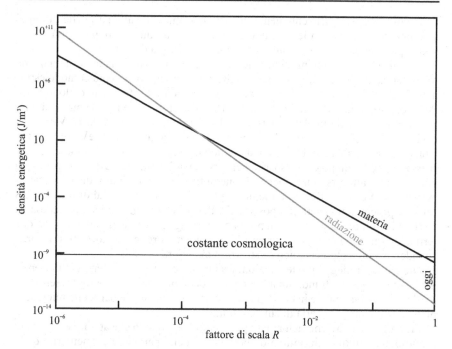

L'andamento della densità energetica delle tre componenti dell'Universo in funzione del fattore di scala. Attualmente (da poco) è dominante la costante cosmologica; in precedenza lo era stata la materia, mentre nell'Universo dei primordi era la radiazione la componente maggioritaria.

150 miliardi di gradi, mentre all'epoca $t = 100$s il fattore di scala era cresciuto di 100 volte e la temperatura era scesa di altrettanto, a 1,5 miliardi di gradi.

La temperatura è il parametro decisivo per descrivere ciò che succede nell'Universo dei primordi. In quelle condizioni d'altissima densità e temperatura, le interazioni sono frequentissime e realizzano un perfetto equilibrio tra materia e radiazione. Così come la temperatura determina la distribuzione dell'energia dei fotoni della radiazione (quella di corpo nero) e la loro energia media, allo stesso modo fissa la distribuzione d'energia delle particelle, e la loro energia media. Che è pressoché identica a quella della radiazione e che si può esprimere approssimativamente come: $E = 3 \times 10^{-4} \cdot T$, con la temperatura T misurata in kelvin e l'energia E in elettrovolt[*3].

Dunque, nell'era radiativa possiamo caratterizzare ciascuna epoca cosmica attraverso tre parametri (il tempo, la temperatura e l'energia media, o energia d'interazione) che sono legati tra loro dalle semplici relazioni che abbiamo appena enunciato e che, per comodità, riscriviamo:

$$T \text{ (K)} = 1,5 \times 10^{10} / \sqrt{t} \qquad (7.3)$$
$$E \text{ (eV)} = 3 \times 10^{-4} \cdot T = 4,5 \times 10^6 / \sqrt{t}.$$

Per esempio, sarà: ($t = 1$s; $T = 1,5 \times 10^{10}$ K; $E = 4,5$ MeV); oppure ($t = 100$s; $T = 1,5 \times 10^9$ K; $E = 450$ keV). L'energia d'interazione è quella media che, in ogni epoca specifica, i fotoni e le particelle possono scambiarsi nelle loro reciproche in-

sappiamo bene cosa sia). Dunque, il rapporto tra il numero dei fotoni e quello dei protoni è in realtà dell'ordine di uno a un miliardo (10⁹).

[*3] L'elettronvolt (simbolo eV) è l'unità di misura dell'energia solitamente usata in fisica atomica e nucleare e vale: 1 eV = 1,6 × 10⁻¹⁹ J. Nel seguito, useremo soprattutto i suoi multipli: il keV = 10³ eV,

terazioni e che, se sufficientemente intensa, può impedire alle particelle di unirsi stabilmente in uno stato legato, come un atomo o un nucleo, oppure può creare nuove particelle, materializzandole a spese dell'energia dei fotoni.

Energia e massa sono infatti grandezze equivalenti, secondo la famosa relazione relativistica $E = mc^2$, tanto che i fisici delle alte energie trovano più comodo esprimere la massa di una particella in unità energetiche piuttosto che in chilogrammi. Per esempio, di un protone ($m_p = 1,67 \times 10^{-27}$ kg) si dice che ha una massa di 938 MeV/c^2; la massa di un elettrone ($m_e = 9,1 \times 10^{-31}$ kg) equivale a 0,511 MeV/c^2, e così via. Dalle (7.3) vediamo che l'energia d'interazione di 938 MeV corrisponde a una temperatura di 3×10^{12} K e a un tempo cosmico $t = 2 \times 10^{-5}$s: prima di quest'epoca, due fotoni potevano sparire nel corso di un'interazione e dalla loro energia poteva materializzarsi una coppia protone-antiprotone; in seguito, quando la temperatura sarà calata e l'energia media disponibile si sarà portata al di sotto di 938 MeV, il processo non sarà più possibile[*4]. Per gli elettroni, che hanno una massa 1836 volte minore di quella di un protone, l'analogo processo di materializzazione terminerà quando la temperatura sarà 1836 volte minore (circa $1,6 \times 10^9$ K), corrispondente a un tempo cosmico 1836^2 volte maggiore ($t = 88$s).

Ora che padroneggiamo le relazioni fra i tre parametri tempo-temperatura-energia, siamo in grado di individuare alcune epoche particolarmente rappresentative dell'era radiativa, quelle in cui dalla radiazione si generano le particelle microscopiche costituenti la materia di cui siamo fatti.

Prima, però, conviene richiamare per sommi capi quello che attualmente i fisici sanno della struttura più intima della materia, delle particelle elementari e delle forze che agiscono tra di esse.

Il modello standard delle particelle elementari

Sono quattro le interazioni fondamentali a cui, in ultima analisi, possono essere riferite tutte le forze presenti nel mondo intorno a noi: l'interazione *gravitazionale*, l'interazione *elettromagnetica*, l'interazione *debole* e l'interazione *forte*. Le prime due, che incontriamo nella vita di tutti i giorni, si fanno sentire anche a grande distanza, mentre le altre agiscono solo alla scala nucleare e crollano a zero già a distanze superiori alle dimensioni di un nucleo atomico; l'interazione debole è protagonista, fra le altre cose, del decadimento di un neutrone libero in un protone, mentre l'interazione forte, che costituisce il collante dei neutroni e dei protoni all'interno del nucleo, conferisce identità agli elementi e ne garantisce la stabilità.

Le quattro interazioni di natura sono molto diverse fra loro per gli ambiti in cui agiscono, per le modalità d'azione e per l'intensità delle forze che possono mettere in campo. Presentano però anche forti analogie, come il fatto di operare attraverso lo scambio di particelle mediatrici dell'interazione. Il fotone, per esempio, è mediatore dell'interazione elettromagnetica: quando due protoni passano l'uno accanto all'altro e risentono vicendevolmente della forza elettrica repulsiva che fa loro cambiare direzione del moto e velocità, è perché si sono scambiati fotoni, portatori di energia e di quantità di moto. I tre *bosoni vettori* W^+, W^- e Z^0 hanno analoghe funzioni nel caso dell'interazione debole; otto *gluoni* sono i vettori dell'interazione forte. Per quanto riguarda la gravità, finora non sono state rivelate particelle mediatrici (sarebbero i *gravitoni*), benché la loro esistenza venga ipotizzata all'interno delle teorie che mirano a unificare l'interazione gravitazionale con le altre tre.

---

il MeV = 10^6 eV e il GeV = 10^9 eV. La relazione tra energia e temperatura deriva dalla classica $E = 3kT$, dove k è la costante di Boltzmann ($k = 1,38 \times 10^{-23}$ J/K).

[*4] In realtà, lo sarà ancora, perché, anche quando l'energia media d'interazione sarà calata sotto

Cosa significa unificare le interazioni? L'idea di fondo è che le forze di natura ci appaiono diverse solo perché le osserviamo operare in un contesto, come il nostro attuale, caratterizzato da bassi valori di temperatura ed energia. La diversificazione tra l'interazione A e l'interazione B cesserebbe però di manifestarsi al di sopra di una data temperatura, perché allora le particelle di scambio di A e di B opererebbero indifferentemente come vettori dell'interazione unificata AB.

Nel quadro teorico della teoria quantistica dei campi è possibile rintracciare un sistema d'equazioni che, mentre evidenziano le differenze tra le particelle mediatrici (che si riflettono nelle specificità delle rispettive interazioni), allo stesso tempo valorizzano le forti analogie nel modo in cui operano le forze di natura, tanto da giustificare la speranza che un giorno si possa trovare una struttura matematica capace di descriverle tutte in maniera unitaria, come se ciascuna fosse l'espressione particolare di un'unica interazione, l'interazione unificata. La difficoltà maggiore che si incontra sul cammino dell'unificazione sta nel fatto che la natura quantistica delle interazioni è assodata per tre delle quattro forze, ma non per la gravitazionale: per esempio, la carica elettrica, protagonista delle interazioni elettromagnetiche, è una grandezza quantizzata (tutte le cariche elettriche sono multiple intere della *carica elementare*, quella dell'elettrone e del protone), mentre – per quel che se ne sa finora – non esiste il "quanto" della carica gravitazionale: non esiste una "massa elementare". Si tratta di un ostacolo serio, che al momento non si sa come superare.

L'unificazione delle forze ha già conosciuto notevoli successi in passato. Nel 1864, fu James Clerk Maxwell a proporre una visione unificata del campo elettrico e del campo magnetico. Elettricità e magnetismo parevano fenomenologie del tutto diverse: basti pensare al fatto che le cariche elettriche possono benissimo esistere come entità singole, al contrario delle "cariche magnetiche", i poli nord e sud di una normale calamita, che sono inscindibili e che non hanno esistenza autonoma. Eppure, Maxwell seppe mettere in luce le strette interconnessioni tra i due campi, racchiudendo la descrizione della totalità dei fenomeni elettrici e magnetici in quattro equazioni, estremamente eleganti nella loro compattezza e simmetria. Grazie a Maxwell, noi oggi trattiamo elettricità e magnetismo come due facce della medesima medaglia, l'elettromagnetismo.

Negli anni Settanta del XX secolo, l'unificazione delle forze compì un altro passo in avanti, ancor più significativo, quando Sheldon Glashow, Steven Weinberg e Abdus Salam (vincitori per questo del Premio Nobel nel 1979) proposero una descrizione unificata delle interazioni elettromagnetica e debole, basata su una particolare simmetria matematica. La teoria unificata si rivelò così potente da prevedere l'esistenza delle tre particelle di scambio dell'interazione debole, nonché di indovinarne la massa, una quindicina d'anni prima che queste venissero effettivamente scoperte in esperimenti di laboratorio al CERN di Ginevra. Inoltre, per salvaguardare la coerenza interna della sua teoria elettrodebole, Glashow aveva anche avanzato l'ipotesi che in natura dovessero esistere non tre quark, come si riteneva ancora in quegli anni, ma almeno quattro e forse sei: anche questa, una previsione teorica successivamente confermata.

È da questi formidabili successi che prende vigore la convinzione dei fisici che tutte le forze di natura possano essere unificate in un unico quadro teorico. Le Teorie di Grande Unificazione (GUT) mirano a unificare l'interazione forte con l'elettrodebole, e la Teoria del Tutto punta a inglobarvi anche la gravitazione. La sostanziale identificazione di tutte le forze in un'unica interazione fondamentale

---

i 938 MeV, statisticamente esisterà qualche fotone più energetico di quel valore. Di fatto, il processo si può ritenere interdetto solo a 10^{-4}-10^{-3} s, quando l'energia media è all'incirca di 200 MeV.

Le particelle elementari nel Modello Standard

	simbolo	carica elettrica	massa (MeV/c^2)
quark			
up	u	$+2e/3$	1,7-3,3
down	d	$-e/3$	4,1-5,8
charm	c	$+2e/3$	1180-1340
strange	s	$-e/3$	80-130
top	t	$+2e/3$	172
bottom	b	$-e/3$	4700 (?)
leptoni			
elettrone	e	$-e$	0,511
muone	μ	$-e$	106
tau	τ	$-e$	1777
neutrino elettronico	ν_e	0	$< 2 \times 10^{-6}$
neutrino muonico	ν_μ	0	$< 0,17$
neutrino tauonico	ν_τ	0	< 16

Le particelle di scambio nel Modello Standard

	interazione	spin	massa (GeV/c^2)	carica el.	colore
gravitone	gravitazionale	2	0	0	no
W$^+$	debole	1	80	$+e$	no
W$^-$	debole	1	80	$-e$	no
Z^0	debole	1	91	0	no
fotone	elettromagnetica	1	0	0	no
gluoni (8)	forte	1	0	0	sì

avverrebbe però a temperature e a energie elevatissime, quali si verificarono solo nelle fasi primordiali del nostro Universo. Vedremo fra poco a quali precisi valori. Prima però passiamo in rassegna le particelle elementari esistenti in natura, secondo il paradigma attualmente adottato dai fisici nucleari, quello che è noto come *modello standard delle particelle elementari*.

Una particella viene qualificata come elementare, ed è perciò considerata tra i costituenti fondamentali della materia, quando non ha una struttura soggiacente, ossia quando non è a sua volta costituita da una combinazione di particelle più semplici. L'atomo era considerato elementare nel XIX secolo, fino a quando non si scoprì che era costituito da un nucleo e da un certo numero di elettroni. I costituenti del nucleo atomico, protoni e neutroni, parevano anch'essi elementari, fino a quando si scoprì che erano formati da una combinazione di quark. Le particelle il modello standard considera genuinamente elementari sono elencate nella tabella qui sopra. Sono dodici, sei quark e sei leptoni, più le particelle di scambio.

I quark sono dotati di carica elettrica frazionaria (1/3 e 2/3 della carica dell'elettrone) e di carica di *colore*. Non ci confonda questo termine: il colore dei quark non ha nulla a che vedere con la tonalità cromatica di un pastello o del nostro pullover. La carica di colore è per le interazioni forti ciò che la carica elettrica è per le interazioni elettromagnetiche: potremmo chiamarla anche "carica forte". Si è scelto il termine "colore" per rimarcare un'importante differenza con la carica elettrica: questa si rende osservabile e misurabile dallo sperimentatore, il colore invece no. La carica elettrica ha solo due valori, che vengono indicati con i simboli "+" e "−". La carica di colore ha invece tre diversi valori. E, poiché questi devono godere della proprietà di neutralizzarsi quando si sommano, è sembrato comodo e intuitivo dare ai tre valori della carica forte il nome di tre colori (rosso, verde e blu) che sono i più usati, nei processi industriali, come primari nelle mescolanze additive, e per i quali si assume che possiedano la proprietà della complementarità: la loro somma dà il bianco, ossia la neutralizzazione della carica forte.

Ogni quark può avere uno dei tre colori, ma proprio per questo non può avere vita autonoma, perché altrimenti lo esibirebbe, rendendolo osservabile. Invece è condannato a combinarsi indissolubilmente con altri due quark con i colori complementari, oppure con un antiquark (un quark d'antimateria) dotato di un anti-colore, perché anche la somma di un colore e del suo anticolore dà come risultato l'assenza di carica forte (potremmo dire che dà il nero).

La non osservabilità dei quark singoli è detta *proprietà di confinamento* dei quark. Le particelle costituite da tre quark sono dette *barioni*. Per esempio, il protone è un barione formato da due quark *u* e da un quark *d* (*uud*); l'antiprotone è fatto da una medesima combinazione di antiquark; il neutrone da un quark *u* e due quark *d* (*udd*). Le particelle formate da due quark (un quark e un antiquark) sono dette *mesoni*. Il mesone π^+, per esempio, è fatto di un quark *u* e di un antiquark *d*; il mesone K^- di un quark *s* e di un antiquark *u*.

Le cariche elettriche dei quark costituenti, sommandosi algebricamente, fan sì che barioni e mesoni abbiano sempre carica elettrica intera, in unità della carica elementare. Al contempo, la complementarità dei colori garantisce l'acromaticità di barioni e mesoni: ecco perché l'interazione forte si fa sentire solo all'interno della loro struttura, tra i quark costituenti, ma non all'esterno. Verso l'esterno, la carica di colore è neutra. A differenza del fotone, mediatore dell'interazione elettromagnetica, che non trasporta carica elettrica, i gluoni, mediatori dell'interazione forte, sono portatori di colore: non sono osservabili singolarmente, ma possono cambiare il colore dei quark interagenti.

L'unificazione delle forze

Ritorniamo ora alle forze di natura e al problema della loro unificazione. Per incominciare: è possibile stabilire una scala di intensità tra le quattro interazioni fondamentali? Qual è la più forte e quale la più debole? Verrebbe subito da dire che la gravità è la più debole di tutte, e avremmo ragione, ma giustificare tale affermazione non è così immediato.

Prendiamo in considerazione le due interazioni a noi più familiari, la gravitazionale e l'elettromagnetica, e ragioniamo su quelle, cercando di stabilire una gerarchia di valori. Ci verrebbe naturale confrontare direttamente le due forze, comparando l'espressione della legge di gravitazione universale di Newton ($F_G = Gm_1m_2/r^2$) con la legge di Coulomb che descrive la forza elettrostatica agente tra due cariche elettriche ($F_E = kq_1q_2/r^2$). Poiché entrambe le forze variano come l'inverso del quadrato della distanza, il confronto si riduce a quello fra il ter-

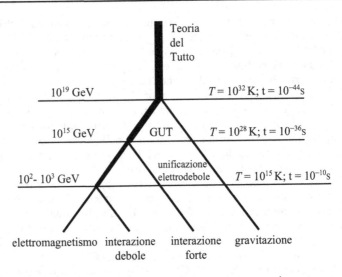

Lo schema mostra a quali energie di scambio, a quali temperature e a quali tempi, a partire dal Big Bang, si pensa si realizzino le unificazioni delle forze di Natura.

mine Gm_1m_2 e il termine kq_1q_2. E a questo punto ci chiediamo se tutto ciò abbia un senso, poiché l'intensità delle due forze dipende dalla scelta, del tutto arbitraria, delle masse e delle cariche campione. Se prendessimo masse elevate e piccole cariche elettriche, l'attrazione gravitazionale sarebbe maggiore di quella elettrostatica, ma naturalmente vale anche l'inverso. Come uscirne, allora? Una scelta ragionevole è quella di assumere la carica elettrica e la "carica gravitazionale", ossia la massa, portate dalla stessa particella, che potrebbe essere il protone: in questo caso, sostituendo i valori, si ottiene che la forza elettrica supera di ben 10^{36} volte quella gravitazionale. Ma è questo il genuino rapporto d'intensità tra le due? È perlomeno discutibile. Se avessimo scelto come particella-campione l'elettrone, invece del protone, il rapporto sarebbe salito di un milione di volte, addirittura a 10^{42}. Insomma, che l'interazione elettromagnetica sia più forte di quella gravitazionale sembra indubitabile, ma in che misura lo sia realmente è difficile da stabilire in modo univoco e oggettivo.

Per superare l'*impasse*, si suole ridefinire le due espressioni delle forze più sopra riportate combinandole adeguatamente con altre costanti fisiche al fine di renderle adimensionali: quindi, in un certo senso, per conferire loro valori più "oggettivi", oltretutto sottraendoli anche all'arbitrarietà della scelta delle unità di misura. Per esempio, per la forza gravitazionale l'espressione Gm_1m_2, depurata dal termine della distanza, diventa adimensionale se la si divide per la costante di Planck e per la velocità della luce. Procedendo in modo analogo anche per le altre forze, alla fine si ottengono quelle che vengono definite le *costanti d'accoppiamento* delle rispettive interazioni: indicata con la lettera α, la costante d'accoppiamento è un termine che si può assumere come rappresentativo dell'intensità intrinseca dell'interazione e di cui ora i fisici possono avvalersi per fissare la gerarchia delle forze.

In tal modo, risulta che la costante d'accoppiamento dell'interazione elettromagnetica (α_E), la cui espressione analitica contiene solo costanti fisiche fondamentali, ha un valore numerico fisso[*5], pari a $1/137 = 0,0073$, coincidente con quello della *costante di struttura fine*, una costante adimensionale che gioca un ruolo importante nell'elettromagnetismo e nella fisica teorica. Invece, la α_D, costante d'accoppiamento dell'interazione debole, contiene anche un termine di massa che la rende una falsa costante, nel senso che il suo valore cambia a seconda della massa delle particelle coinvolte nell'interazione. In generale, alle basse temperature (basse energie di scambio, basse masse equivalenti) la α_D è minore della α_E, ossia l'interazione debole è meno intensa di quella elettromagnetica. Visto però che la α_D va crescendo con la massa, a una certa temperatura (e relativa energia di scambio, nonché massa equivalente) essa giungerà a uguagliare la α_E: ciò avviene attorno a 10^2-10^3 GeV. A questi valori dell'energia di scambio, corrispondenti a una temperatura di 10^{14}-10^{15} K, le due interazioni hanno praticamente la stessa intensità e, poiché hanno pure una descrizione matematica comune all'interno della teoria quantistica dei campi, ecco realizzata l'unificazione: al di sopra di questa energia, le due interazioni sono praticamente la stessa cosa – si parla infatti di interazione *elettrodebole*, che viene mediata indifferentemente sia dai fotoni, sia dai tre bosoni W^+, W^- e Z^0.

Per l'interazione forte, la costante d'accoppiamento α_F è parecchio più complessa da definire. Il suo valore dipende da quanti sono i diversi "sapori" dei quark (oggi si pensa siano sei, v. tabella a pag. 144) e comunque non è possibile dare un'espressione analitica che la rappresenti per bassi valori della massa di scambio. Qui ci basti dire che, contrariamente alla α_D, il suo valore va calando all'aumentare delle energie coinvolte. Alle basse energie l'interazione forte è di gran lunga più intensa delle altre, ma al crescere dell'energia il divario si riduce, fino ad annullarsi attorno a 10^{15} GeV, che viene perciò considerata dai fisici l'energia alla quale l'interazione forte si unifica con l'elettrodebole, di modo che una sola forza governerebbe unitariamente i processi forti, deboli ed elettromagnetici, mediata indifferentemente dai fotoni, dai bosoni $W^\pm$ e Z^0 e dai gluoni. Si realizza in tal modo la Grande Unificazione (GUT). L'energia a cui ciò si verifica è assolutamente al di fuori delle nostre possibilità sperimentali attuali, e forse anche future: al CERN di Ginevra, sede del più potente acceleratore al mondo, ci si ferma a energie che sono migliaia di miliardi di volte inferiori.

Il valore estremamente elevato della costante d'accoppiamento dell'interazione forte alle basse energie spiega la proprietà di confinamento dei quark: sono così fortemente legati fra loro da non poter essere osservati singolarmente.

L'ultimo passo da compiere è il più astruso e speculativo. Si tratta di accorpare alle tre interazioni già unificate anche la quarta, la gravità, un'impresa che sembra disperata perché non sappiamo se anche la gravità ha una natura quantistica e se esiste la particella mediatrice di quella forza (il gravitone). I fisici teorici non sono riusciti finora a scalare o ad abbattere questo muro, che li separa dalla Teoria del Tutto. In ogni caso, se unificazione generale ci dev'essere, si pensa che potrebbe verificarsi a un'energia tra mille e diecimila volte ancora più elevata della GUT, forse a quella che viene detta *energia di Planck* (E_p), una grandezza definita in termini di costanti fisiche universali: $E_p = c^2 \cdot (ch/G)^{1/2} \approx 10^{28}$ eV $= 10^{19}$ GeV.

[*5] In realtà, v'è una leggera dipendenza dalla massa anche per la α_E, ma è molto debole e la possiamo trascurare.

8 L'Universo dei primordi e l'inflazione

L'era di Planck

Per i fisici, l'energia di Planck è una grandezza fortemente evocativa. È infatti l'energia equivalente alla cosiddetta *massa di Planck*, $M_P = (ch/2\pi G)^{1/2}$, e questa è la massa per la quale la corrispondente lunghezza d'onda Compton è pari al proprio raggio di Schwarzschild. Un modo decisamente criptico d'esprimerci, ma sostanzialmente si vuol dire questo: che nella massa di Planck convergono concetti e fenomenologie apparentemente inconciliabili, come sono quelli della meccanica quantistica (la *lunghezza d'onda Compton* di una particella è una grandezza tipicamente quantistica) e della gravitazione (il *raggio di Schwarzschild* è la dimensione caratteristica dell'orizzonte degli eventi di un buco nero). Si pensa perciò che all'energia di Planck gli effetti quanto-gravitazionali debbano essere dominanti, di modo che la tradizionale descrizione della gravità offerta dalla Relatività Generale, che non contempla l'idea della quantizzazione, risulta inadeguata e, di fatto, inservibile: ecco perché si è portati a pensare che proprio all'energia di Planck la gravità potrebbe sposarsi con la fisica quantistica. Ma non chiedete ai fisici come si svolge la cerimonia, o cosa ciò comporti, perché non vi saprebbero rispondere: infatti, sono ancora ben lontani dall'aver formulato una coerente teoria quantistica della gravità.

Tutto ciò significa che, al di sopra dell'energia di Planck, 10^{19} GeV, il mondo non è descrivibile dalla fisica che conosciamo. Solo quando i teorici sapranno proporre una nuova teoria della gravità, connotata da caratteri quantistici, potremo osare spingerci oltre con le nostre speculazioni, verso il tempo zero; ma non adesso, poiché non siamo attrezzati per farlo. Perciò, l'epoca cosmica contraddistinta da questa energia è l'epoca più primordiale sulla quale fisici e cosmologi possono pronunciarsi. Non è possibile avventurarsi oltre. *Hic sunt leones*: al di là di questo confine l'Universo parla una lingua che i fisici ancora non conoscono e l'istante estremo corrispondente è detto *era di Planck*.

Era di Planck ($t = 10^{-44}$s; $T = 10^{32}$ K; $E = 10^{28}$ eV)

Se in tempi precedenti a questo tutte le interazioni erano unificate in un'unica forza, subito dopo l'era di Planck la forza gravitazionale si distacca dalle altre e acquisisce la sua specificità. Si entra perciò in quella che è detta l'*era GUT*, della Grande Unificazione, che vede ancora unificate le interazioni elettrodebole e forte. Trascorsa una minuscola frazione di secondo, anche l'interazione forte si stacca dalle altre e acquisisce una propria autonomia. Abbiamo già visto che la fine dell'era GUT scocca quando l'energia di scambio è scesa attorno a 10^{15} GeV (10^{24} eV).

Era GUT ($t = 10^{-36}$s; $T = 10^{28}$ K; $E = 10^{24}$ eV)

E proprio al termine dell'era della Grande Unificazione si verifica l'evento di gran lunga più importante dell'Universo primordiale, destinato a plasmare le ca-

Alan Guth (1947-) fu il primo, nel 1981, a sviluppare l'idea dell'inflazione, quand'era ricercatore alla Stanford University. Ora è docente di fisica al Massachusetts Institute of Technology.

ratteristiche fisiche e dinamiche del Cosmo e a contrassegnarne tutta l'evoluzione futura. È ciò che i cosmologi chiamano *inflazione*, termine con il quale indicano una super-espansione esponenziale che in un tempo brevissimo (dell'ordine di 10^{-34}s) determina un formidabile aumento del fattore di scala (l'incremento è dell'ordine di 10^{45}-10^{50}!). I numeri sono così grandi da mettere in crisi la nostra intuizione. Se pensassimo a una capocchia di spillo che di colpo diventa grande quanto l'intero Universo attualmente osservabile, avremmo solo una pallida immagine di ciò che avvenne in realtà: il paragone regge se moltiplichiamo ulteriormente questa formidabile crescita per un miliardo di miliardi di volte! Al solito, non suoni strano il fatto che evidentemente l'espansione fu superluminale: ad espandersi più veloce della luce non è infatti un corpo materiale che si muove nello spazio, ma lo spazio stesso.

L'idea della super-espansione venne avanzata dal cosmologo americano Alan Guth nei primi anni Ottanta del secolo scorso nel tentativo di risolvere il problema della mancata osservazione dei *monopoli magnetici*, che i teorici prevedevano si sarebbero dovuti produrre in gran quantità al termine dell'era GUT. I monopoli magnetici dovrebbero essere particelle stabili, di massa molto elevata: essenzialmente sono campi magnetici esotici, costituiti da un solo polo (nei magneti troviamo sempre due poli inscindibili, il nord e il sud), e dovrebbero rappresentare una delle componenti materiali più abbondanti nell'Universo. Eppure, a dispetto delle attese, ogni sforzo per metterne in luce l'esistenza s'è finora dimostrato vano. Per giustificare la mancata rivelazione, Guth immaginò che una formidabile espansione, realizzatasi in un tempo brevissimo, possa aver dilatato il volume del Cosmo in misura tale da diluire la distribuzione dei monopoli, riducendone drasticamente la densità e, con ciò, la probabilità di scoprirli.

L'inflazione, per come venne concepita, è la più classica delle ipotesi *ad hoc*. Nell'impossibilità di prevedere per via teorica i valori dei suoi parametri caratteristici, come l'entità della super-espansione o la sua durata, si suole assumere (a posteriori) valori che praticamente azzerano la probabilità di rivelazione dei monopoli magnetici. Con una super-espansione del fattore di scala di 10^{45}-10^{50} volte, la densità dei monopoli è così attenuata da non trovarne più nemmeno uno all'interno dell'Universo osservabile.

Quella dell'inflazione è un'idea che si colloca a metà strada tra una congettura fisica e una supposizione vagamente metafisica, in quanto sostanzialmente non verificabile. Eppure, questa ipotesi sommamente speculativa è diventata ormai un caposaldo irrinunciabile per i cosmologi. Nessuno sa con certezza quale possa essere il meccanismo che la innescò. Inizialmente, Guth propose che il vuoto fisico fosse andato soggetto a una transizione nella sua densità d'energia che lo fece precipitare da una condizione metastabile di "falso vuoto" a quella di vuoto "vero": qualcosa di simile al salto di livello verso il basso di un elettrone in un atomo che si diseccita, o meglio ancora al rilascio di calore latente nelle transizioni di fase (con riferimento alla transizione che si ha con la rottura di simmetria delle forze della Grande Unificazione). In seguito, si è preferito pensare che responsabili dell'inflazione siano stati un campo e una particella associata (l'*inflatone*). Ma siamo nel campo delle mere ipotesi.

I problemi che l'inflazione risolve

Benché fisici e cosmologi brancolino nel buio per ciò che riguarda il meccanismo scatenante, l'idea dell'inflazione s'è via via affermata negli ultimi decenni per il fatto che fornisce risposte relativamente semplici e naturali ad alcuni dei principali problemi, apparentemente insolubili, che trent'anni fa mettevano in crisi il modello classico del Big Bang.

Uno di questi è noto come *problema dell'orizzonte*. Se puntiamo il telescopio in parti opposte del cielo e facciamo un'osservazione profonda, inquadrando oggetti lontani molti miliardi di anni luce, possiamo essere certi che tali oggetti non hanno mai avuto modo di scambiarsi informazioni, ossia di entrare in contatto causale l'uno con l'altro. Se ci spingiamo fino alla sorgente più lontana in assoluto che ci è dato osservare, che è la superficie dell'ultimo *scattering*, i cosmologi ci assicurano che due punti A e B di tale superficie che in cielo siano separati più di un paio di gradi in precedenza non erano mai entrati l'uno nell'orizzonte osservativo dell'altro, perché a quella distanza angolare corrisponde una distanza lineare maggiore dello spazio che la luce avrebbe potuto percorrere dall'inizio dei tempi fino all'era in cui osserviamo i due punti, che è l'era della ricombinazione. Dunque, A e B non possono sapere niente l'uno dell'altro, né hanno mai potuto stabilire un contatto fisico fra loro: eppure, le misure di due recenti missioni spaziali, la COBE e la WMAP, ci dicono che hanno la stessa temperatura, a meno di una parte su centomila. E così tutti i punti della superficie dell'ultimo *scattering*, separati da distanze angolari ancora maggiori.

Tutto ciò pare semplicemente assurdo. Come possono essersi accordate con tale perfetta sintonia le varie parti della superficie senza mai aver avuto la possibilità di "parlarsi", di mettersi in equilibrio attraverso urti termalizzanti? Questo è il succo del problema dell'orizzonte. Se una bella mattina mille impiegati di Milano, altrettanti di New York, di Londra e di Shanghai, persone che mai hanno avuto occasione di conoscersi e di parlarsi, che non leggono gli stessi giornali e non vedono gli stessi programmi TV, entrassero nei loro uffici sfoggiando la stessa cravatta gialla a *pois* verdi su una camicia amaranto infilata in pantaloni arancione, forse che non ci sarebbe da restare esterrefatti (per la coincidenza, s'intende, più che per la *mise* orripilante)?

L'inflazione può dare una spiegazione molto naturale alla condizione di generale uniformità termica della superficie dell'ultimo *scattering*: i suoi punti hanno la stessa temperatura perché avevano già raggiunto una situazione d'equilibrio prima che avvenisse la super-espansione, quando erano tutti molto più vicini fra loro, in contatto causale, ciascuno all'interno dell'orizzonte osservativo di ciascun altro. Fu l'espansione esponenziale dell'inflazione a dilatare a dismisura quelle minuscole regioni omogenee e termalizzate. L'apparente paradosso dell'omogeneità nasce dal fatto che la super-espansione ha dilatato così fortemente il fattore di scala che le attuali distanze tra due punti, un tempo in contatto, sono divenute più estese degli orizzonti causali.

Altro grave problema che affliggeva la teoria standard del Big Bang era quello noto come *problema della piattezza*. Si tratta di questo. Nel capitolo 6 abbiamo introdotto il concetto di densità critica e il parametro di densità Ω_0, che è pari a 1 se la densità dell'Universo è proprio quella critica. A priori, la densità attuale del Cosmo potrebbe essere anche molto diversa dal valore critico, per esempio mille volte maggiore o minore. Invece, le osservazioni degli anni Settanta e Ottanta fornivano stime per Ω_0 che poco si discostavano dall'unità.

Ebbene, in tutti i modelli FRW risulta che il valore del parametro di densità va sempre più divergendo da 1 con il trascorrere del tempo cosmico: se nel lontano passato era maggiore di 1, oggi deve esserlo ancora di più; se era minore di 1, oggi deve esserlo in misura ancora maggiore. $\Omega = 1$ è una sorta di situazione d'equilibrio instabile, come quando sulla sommità aguzza di una collinetta viene posata una sfera: se all'inizio l'equilibrio è perfetto, la sfera se ne rimarrà lassù per sempre, se non lo è, rotolerà verso il basso, indifferentemente da un versante o dall'altro, allontanandosi sempre più dalla vetta. Analogamente, il parametro di densità o vale 1, e così sarà per sempre, oppure si discosta sempre più da 1 con l'andare del tempo. Se oggi è solo poco diverso da 1, per esempio se fosse $\Omega_0 = 0,8$, all'era della ricombinazione doveva essere molto più vicino all'unità – precisamente $\Omega = 0,9998$ – e in tempi precedenti lo scostamento da 1 sarebbe stato ancora minore, interessando semmai la decima, la ventesima o la trentesima cifra decimale, a seconda dell'epoca cosmica a cui ci si riferisce. Analogamente, se oggi fosse $\Omega_0 = 1,2$, all'era della ricombinazione doveva essere $\Omega = 1,0002$ e sarebbe stato ancora più vicino a 1 in epoche precedenti. In definitiva, il fatto che stimiamo (con tutte le incertezze del caso) la densità attuale poco diversa da quella critica implica che, verosimilmente, l'Universo nacque proprio con la densità critica. Se così fosse, anche nell'Universo attuale si dovrebbe misurare esattamente $\Omega_0 = 1$.

C'è una ragione per cui l'Universo dovrebbe essere nato con la densità critica? Per quanti sforzi facessero, i cosmologi non sapevano dare una spiegazione a questa singolare circostanza. Certo è che se la densità all'origine fosse stata molto maggiore di quella critica, il destino dell'Universo sarebbe stato di collassare su se stesso in un tempo breve, e noi non saremmo qui a parlarne; ugualmente, la nostra esistenza sarebbe stata impossibile se la densità iniziale fosse stata molto minore di quella critica, perché allora l'espansione avrebbe impedito alla materia di aggregarsi in galassie, stelle e pianeti. Per i fautori del Principio Antropico forte, l'idea filosofica secondo la quale ci sarebbe un fine nell'Universo, riconducibile alla comparsa dell'uomo sulla Terra, quello della densità iniziale è uno degli argomenti più persuasivi: il Cosmo è nato proprio con quella densità perché solo in tal modo, a un certo punto della sua storia evolutiva, dalla materia è potuta scaturire la vita intelligente. Per i fisici, che all'inizio dovesse essere proprio $\Omega = 1$ era una di quelle strane, curiose coincidenze a cui in genere si guarda con sospetto. Quando però fu proposta l'inflazione, la spiegazione apparve subito naturale.

Consideriamo la nostra esperienza quotidiana. Noi ci muoviamo sulla superficie di un pianeta sferico, con un raggio di curvatura di circa 6400 km, ma la sensazione che abbiamo è di stare su una superficie piatta. Quando, seduti sulla spiaggia, guardiamo il lontano orizzonte, la linea che si presenta ai nostri occhi è un segmento

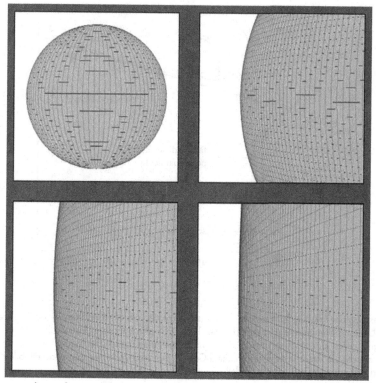

L'espansione di una sfera rende la sua superficie via via sempre più piatta. La super-espansione causata dall'inflazione ha imposto all'Universo una geometria piana, il che comporta, per la Relatività Generale, che la densità sia pari a quella critica. (adattato da un articolo divulgativo di A. Guth)

rettilineo. Si dice che dovremmo accorgerci della curvatura della superficie del mare osservando un lontano veliero che, scomparendo all'orizzonte, dapprima s'affossa con lo scafo e solo in seguito con l'albero e le vele più alte; in realtà, senza ausili ottici è abbastanza difficile fare quest'esperienza nel concreto. E, d'altra parte, il prato attorno alla casa è pianeggiante; l'autostrada è un nastro d'asfalto che corre in piano per chilometri e chilometri; nel deserto, la distesa di sabbia sembra estendersi all'infinito senza alcuna curvatura, proprio come l'acqua del mare. Tutto lo spazio che ci circonda ci appare piatto, come se la superficie terrestre fosse una sconfinata area piana. Sappiamo bene che è sferica, ma il raggio di curvatura è così grande, se rapportato alle distanze con cui ci misuriamo nella vita di tutti i giorni, che non avvertiamo alcun accenno di convessità. Sarebbe ben diverso se la Terra fosse mille volte più piccola, una sfera di 6-7 km di raggio: in tal caso, l'orizzonte si paleserebbe curvo e ci convincerebbe subito della forma sferica del pianeta.

Tutto questo per dire che se qualche meccanismo operante su un oggetto sferico lo potesse dilatare di colpo di un fattore mille, oppure un milione, diventerebbe arduo rendersi conto della curvatura della sua superficie. Nell'Universo dei primordi l'inflazione dilata la struttura spaziotemporale non di un milione (10^6) di volte, ma addirittura di un fattore 10^{45}-10^{50}: qualunque fosse la curvatura prima

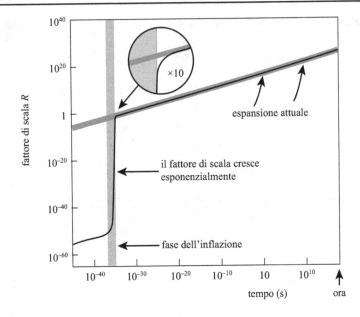

Se l'espansione fosse sempre proceduta ai tassi di crescita attuali (linea spessa), estrapoleremmo per l'Universo primordiale un fattore di scala 10^{45}-10^{50} volte maggiore di quello che fu veramente. Bisogna invece ipotizzare un evento come l'inflazione (linea sottile), che in una frazione infinitesimale di secondo espande poderosamente il Cosmo, per dare una spiegazione accettabile al problema dell'orizzonte e al problema della piattezza.

dello scatenarsi della super-espansione, alla fine lo spaziotempo risulta essere piatto.

Uno spazio piano, euclideo, comporta che alla fine del periodo inflattivo la densità d'energia dell'Universo sia praticamente quella critica: "praticamente" significa che non è necessariamente pari al valore critico, ma che semmai se ne discosta di un soffio.

Da notare che tutti i diversi modelli d'inflazione fin qui proposti contemplano che la densità e la temperatura dell'Universo alla fine di quella fase abbiano gli stessi valori che c'erano all'inizio. Con una differenza, però. La densità permane costante per tutta la fase dell'inflazione e alla fine si ritrova ad essere quella critica per l'Universo emerso dalla super-espansione. Invece, la temperatura non resta costante. Mentre lo spazio cresce poderosamente, essa cala di molto e si pensa che l'Universo si doti di una forma di energia del vuoto che è quella indicata per conferire allo spazio una geometria piana; solo alla fine dell'inflazione parte di quell'energia viene liberata sotto forma di radiazione e di particelle, che si troveranno in perfetto equilibrio a valori di temperatura ritornati quelli del periodo pre-inflazione.

La super-espansione fa piazza pulita di tutto quanto esisteva prima dell'inflazione. Le eventuali particelle preesistenti si diluiscono ancor più dei monopoli, che erano la componente materiale predominante, riducendo la loro densità a valori assolutamente trascurabili. Di fatto, è come se svanissero nel nulla. Tutto quanto compone l'Universo che conosciamo nasce dunque a seguito dell'inflazione, da quella frazione dell'energia del vuoto che viene convertita in particelle e radiazione.

8 L'Universo dei primordi e l'inflazione

Una provvidenziale asimmetria

Subito dopo l'inflazione, l'Universo è un calderone ribollente, un minestrone i cui ingredienti sono tutte le particelle elementari elencate nella tabella di pag. 144. Ci sono i quark e i leptoni, con le loro antiparticelle, nonché tutti i bosoni mediatori delle interazioni: fotoni, gluoni, W^+, W^- e Z^0. Tutte le particelle sono presenti praticamente nello stesso numero, e in perfetto equilibrio termico, ossia con la medesima distribuzione in energia. L'energia disponibile è più che sufficiente per ricreare in continuazione le particelle che si annichilano con le rispettive controparti di antimateria. Come il giocoliere del circo che fa roteare le clave e che ne lancia verso l'alto tante quante gliene ricadono fra le mani, così un quark o un elettrone scaturiscono con le loro antiparticelle da fotoni che si materializzano, ma, come le clave, non vanno molto lontano perché subito incontrano le loro rispettive antiparticelle e spariscono generando coppie di fotoni. Il ciclo si ripete incessantemente.

C'è però una sottile asimmetria che i fisici e i cosmologi non sanno del tutto spiegare ed è una leggera prevalenza nel numero finale delle particelle di materia rispetto alle controparti d'antimateria. Un'asimmetria provvidenziale, perché, se non ci fosse stata, l'Universo attuale sarebbe un oceano di pura radiazione dentro il quale non esisterebbero corpi materiali, come stelle e galassie, come la Terra e il genere umano. Il fatto indubitabile che noi ci siamo, e così le stelle sulla volta celeste, dimostra che evidentemente nell'Universo primordiale doveva esistere un *surplus* di materia rispetto all'antimateria, per esempio 11 quark a fronte di 10 antiquark, di modo che alla fine, quando tutte le particelle avranno avuto il tempo di incontrarsi nell'abbraccio mortale che le annichilirà, troveremo 1 quark sopravvissuto e 20 fotoni, che sono il frutto delle dieci reazioni d'annichilazione.

Questi numeri ce li siamo inventati, ma non è difficile stimare quale fu l'effettivo squilibrio iniziale tra materia e antimateria. Basta infatti contare quanti fotoni vagano attualmente nell'Universo e confrontare il loro numero con quello dei protoni, o degli elettroni. Le misure ci dicono che esistono grosso modo 10^9 fotoni per ogni protone (si veda la nota 2 del capitolo 7) ed è questo l'ordine di grandezza dell'asimmetria in favore della materia. Per ogni miliardo di antiquark c'era un miliardo di quark, più uno: quest'ultimo è il sopravvissuto, affogato in due miliardi di fotoni.

A che si deve lo squilibrio? È difficile pensare che sia congenito, che l'Universo sia nato con quel peccato originale. Piuttosto, i fisici sospettano che agli elevatissimi valori d'energia caratteristici di quell'era cosmica possono avvenire certe reazioni che non rispettano due fondamentali leggi di conservazione, quella del numero barionico (che vale +1 per una particella di materia e –1 per una particella d'antimateria) e quella del numero leptonico (+1 e –1 rispettivamente per un leptone e un antileptone): a seguito di tali reazioni, l'Universo, nato con numero barionico e leptonico totali pari a zero, si ritroverà con i due numeri positivi. I precisi meccanismi responsabili di questa asimmetria non sono stati ancora chiariti, nonostante che nei laboratori di fisica delle particelle si lavori da decenni per individuarli. In ogni caso, come ebbe a rilevare quasi cinquant'anni fa il fisico russo Andrei Sakharov, le leggi della fisica non escludono che il decadimento spontaneo di particelle possa procedere con tempi e modalità leggermente differenti quando interessa i quark rispetto a quando sono coinvolti gli antiquark.

Negli ultimi anni si sono susseguiti annunci dell'effettiva osservazione di tali asimmetrie nelle reazioni di decadimento di certe particelle (i mesoni B) da parte di gruppi impegnati in esperimenti al Tevatron, l'acceleratore del Fermi National

Laboratory di Batavia (Illinois, USA), ma i risultati non sono mai stati così netti da farli accettare come definitivi dalla comunità dei fisici. Grosse speranze per arricchire la statistica e confermare o smentire queste conclusioni vengono riposte negli esperimenti che si stanno conducendo al Large Hadron Collider del CERN di Ginevra, ove si toccano energie più elevate. Tra l'altro, le asimmetrie osservate in quei decadimenti non sarebbero spiegabili all'interno del modello standard delle particelle elementari e suggerirebbero la necessità di un suo completamento con l'estensione nota come *Supersimmetria*, che potrebbe altresì illuminarci sulla natura di quella misteriosa materia oscura che costituisce la componente dominante della materia universale.

La nucleosintesi primordiale

Il tempo scorre veloce nell'Universo primordiale e non succede nulla di significativo dalla fine dell'inflazione fino al termine della fase in cui l'interazione debole resta unificata con l'elettromagnetica.

Era dell'unificazione elettrodebole ($t = 10^{-10}$s; $T = 10^{15}$ K; $E = 3,5 \cdot 10^{11}$ eV)

I fisici pensano che a energie superiori a circa 350 GeV, quando le due forze erano ancora unificate, anche le particelle mediatrici dell'interazione debole erano senza massa, come i fotoni. Solo alla transizione di fase che segna la fine dell'unificazione, le W^+, W^- e Z^0 acquisiscono massa (attraverso un meccanismo che chiama in causa l'ipotetica *particella di Higgs*) e perciò si differenziano nettamente dai fotoni. Fra l'altro, la loro massa estremamente elevata – poco meno di un centinaio di volte quella del protone – implica che sia estremamente limitato il raggio d'azione della forza che esse trasmettono: è così che l'interazione debole prende una sua forma autonoma e una precisa identità. Al contempo, le W^+, W^- e Z^0 cessano d'essere presenti come particelle libere perché ormai l'energia di scambio disponibile nell'Universo è troppo bassa per produrle dalla materializzazione dei fotoni.

Transizione di fase quark-adroni ($t = 5 \cdot 10^{-4}$s; $T = 7 \cdot 10^{11}$ K; $E = 2 \cdot 10^8$ eV)

Poco oltre, quando l'energia d'interazione scende sotto i 200 MeV, anche i quark e gli antiquark spariscono come particelle libere (si annichilano senza più potersi materializzare) e semmai sopravvivono solo combinandosi fra loro in tripletti (barioni) o doppietti (mesoni) rigorosamente acromatici, in osservanza alla proprietà di confinamento.

Le particelle costituite da combinazioni di quark sono dette *adroni* e sono molteplici, ma le più importanti e stabili sono i protoni e i neutroni. I secondi, leggermente più massicci dei primi, non sono stabili in assoluto, poiché quando sono liberi decadono in protoni, ma la loro vita media di circa quindici minuti è lunghissima rispetto all'età dell'Universo (di allora). Le masse dei protoni e dei neutroni sono dell'ordine di 1 GeV/c^2 (rispettivamente 938,3 MeV/c^2 e 939,6 MeV/c^2), di modo che ormai non c'è più energia sufficiente per la materializzazione di coppie di protoni-antiprotoni e neutroni-antineutroni: le coppie esistenti vanno via via sparendo senza possibilità di rimpiazzo, le loro annichilazioni inondano l'Universo di fotoni, l'antimateria barionica sparisce e resta l'eccesso di materia di cui si è detto. Sopravvive però ancora l'antimateria leptonica: l'energia disponibile è sufficientemente elevata da produrre facilmente coppie di elettroni-positroni (i positroni sono gli antielettroni, cioè elettroni con carica elettrica positiva; l'energia di massa degli elettroni è di circa mezzo MeV/c^2).

La differenza di massa di 1,3 MeV/c^2 tra neutroni e protoni, a favore dei primi, gioca un ruolo determinante nel fissare le caratteristiche chimiche dell'Universo uscito dal Big Bang. Quando le energie di scambio sono molto più elevate di 1,3 MeV, neutroni e protoni sono presenti in numero pressoché identico, perché neutrini e antineutrini sono artefici di reazioni che trasformano i primi nei secondi, e viceversa. Man mano che la temperatura e l'energia calano – quest'ultima avvicinandosi al valore di 1,3 MeV – le particelle più stabili, ossia le meno massicce (i protoni), sono sempre più abbondanti. All'epoca detta del

Disaccoppiamento dei neutrini ($t = 0,7$s; $T = 2 \cdot 10^{10}$ K; $E = 5 \cdot 10^6$ eV)

quando l'energia d'interazione è intorno ai 5 MeV, la densità dell'Universo è calata così tanto da far crollare praticamente a zero la frequenza delle reazioni dei neutrini con i barioni e con la radiazione. Da questo momento, i neutrini cessano d'essere coinvolti in reazioni che, succedendosi senza sosta, li imbrigliavano, e sono liberi di vagare per l'Universo, dove vanno a costituire un fondo cosmico la cui temperatura dovrebbe aggirarsi attualmente attorno a 2 K. La conquista della libertà di sciamare indisturbati per il Cosmo riguarderà più avanti anche i fotoni: l'era del disaccoppiamento dei neutrini è l'analogo dell'era della ricombinazione per i fotoni. Il fondo dei fotoni è però leggermente più caldo (3 K) per una ragione che vedremo fra poche righe.

Venendo a mancare i neutrini, che hanno rappresentato le fonti primarie della trasformazione dei protoni in neutroni, e viceversa, le sole reazioni che conducono al medesimo risultato sono ora quelle che hanno per protagonisti gli elettroni e i positroni: i primi, interagendo con un protone, danno vita a un neutrone più un neutrino; i secondi, unendosi a un neutrone, producono un protone e un antineutrino. Ma anche elettroni e positroni verranno ben presto a mancare, poco tempo dopo il disaccoppiamento dei neutrini, quando l'energia di scambio scende sotto 1 MeV, che è il minimo richiesto per la loro materializzazione. Mentre le coppie elettrone-positrone spariscono per annichilazione, sopravvivrà una piccola frazione di elettroni, giusto quelli che con la loro carica elettrica negativa neutralizzeranno la carica positiva dei protoni e l'Universo intero. La liberazione d'energia conseguente alle annichilazioni immetterà calore nell'Universo ed è questo il motivo per cui il fondo dei fotoni è un poco più caldo di quello dei neutrini[*1].

Senza più neutrini, né elettroni, capaci d'alterare il rapporto numerico tra protoni e neutroni, questo si fisserà su un valore che è dettato dalla differenza di massa tra le due particelle: grosso modo, risulta che, quando l'Universo aveva qualche secondo di vita, per ogni 13 protoni c'erano 3 neutroni. Se la differenza tra le masse fosse stata maggiore di 1,3 MeV/c^2, il divario numerico sarebbe stato maggiore, e viceversa.

Alle temperature e alle densità che si riscontrano in questa fase, che sono enormemente maggiori di quelle presenti nei noccioli stellari, le reazioni tra nucleoni (come vengono collettivamente chiamati i protoni e i neutroni, in quanto costituenti del nucleo atomico) avvengono a tassi elevatissimi, ma non producono niente di

---

[*1] Gli episodi d'annichilazione immettono energia e fanno salire la temperatura dell'Universo. Per questo motivo, le relazioni matematiche (7.3) devono essere riguardate come espressioni valide solo in prima approssimazione.

stabile, nulla che possa sopravvivere in quell'ambiente infernale. Infatti, l'energia di scambio disponibile è molto maggiore dell'energia di legame tra i nucleoni dei prodotti finali, di modo che l'impatto di uno dei numerosi fotoni presenti rompe ogni vincolo e restituisce allo stato libero i componenti di ogni nucleo appena formatosi.

Il prodotto più naturale delle reazioni è il deuterone, che è il nucleo del deuterio, l'"idrogeno pesante" (^{2}H): a differenza dell'idrogeno (^{1}H), il cui nucleo è costituito da un protone, il deuterio ha per nucleo un protone e un neutrone. È l'isotopo dell'idrogeno di massa atomica 2. Le reazioni potranno però cominciare a dare qualche frutto stabile solo dal momento in cui l'energia di scambio scenderà sotto quella di legame, che è di 2,2 MeV. Tuttavia, sappiamo che per ogni barione esiste un miliardo di fotoni, molti dei quali con un'energia maggiore di quella media (insieme a molti altri con energia più bassa). Il calcolo statistico ci dice che diventa trascurabile la probabilità che anche uno solo di quel miliardo abbia un'energia maggiore di 2,2 MeV solo quando l'energia di scambio è di circa 300 keV, ovvero all'epoca cosmica:

Inizio della nucleosintesi primordiale ($t = 200$s; $T = 1 \cdot 10^9$ K; $E = 3 \cdot 10^5$ eV)

Da questo momento in poi l'Universo è una fornace nucleare che sintetizza nuclei di deuterio, i quali si accumulano in abbondanza e, per cattura neutronica (la reazione ipotizzata da Gamow), iniziano a produrre il trizio (^{3}H), che è l'isotopo dell'idrogeno di massa atomica 3; da questo, con la cattura di un protone (ma anche per altre vie) si forma l'elio (^{4}He), il cui nucleo ha una struttura estremamente stabile, e infine, a partire dall'elio, prende corpo il principale isotopo del litio (^{7}Li), ma in quantità irrisorie (un nucleo di ^{7}Li ogni circa 10 miliardi di protoni). I processi non vanno oltre, perché inciampano nel doppio "vallo" alle masse atomiche 5 e 8 di cui si è già parlato nel precedente capitolo.

L'Universo è una sorta di nocciolo stellare su larga scala, una grandiosa stella che "cucina" gli elementi chimici. Mentre però nelle stelle le condizioni di temperatura e pressione possono mantenersi pressoché inalterate per milioni o miliardi di anni, la fucina universale è un ambiente che, espandendosi, si raffredda velocemente e cala di densità, di modo che anche i tassi delle reazioni vanno decrescendo nel tempo. La nucleosintesi primordiale dura circa 700 secondi e s'interrompe quando la temperatura scende al di sotto di circa 500 milioni di gradi:

Fine della nucleosintesi primordiale ($t = 900$s; $T = 5 \cdot 10^8$ K; $E = 1,5 \cdot 10^5$ eV)

Nella dozzina di minuti in cui la nucleosintesi procede si formano tutti gli elementi che, oltre all'idrogeno, rappresentano la dotazione materiale dell'Universo uscito dal Big Bang caldo. La varietà chimica è assai modesta: c'è l'idrogeno e c'è l'elio, con qualche isotopo di questi stessi elementi e un poco di litio.

Consideriamo l'elio. Quanto ci aspettiamo che se ne formi nella fase del Big Bang? La risposta che si dà a questa domanda è critica, perché soggetta a verifica osservativa diretta.

Se sommiamo tutto l'elio attualmente disperso nelle nebulose, nel mezzo interstellare e nelle atmosfere delle stelle troveremo la stessa quantità che venne sintetizzata nel primo quarto d'ora di esistenza del Cosmo. Sappiamo bene che anche le stelle producono elio nei loro noccioli, e che lo fanno per miliardi di anni.

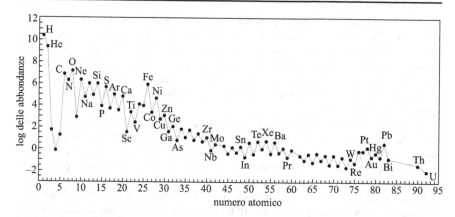

Le abbondanze degli elementi chimici misurate nel Sistema Solare sono rappresentative anche delle abbondanze cosmiche. Sull'asse verticale viene riportato il logaritmo in base 10 delle abbondanze. I valori sono stati normalizzati a quello del silicio, convenzionalmente fissato a 10^6. Come si vede, l'idrogeno e l'elio sono di gran lunga gli elementi più abbondanti, costituendo circa il 98% del totale; il rapporto in massa elio/idrogeno è pari a circa il 25%.

Tuttavia, molte stelle lo consumano per formare elementi più pesanti, come il carbonio e l'ossigeno; altre lo trattengono confinato nel profondo della loro struttura. In definitiva, sulla base di diverse linee di ragionamento, tenuto conto anche della straordinaria stabilità del nucleo dell'^{4}He, che lo rende praticamente indistruttibile, oltre che poco incline a combinarsi con altri nucleoni, gli astrofisici ci assicurano che l'elio che osserviamo nell'Universo è per il 98-99% quello primordiale e che il contributo stellare è pari soltanto a un misero 1-2%. Dunque, la sua abbondanza attuale può essere confrontata con quella che ci aspettiamo sia emersa dal Big Bang e siccome quest'ultima dipende in modo critico dal tempo quanto durò la nucleosintesi primordiale, nonché dall'andamento specifico della temperatura e della densità in quella dozzina di minuti, si capisce bene che la verifica sull'abbondanza dell'elio rappresenta un esame generale per gli scenari e per i modelli teorici adottati nella descrizione di queste delicatissime fasi della storia universale.

Dal disaccoppiamento dei neutrini e dalla successiva sparizione delle coppie elettroni-positroni fino all'inizio della nucleosintesi primordiale trascorsero circa 3 minuti. Poiché i neutroni liberi non sono particelle stabili, conoscendo la loro vita media si può calcolare quanti di essi decaddero in protoni in quel breve lasso di tempo. Dei 3 ogni 13 protoni che c'erano, uno in media decade, sicché le proporzioni mutarono in 2 neutroni ogni 14 protoni (i 13 iniziali, più il prodotto del decadimento). Ipotizzando che tutti i neutroni liberi vennero coinvolti nella produzione dell'^{4}He (il cui nucleo è fatto di 2 protoni e 2 neutroni), troveremo alla fine un nucleo di ^{4}He ogni 12 protoni, con una frazione in numero dell'8% e una frazione in massa[2] del 25%.

Con grande sollievo e soddisfazione dei cosmologi, tutte le misure fatte negli ultimi decenni sembrano concordare egregiamente con questa previsione. L'abbondanza dell'elio viene misurata per via spettroscopica soprattutto nelle regioni di certe galassie, come le compatte blu, in cui vi è stata una scarsa attività di formazione stellare e quindi di evoluzione chimica. Tali regioni sono particolarmente

---

[2] La frazione in numero è $n_{He} / n_{tot} = 1 / (12 + 1) = 0{,}08$, mentre la frazione in massa si calcola così: $m_{He} / m_{tot} = (1 \times 4) / (12 \times 1 + 1 \times 4) = 4 / 16 = 0{,}25$.

povere di elementi pesanti: sono meno "inquinate" dalla presenza di materia sintetizzata dalle stelle e perciò riflettono più da vicino le abbondanze cosmiche primordiali. Dati più precisi vengono dalle misure delle abbondanze nel Sole e nel Sistema Solare, e comunque la conclusione è sempre la stessa: la materia universale è costituita per il 98% da idrogeno ed elio (il restante 2% sono gli elementi pesanti prodotti dall'evoluzione stellare) e la frazione in massa elio/idrogeno è proprio attorno al 25%.

Poiché non esistono meccanismi stellari che possano giustificare una così elevata presenza dell'elio, la natura primordiale di questo elemento è fuori discussione. Il fatto poi che la proporzione riflette perfettamente quella prevista dai calcoli dei cosmologi viene considerato una prova fondamentale a favore del modello del Big Bang caldo e un test significativo della bontà dei parametri adottati nella scansione temporale degli eventi. Se, per esempio, l'andamento della temperatura non fosse stato quello previsto dagli attuali modelli, l'inizio della nucleosintesi non sarebbe occorso al tempo cosmico di 3 minuti: in particolare, se fosse avvenuto poco dopo, i neutroni avrebbero avuto più tempo per decadere e oggi avremmo una minore abbondanza di elio; viceversa, se fosse avvenuto prima, l'abbondanza sarebbe maggiore.

Un ulteriore test viene dalla fisica delle particelle. Negli anni Ottanta, non v'era certezza che le famiglie di neutrini fossero tre (si veda la tabella a pag. 144): sino a poco tempo prima si pensava che fossero due, ma, in linea di principio, avrebbero potuto essere anche quattro, cinque o più. La temperatura a cui avviene il disaccoppiamento dei neutrini dipende criticamente dal numero delle famiglie di neutrini presenti in natura e una temperatura più o meno elevata lascerebbe più o meno tempo all'instaurarsi dell'equilibrio statistico nel rapporto neutroni/protoni, con conseguenze sull'abbondanza dell'elio. Il dato del 25% viene previsto partendo dall'assunto che le famiglie neutriniche siano tre: dunque, la verifica positiva dell'abbondanza cosmica dell'elio suggeriva anche un'importante conclusione ai fisici teorici impegnati nella definizione del modello standard delle particelle elementari. Conclusione che verrà poi confermata molti anni dopo nei laboratori di fisica nucleare dall'osservazione dei modi in cui decade la particella Z^0, la cui interpretazione teorica porterà a fissare definitivamente a tre il numero delle famiglie neutriniche[*3].

Si è detto che la nucleosintesi primordiale produce, oltre che idrogeno (^1H) ed elio (^4He), anche altri (pochi) nuclidi stabili: il deuterone (^2H), l'isotopo ^3He dell'elio e il ^7Li. Calcoli teorici indicano che le abbondanze di questi nuclidi sono fortemente sensibili alla densità dei barioni (protoni e neutroni) che si registrava in quella dozzina di minuti in cui l'Universo forgiò i primi elementi. Si calcola infatti che una densità barionica elevata avrebbe reso più efficace l'incorporazione dei neutroni nell'^4He, lasciandone pochi disponibili per la formazione del deuterone: avremmo dunque avuto poco deuterio se i barioni fossero stati numerosi, e viceversa. D'altra parte, è naturale pensare che la densità di barioni di allora abbia determinato la densità al tempo presente: più ce n'era, più ce n'è (e viceversa). Ciò significa che se riuscissimo a stimare la densità primordiale del deuterio potremmo avere un'indicazione di quale sia la densità barionica attuale.

Ma non è un controsenso quanto stiamo dicendo? Dopotutto, misurare la densità attuale dei barioni dovrebbe essere più facile che non stimare quale fosse l'abbondanza di un particolare nuclide quattordici miliardi di anni fa. In realtà, non è che venti o trent'anni fa mancassero stime della densità attuale dei barioni, ed

---

[*3] In realtà, i dati più recenti (2010) della missione WMAP della NASA sembrano rimettere in discussione il numero delle famiglie neutriniche: potrebbero essere quattro. La questione è aperta.

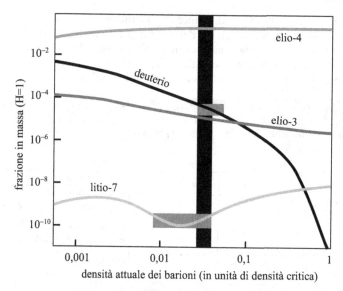

Le abbondanze degli elementi leggeri sintetizzati nel Big Bang dipendono dalla densità dei barioni all'epoca e, di riflesso, da quella attuale, qui riportata sull'asse delle ascisse in scala logaritmica come parametro di densità (Ω_{b0}). Le abbondanze dell'elio-4 e dell'elio-3 non sono particolarmente sensibili a Ω_{b0}: lo sono invece quelle del litio-7 e soprattutto del deuterio. I rettangoli sono rappresentativi delle misure, con le relative incertezze: la banda scura verticale definisce l'intervallo di valori di Ω_{b0} compatibili con esse. È un intervallo abbastanza ristretto, compreso fra il 4 e il 5% della densità critica.

erano anche buone stime (oggi lo possiamo dire); ma allora suscitavano incertezze e perplessità, perché parevano troppo basse. Una volta accolto nel modello standard lo scenario dell'inflazione, si era portati a pensare che la densità totale dell'Universo dovesse essere quella critica, e la densità totale si pensava che coincidesse con quella della sola componente materiale, stante che la radiazione contribuisce per una frazione trascurabile e che in quegli anni la stragrande maggioranza dei cosmologi aveva archiviato l'ipotesi della costante cosmologica. Poiché le misure assegnavano ai barioni una densità che era meno di un decimo di quella critica, si era costretti a invocare un contributo della materia oscura alla densità totale dieci o venti volte maggiore di quello della materia luminosa. Il che sembrava eccessivo. Da qui l'importanza di ottenere una stima indipendente della densità barionica, che servisse da confronto e verifica.

Naturalmente, valutare la densità del deuterio primordiale non è un'impresa semplice, perché il deuterio è un nuclide fragile, che viene facilmente fotodissociato dalla radiazione in ambienti caldi come sono gli interni stellari, il che comporta che si debbano interpretare le misure introducendo correzioni – con tutte le insidie del caso – per rapportare l'abbondanza attuale a quella primordiale. Ma si può fare. E lo si fa anche per il ⁷Li e per l'isotopo ³He, le cui abbondanze sono altrettanto sensibilmente dipendenti da quella dei barioni. Dal confronto dei tre risultati indipendenti, gli studi condotti negli ultimi vent'anni convergono verso la conclusione importantissima che l'attuale densità dei barioni rappresenta al più il 4-5% della densità critica.

Capire l'Universo

Poiché altri studi, relativi alla dinamica degli ammassi di galassie e alle super-novae lontane, trovano per la densità della componente materiale dell'Universo un valore pari al 25-30% della densità critica, abbiamo una chiara indicazione del fatto che i barioni costituiscono solo all'incirca 1/6 della componente materiale dell'Universo, il resto essendo materia oscura non-barionica.

	tempo	temperatura (K)	energia	particelle presenti	eventi
Cronologia del Big Bang					
Era di Plank				monopoli	Big Bang
					Tutte le forze sono unificate
	10^{-44}s	10^{32}	10^{19} GeV		Fine dell'Era di Planck. La gravitazione si separa dalle altre forze.
Era GUT	10^{-36}s	10^{28}	10^{15} GeV		Fine dell'Era GUT. L'interazione forte si separa dalle altre. **Inflazione!**
	10^{-34}s (?)				Fine dell'inflazione. Il fattore di scala è cresciuto di 10^{45}-10^{50} volte.
Era elettrodebole				quark, leptoni, gluoni, bosoni mediatori elettrodeboli; controparti d'antimateria	Leggera prevalenza della materia sull'antimateria.
	10^{-10}s	10^{15}	350 GeV	quark, leptoni, gluoni, fotoni; controparti d'antimateria	Fine dell'Era elettrodebole. L'interazione debole si separa dall'elettromagnetica. W^+, W^-, Z^0 acquisiscono massa e spariscono come particelle libere.
Era degli adroni	10^{-4}s	10^{12}	200 MeV	barioni, mesoni, leptoni, fotoni; controparti d'antimateria	I quark spariscono come particelle libere e formano gli adroni (barioni e mesoni).
				barioni, mesoni, leptoni, fotoni; antimateria leptonica	Finisce l'Era degli adroni. Sparisce l'antimateria barionica. Dominano i fotoni.
Era dei leptoni	0,7s	10^{10}	5 MeV		I neutrini si disaccoppiano dalla materia e sciamano nell'Universo.
					Finisce l'Era dei leptoni. Sparisce l'antimateria leptonica. La radiazione è dominante.
Nucleosintesi primordiale	3m	10^9	300 keV		Inizia la nucleosintesi.
	15m	$5 \cdot 10^8$	150 keV	protoni, deuterio, ^{3}He, ^{4}He, ^{7}Li, leptoni, fotoni	Termina la nucleosintesi.
Era della ricombinazione	300mila anni	4-5000	1,5 eV		Iniziano a formarsi atomi neutri.
	380mila anni	3000	1 eV	atomi d'idrogeno, elio, litio, neutrini, fotoni	La radiazione si disaccoppia dalla materia, i fotoni sciamano nell'Universo costituendo la CBR.

8 L'Universo dei primordi e l'inflazione

Libertà per i fotoni!

Costruiti i nuclei, il passo successivo è la costruzione degli atomi. Dopotutto, che ci vuole? Per fare l'idrogeno, basta che un elettrone si lasci catturare da un protone e il gioco è fatto. Protoni ed elettroni liberi sono presenti in grande abbondanza, hanno cariche elettriche opposte, per cui si attraggono, sono stipati in un ambiente molto denso: le occasioni d'incontro non mancano di sicuro. C'è solo un problema, ed è la temperatura, o, equivalentemente, l'energia di scambio. L'energia che lega l'elettrone al protone nell'atomo d'idrogeno è pari a 13,6 eV: fintantoché i fotoni avranno un'energia superiore a questa, non c'è speranza che l'unione sia duratura. Un urto e l'idrogeno si spezza, restituendo le due particelle costituenti allo stato di plasma. Del miliardo di fotoni presenti per ogni protone, ne basta uno solo che abbia un'energia superiore a 13,6 eV e la formazione di un atomo d'idrogeno è interdetta.

La temperatura alla quale si può ritenere trascurabile la probabilità che anche un solo fotone abbia un'energia superiore a quella di ionizzazione dell'idrogeno è attorno ai 4-5000 K e l'era cosmica corrispondente è intorno ai 300mila anni. Da questo momento in poi, la produzione di atomi neutri conosce un'accelerazione. L'espansione dell'Universo fa calare la temperatura e l'energia degli elettroni, facilitando il processo di cattura da parte dei protoni. Poiché di elettroni liberi ne restano sempre meno, i fotoni possono percorrere spazi sempre più lunghi prima d'interagire con essi, finché, alla temperatura di circa 3000 K, si può dire che il processo di neutralizzazione della materia è completato: ora che l'Universo è fatto di atomi neutri, i fotoni, non trovando più sul loro cammino particelle cariche con le quali interagire, cessano di rimpallare avanti e indietro, in moto perenne ma sostanzialmente immobili, imprigionati sempre nella medesima posizione, e scoprono la libertà di percorrere indisturbati le vaste distese del Cosmo. Quest'epoca, di cui abbiamo già parlato nel capitolo 7, è detta:

Era della ricombinazione (t = 380mila anni; T = 3000 K; E = 1 eV)

benché il "ri" di "ricombinazione" sia improprio, protoni ed elettroni non avendo mai avuto in precedenza la possibilità di combinarsi in un atomo; o anche era dell'ultimo *scattering*, dell'ultima diffusione ad opera di un elettrone.

Le informazioni che ci pervengono da quest'era sono di capitale importanza poiché consentono di risalire ai valori numerici di tutti i più fondamentali parametri cosmologici. Le informazioni sono codificate nei fotoni che abbandonano la superficie dell'ultimo *scattering* e ad esse si accede attraverso delicatissime analisi statistiche effettuate sulle misure raccolte da radiometri al suolo, oppure in volo su palloni sonda e su satelliti. I fotoni sono quelli che costituiscono la radiazione cosmica di fondo (CBR).

Negli ultimi vent'anni sono state sviluppate dalla NASA due importanti missioni spaziali dedicate allo studio della CBR, la COBE e la WMAP, e dal maggio 2009 vola una terza missione, questa volta europea, la Planck, che delle due americane vuole rappresentare il completamento e l'estensione. I risultati ottenuti dalle osservazioni spaziali della radiazione cosmica di fondo sono certamente quelli che hanno contribuito ai maggiori recenti progressi in campo cosmologico e sono valsi il Premio Nobel 2006 a John Mather e George Smoot, gli scienziati americani più attivamente impegnati nello sviluppo e nella gestione del satellite COBE.

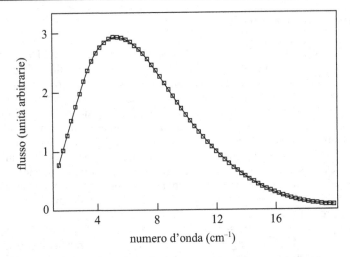

Le misure (quadratini) del satellite COBE, raccolte nei primi anni Novanta del secolo scorso, hanno mostrato che la distribuzione in lunghezza d'onda del flusso della CBR è quella (linea curva) di un perfetto corpo nero alla temperatura di 2,725 K.

Il Cosmic Background Explorer (COBE), lanciato nel novembre del 1989, portava a bordo uno strumento per la misura dell'intensità del segnale a varie frequenze, in modo da caratterizzare lo spettro della CBR, e un altro in grado di confrontare l'emissione proveniente da due punti diversi della volta celeste, per verificare l'eventuale presenza di anisotropie, ossia di variazioni di temperatura dello spettro.

La missione COBE ebbe il merito di spazzare via ogni dubbio residuo sul fatto che la CBR avesse uno spettro di corpo nero: le misure dello strumento di cui era responsabile il gruppo di John Mather si adagiavano perfettamente sulla curva d'emissione teorica di un corpo nero alla temperatura di 2,725 K. Quello rilevato dal COBE era uno spettro di corpo nero da manuale, come non si era mai visto prima per nessuna sorgente di laboratorio o celeste. Con questo risultato si chiuse definitivamente il dibattito sulla bontà del modello standard del Big Bang, integrato con l'idea dell'inflazione: mentre per i modelli alternativi era difficile giustificare l'esistenza della CBR, questa scaturiva in modo naturale dallo scenario del Big Bang caldo, con il suo spettro termico caratteristico. Gamow e Alpher, come si ricorderà, l'avevano prevista già alla fine degli anni Quaranta.

Il COBE dimostrò pure che la CBR si caratterizzava per un'estrema uniformità, nel senso che le misure si ripetevano pressoché identiche qualunque fosse il punto della volta celeste inquadrato dai rivelatori. I dati dovevano essere preventivamente sottoposti a delicate correzioni per sottrarre il contributo del "rumore" strumentale e di sorgenti celesti locali, come il disco della Via Lattea, o anche per eliminare le anisotropie attribuibili al moto spaziale della Terra, la quale ruota intorno al Sole, e con il Sole attorno al centro galattico, partecipando inoltre al moto della Galassia all'interno del Gruppo Locale, e subendo, con il Gruppo Locale, l'azione attrattiva dell'ammasso di galassie della Vergine e di una misteriosa concentrazione di massa, lontana 200 milioni di anni luce, nota come Grande Attrattore. Per effetto Doppler, il moto dell'osservatore fa apparire la sorgente della

CBR più calda nelle direzioni in cui il moto è in avvicinamento, e più fredda se in allontanamento, introducendo un'anisotropia che è detta "di dipolo" e che si rende facilmente riconoscibile. Correggere i dati significa eliminare tutti i contributi impropri, per mettere in luce solo ciò che della superficie dell'ultimo *scattering* vedrebbe un osservatore nel vuoto dello spazio, schermato dall'emissione di altre sorgenti e fermo rispetto al sistema di riferimento comovente, quello solidale con lo spazio in espansione.

Eseguite le correzioni, le differenze di temperatura da un punto all'altro del cielo, rilevate dallo strumento gestito dal gruppo di George Smoot, erano dell'ordine di una parte su centomila. Un'inezia! I cosmologi potevano ben gioire di questi risultati, che se da un lato comprovavano quanto fosse corretta l'ipotesi dell'isotropia che era stata assunta a fondamento del Principio Cosmologico e dei modelli cosmologici relativistici, dall'altro risolvevano anche un'imbarazzante difficoltà che li teneva sulla corda ormai da un paio di decenni: l'Universo primordiale avrebbe infatti dovuto essere omogeneo, ma non perfettamente omogeneo, altrimenti non sapremmo spiegarci l'esistenza delle galassie.

Omogeneo, ma non troppo

Come nasce una galassia? Probabilmente in modo non troppo diverso da come nasce una stella: in questo caso, all'inizio c'è una nube di gas, costituita soprattutto d'idrogeno, che si contrae sotto l'effetto dell'autogravità e che, crollando su se stessa, determina un aumento della densità e della temperatura nel suo centro fino a creare le condizioni favorevoli all'innesco delle reazioni nucleari di fusione. È il processo noto come *collasso gravitazionale* che rende conto della formazione stellare e che i teorici sanno spiegare abbastanza bene, con poche e semplici equazioni. Quello che si richiede è che all'inizio ci sia una massa critica sufficientemente elevata affinché la contrazione possa avere inizio e proseguire, vincendo la resistenza operata dalla pressione interna. Le galassie, o anche gli ammassi di galassie, nascono suppergiù alla stessa maniera. Naturalmente, da nubi di materia più estese e con una massa critica enormemente maggiore.

Il collasso si produce là dove, per qualche motivo, si è venuto a determinare un eccesso di densità rispetto all'ambiente circostante. In un ambiente perfettamente omogeneo, ove la densità fosse assolutamente costante, ogni punto sarebbe uguale a qualunque altro e la Natura, che non è capricciosa, non concederebbe a una certa regione il favore che nega a un'altra identica. Come l'asino di Buridano che, affamato, ma attratto nella stessa maniera dai due mucchi di fieno fra i quali è accovacciato, incapace di prendere una decisione, si lascia morire di fame, così la Natura non partorirebbe mai una stella, una galassia o un ammasso di galassie in un Universo che fosse perfettamente omogeneo.

Ecco perché l'Universo dei primordi doveva essere sì omogeneo e isotropo, ma non troppo. Senza il "germe" di un eccesso locale di densità, sarebbe fisicamente ingiustificabile l'innesco del collasso. Se nell'epoca presente osserviamo un Universo sostanzialmente omogeneo su larga scala, benché localmente assai vario e differenziato, disseminato di galassie e di ammassi, c'è da credere che l'Universo uscito dal Big Bang fosse in larga misura omogeneo, ma comunque interessato da tenui fluttuazioni di densità da punto a punto, con regioni un poco sopra e regioni un poco sotto il valore medio. Ci aspettiamo anche di poter ricono-

Gli ammassi di galassie sono venuti a formarsi nelle regioni caratterizzate da un lieve eccesso di densità di materia, quelle regioni che sulla superficie dell'ultimo *scattering* appaiono un poco più calde della media. Nella foto, l'ammasso della Chioma di Berenice, costituito da un migliaio di galassie e distante 320 milioni di anni luce. (Leigh Jenkins, Ann Hornschemeier; GFSC, JPL, SDSS, NASA)

scere tali fluttuazioni come anisotropie nella CBR, e precisamente come minime differenze di temperatura fra un punto e l'altro. Questo perché nell'era radiativa particelle e radiazione sono così strettamente accoppiate da poter essere trattate come un unico fluido: dove c'è un eccesso di materia c'è anche un eccesso di radiazione. E d'altra parte le misure che rilevano un eccesso di radiazione da un dato punto della superficie dell'ultimo *scattering* interpretano questo dato come un eccesso di temperatura.

Dunque, ci si aspetterebbe di rilevare sulla volta celeste una radiazione di fondo a pelle di leopardo, con "macchie calde" accanto a "macchie fredde": invece, fino a una trentina d'anni fa, la CBR era quanto di più isotropo si potesse immaginare. E ciò rappresentava un grosso problema per i cosmologi, che per tutti gli anni Settanta e Ottanta del secolo scorso cercarono disperatamente di evidenziare qualche accenno di anisotropia. A quel tempo si riteneva che le fluttuazioni di temperatura dovessero essere dell'ordine di qualche parte su mille ed era sconfortante che non le si misurasse, pur disponendo di strumenti di adeguata sensibilità. I risultati erano sempre negativi. Ancora agli inizi degli anni Novanta non v'era traccia di anisotropie, fino al livello del decimillesimo di grado centigrado.

Le previsioni quantitative erano state formulate una quindicina d'anni prima partendo dall'ipotesi che i "germi" delle galassie dovessero essere costituiti da eccessi di densità della materia barionica. L'entità delle fluttuazioni non doveva essere troppo marcata, poiché altrimenti la storia evolutiva delle strutture cosmiche sarebbe stata profondamente diversa: fluttuazioni rilevanti avrebbero infatti innescato la formazione di galassie e ammassi subito dopo l'era della ricombinazione e l'evoluzione del Cosmo sarebbe proceduta a ritmi più sostenuti, su scale temporali più compresse. Non doveva però essere nemmeno troppo lieve, perché altrimenti i tempi per la formazione delle strutture sarebbero stati troppo dilatati. Qualche parte su mille pareva la misura giusta. Inoltre, le fluttuazioni dovevano presentarsi suppergiù della stessa intensità a tutte le scale spaziali: se l'entità fosse stata maggiore per le fluttuazioni su larga scala, l'Universo sarebbe ora ricco di ammassi, ma povero di galassie di campo; al contrario, se fossero state più marcate le fluttuazioni di piccola scala, l'Universo sarebbe una sconfinata distesa di galassie isolate, senza la formazione di grosse strutture.

Le teorie sembravano ben costruite, ma le osservazioni riservavano unicamente delusioni. La completa assenza di anisotropie fino al livello del decimillesimo di grado metteva in crisi un po' tutto lo scenario che i cosmologi avevano fino ad allora delineato. Oggi che vediamo le cose con occhio diverso possiamo dire che le previsioni erano sostanzialmente corrette: l'errore stava nell'attribuire alla materia barionica un ruolo esclusivo nella formazione dei "germi", trascurando quello della materia oscura, che invece è preponderante.

Germi oscuri

Fin dagli anni Trenta del secolo scorso, studi sulla dinamica degli ammassi di galassie rivelarono un'inspiegabile anomalia: le velocità delle galassie che ne fanno parte sono troppo elevate perché gli ammassi abbiano a conservare stabilmente la loro struttura. È come se in una giostra a seggiolini l'addetto, evidentemente impazzito, facesse girare il motore sempre più velocemente: i seggiolini si alzano in quota, ruotano in cerchi paralleli al suolo sempre più vorticosamente, fino a quando le catene che li tengono vincolati alla colonna centrale, non potendo reggere alla forza centrifuga, si spezzano e i malcapitati partecipanti al gioco vengono fiondati lontano per la tangente. Nel caso degli ammassi, la catena che dovrebbe trattenere le singole galassie è la forza di gravità esercitata dalla massa totale dell'ammasso. E quant'è la massa? La si può stimare dalla potenza luminosa emessa da tutte le stelle di tutte le galassie presenti. Tanta luce, tanta massa; poca luce, poca massa. Poiché le velocità delle singole galassie, misurate direttamente per effetto Doppler, risultavano troppo elevate perché le "catene" potessero reggere, l'astronomo svizzero-americano Fritz Zwicky (1898-1974), iniziatore di questi studi, propose che dentro gli ammassi doveva evidentemente trovarsi un extra di massa in grado di garantire la sopravvivenza e la stabilità di questi sistemi. Massa che evidentemente non emette luce e che per questo era sfuggita alle stime. Nacque così il concetto di *materia oscura*.

Secondo Zwicky, il contributo della materia oscura alla massa totale degli am-

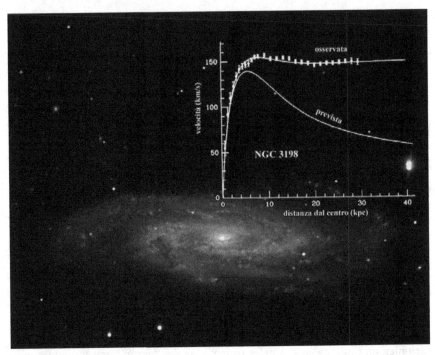

Indizi dell'esistenza di vasti aloni di materia oscura che avvolgono le galassie vengono dal confronto tra le velocità di rivoluzione delle loro stelle attorno al centro, calcolate in base alla quantità di materia luminosa presente nella galassia (curva "prevista"), e quelle effettivamente osservate, che sono sistematicamente maggiori. La materia oscura garantisce l'extra massa che tiene unite le galassie. La curva delle velocità stellari si riferisce alla galassia NGC 3198, nell'Orsa Maggiore. (John Vickery and Jim Matthes/Adam Block/NOAO/AURA/NSF)

massi era addirittura centinaia di volte superiore a quello della materia luminosa. A conclusioni analoghe – non però così estreme sul piano quantitativo – si giunse nei decenni successivi dagli studi sulla stabilità delle galassie a spirale: anche in questo caso, le stelle delle regioni più esterne mostrano di avere velocità eccessivamente elevate, incompatibili con la quantità di materia luminosa della galassia. Oggi infatti si ritiene che le spirali siano avvolte in vasti aloni massicci di materia oscura.

Altre prove dell'esistenza di questa misteriosa componente materiale vengono dall'analisi di fenomeni particolarmente spettacolari, noti come *lenti gravitazionali*, in cui la luce di lontane sorgenti viene deflessa dal suo percorso rettilineo quando deve attraversare il campo gravitazionale di un oggetto massiccio – la lente gravitazionale – prima di giungere a noi. L'immagine che riceviamo è deformata: se la sorgente è una galassia, in genere la osserviamo stirata in una dimensione, arcuata, ingrandita; se è un quasar, può capitare che di un unico oggetto si ricevano due o più immagini! Per spiegare l'entità della deflessione, il campo di gravità della materia luminosa dell'oggetto-lente non è sufficientemente intenso. Bisogna invece ipotizzare una massiccia presenza di materia oscura, distribuita negli aloni galattici, o nel mezzo intergalattico degli ammassi, al fine di giustificare ciò che si osserva. Un indizio ancor più recente viene dallo studio degli scontri tra ammassi di galassie, osservati in ottico e nei raggi X. In definitiva, per i cosmologi del XXI secolo la materia oscura è un ingrediente fondamentale e imprescindibile in ogni modello, che si impone con forza, essendo suggerito da una molteplicità di osservazioni.

Ma di cosa è fatta la materia oscura? Sappiamo che non emette luce, o che la emette in misura non apprezzabile. Se si trattasse di materia barionica, dovremmo pensare a deboli sorgenti ottiche come sono i pianeti, le nane brune, le nane bianche antiche di miliardi di anni che hanno avuto il tempo di raffreddarsi, le nubi gassose estremamente rarefatte, i buchi neri..., tutti oggetti che i telescopi ottici avrebbero difficoltà a rivelare. Però dovremmo accettare l'idea che l'Universo trabocchi di sorgenti siffatte, visto che il rapporto di massa con le sorgenti luminose potrebbe essere di dieci o addirittura di cento a uno, come riteneva Zwicky. Tutto ciò è poco credibile. In aggiunta, abbiamo appreso più sopra che v'è un ben preciso limite superiore alla densità della materia barionica, fissato al 4-5% della densità critica, e tale limite resta ben al di sotto della quantità di materia oscura che si richiede per dar conto della struttura e della dinamica delle galassie e degli ammassi.

La conclusione è che l'eventuale componente barionica della materia oscura è solo una minuscola frazione del totale: il grosso deve essere di natura non-barionica. In effetti, i lavori degli ultimi vent'anni concordano nell'attribuire alla materia non-barionica (e perciò oscura) una densità che è circa 6 volte maggiore di quella della materia ordinaria (luminosa e oscura). Come dire che di tutta la componente materiale dell'Universo noi possiamo vedere solo all'incirca il 15%, grazie al fatto che essa interagisce per via elettromagnetica, emette luce, oppure intercetta la radiazione e l'assorbe, o la diffonde, mentre ci è preclusa la conoscenza del restante 85%, che non fa luce, né getta ombre, né interagisce con la materia ordinaria se non attraverso la forza gravitazionale.

Ammettere di non sapere nulla dell'85% della materia universale è decisamente imbarazzante, ma questa è la situazione. E quando ai fisici si chiede di proporre qualche credibile candidato, la risposta che si ottiene è altamente ipotetica e decisamente esotica. Forse – ci dicono – si tratta di particelle, come i *neutralini*, che vengono ipotizzate all'interno delle teorie supersimmetriche. La Supersimmetria è una teoria che ha l'ambizione di superare il modello standard delle particelle elementari. Le particelle di natura non-barionica di cui ipotizza l'esistenza sono generalmente di grande massa e vengono collettivamente denominate WIMP, acronimo dall'inglese Weakly Interacting Massive Particles, ossia "particelle massicce debolmente interagenti". Quanto poco interagiscono lo dimostra il fatto che diversi laboratori in varie parti del mondo sono impegnati in esperimenti tendenti a rivelarle, ma finora senza successo: tali fantomatiche particelle, che sono ancor più inafferrabili dei neutrini, possono infatti attraversare da parte a parte non solo il rivelatore predisposto dai fisici per catturarle, ma l'intero pianeta, senza mai incontrare un atomo contro cui impattare e che, rinculando, ne segnali il passaggio. Ce ne dovrebbero essere così tante che ogni secondo almeno diecimila neutralini attraversano l'unghia del nostro pollice. La loro massa dovrebbe essere superiore a una trentina di volte quella del protone.

In verità, nei laboratori del Gran Sasso, i ricercatori dell'esperimento DAMA/LIBRA hanno annunciato nel 2008 di avere finalmente rivelato particelle di materia oscura dell'alone della nostra Galassia; l'annuncio è stato ribadito nel

2010, a seguito di nuove misure raccolte dopo un *upgrade* strumentale, ma le conclusioni continuano a non convincere la comunità scientifica internazionale, che critica il metodo adottato dai fisici italiani e si chiede come mai altri laboratori non riescano a ottenere gli stessi risultati da esperimenti analoghi.

Tornando alle anisotropie della CBR, c'è da tener conto che l'Universo primordiale doveva essere popolato non solo da particelle di materia ordinaria, barioni e leptoni, ma anche da particelle di materia oscura non-barionica. Per la loro scarsa propensione a interagire, queste non erano accoppiate né alla materia ordinaria, né alla radiazione. La materia oscura non-barionica viveva una vita a sé e conobbe

---

Fluttuazioni quantistiche

La *meccanica quantistica* è la teoria che i fisici hanno sviluppato per descrivere il comportamento del mondo microscopico, alla scala dell'atomo, o inferiore.

La meccanica classica entrò in crisi tra la fine del XIX secolo e l'inizio del XX per l'incapacità di spiegare tutta una serie di fenomeni microscopici, come la stabilità dell'atomo e la sua struttura a livelli energetici discreti, l'effetto fotoelettrico, l'effetto Compton (due modi specifici d'interazione tra i fotoni e gli elettroni) e altri ancora. La meccanica quantistica ha brillantemente superato queste difficoltà e oggi, dopo un secolo di spettacolari successi nel campo della fisica atomica e nucleare, si è definitivamente imposta come il paradigma interpretativo di ogni fenomeno alla scala subatomica.

Alla base della meccanica quantistica v'è l'idea che materia e radiazione abbiano una stessa natura, o, se si vuole, che abbiano una doppia natura: si parla infatti di *dualismo ondulatorio-corpuscolare*. Nella meccanica classica un'onda e un corpuscolo sono entità irriducibilmente diverse. Un corpuscolo (pensiamo a una particella puntiforme) ha, in ogni preciso istante, una ben definita posizione che, in linea di principio, può essere misurata con accuratezza pressoché infinita. Un'onda, invece, è per sua natura un'entità estesa, sia nello spazio che nel tempo. Non è possibile localizzare un'onda nello spazio con una precisione migliore della sua lunghezza d'onda, o nel tempo con una precisione migliore del suo periodo. Nella meccanica classica, onde e corpuscoli sono concetti antitetici.

La meccanica quantistica ci insegna invece che le particelle materiali, che sono di natura corpuscolare, esibiscono anche qualità tipicamente ondulatorie e che la luce, o i raggi X, di natura ondulatoria, possono comportarsi anche come corpuscoli. Per esempio, gli elettroni possono andare soggetti a interferenza e diffrazione, che nella fisica classica sono fenomeni peculiarmente ondulatori; d'altro canto, l'effetto fotoelettrico e l'effetto Compton vengono spiegati in modo molto naturale quando si attribuiscono alle onde luminose grandezze e comportamenti caratteristici dei corpuscoli. A livello microscopico non esiste più la netta distinzione tra onda e corpuscolo: la materia incarna entrambe le nature che, a livello macroscopico, sono inconciliabili e contrapposte.

Una conseguenza di ciò è il fondamentale *principio d'indeterminazione di Heisenberg*. Esistono coppie di variabili, che sono dette coniugate, come la posizione e la quantità di moto di una particella, oppure il tempo e l'energia, che non sono misurabili simultaneamente con una precisione assoluta. Non si tratta di un limite imposto dall'inadeguatezza degli strumenti: l'indeterminazione è una conseguenza del dualismo ondulatorio-corpuscolare della materia. Se misuriamo le due grandezze

un'evoluzione autonoma rispetto alla componente materiale ordinaria. I barioni venivano attratti dalle regioni di maggiore densità, ma non potevano costituire veri e propri "grumi densi", destinati via via a crescere nel tempo, per l'opposizione della radiazione: dove c'era maggiore densità di materia v'era anche maggiore pressione di radiazione da parte dei fotoni che, come poliziotti sospettosi e inflessibili di uno stato autoritario, mal sopportavano gli assembramenti e li scioglievano manganellando senza sosta barioni e leptoni. La pressione di radiazione era però inefficace con le particelle non-barioniche, con le quali i fotoni non interagiscono, cosicché ciò che era proibito agli uni era consentito alle altre.

in tempi diversi nulla vieta che i risultati siano assolutamente precisi; se però le misure sono simultanee, quanto più precisa sarà la prima, tanto meno lo sarà la seconda.

Considerando la coppia di variabili coniugate tempo ed energia, le misure saranno affette da indeterminazioni Δt e ΔE tali che:

$$\Delta t \cdot \Delta E \geq h / 4\pi \qquad (8.1)$$

dove h è la costante di Planck ($h = 6{,}63 \times 10^{-34}$ J·s). La (8.1) è la formulazione matematica del principio enunciato dal fisico tedesco Werner K. Heisenberg (1901-1976), uno dei padri della meccanica quantistica.

Facciamo un esempio. Se volessimo misurare l'energia che una particella possiede in un ben preciso istante, circoscritto entro 10^{-15}s, non potremmo mai ottenere un risultato che sia più preciso di $\Delta E = h / (4\pi \cdot \Delta t) = 5{,}3 \cdot 10^{-20}$ J. E se riducessimo ulteriormente l'intervallo temporale, per esempio di un milione di volte, così da precisare meglio l'istante in cui si compie la misura, avremmo un'indeterminazione sull'energia che sarà almeno un milione di volte maggiore.

Immaginando di continuare di questo passo, riducendo sempre più l'intervallo temporale Δt, si giunge a un punto in cui l'indeterminazione sull'energia è così grande da essere confrontabile con l'equivalente in massa di una coppia di particelle, per esempio un elettrone e un positrone. Un'indeterminazione di tale entità lascia aperta la possibilità che la coppia si materializzi dal nulla, a patto che resti in vita solo per quel tempo Δt infinitesimale, trascorso il quale andrebbe incontro all'annichilazione, restituendo al vuoto l'energia ΔE presa in prestito per concedersi un'effimera esistenza.

In ogni punto dell'Universo, anche là dove non esiste nulla, né materia, né radiazione, ove c'è il vuoto più assoluto, alle più piccole scale spaziotemporali è presente un'incessante attività di questo tipo, di creazione e annichilazione di particelle. Il vuoto è come un mare leggermente mosso: se ne guardiamo la superficie da lontano, ci sembrerà globalmente piatta, ma se la studiamo nel dettaglio, su piccola scala, ci renderemo conto che è sede di un'attività estremamente dinamica. D'altra parte, non può esserci "calma piatta" nel mare del vuoto: non è possibile affermare che in un dato punto, in un preciso istante ($\Delta t = 0$) non c'è assolutamente nulla, ossia che l'energia è indubitabilmente ($\Delta E = 0$) pari a zero, perché ciò andrebbe contro il principio d'indeterminazione.

Il vuoto è una "sostanza" ribollente di *particelle virtuali*, che in continuazione nascono dal nulla e nel nulla ritornano. Ci si riferisce a questa incessante ed effimera produzione e distruzione di particelle quando si parla di *fluttuazioni quantistiche del vuoto*.

Fu perciò la materia non-barionica a costituire i primi "grumi densi", già in epoche primordiali. I barioni poterono cominciare ad aggregarsi a loro volta attorno a questi germi oscuri solo 380mila anni dopo, successivamente all'era del disaccoppiamento dalla radiazione. Le fluttuazioni di densità che i teorici richiedono per giustificare la formazione delle strutture nei tempi corretti – né troppo ristretti, né troppo dilatati – erano ben presenti all'era della ricombinazione, ma il contributo maggiore era dato dalla materia oscura non-barionica, che non è osservabile. L'apporto della materia ordinaria era più modesto: da qui la difficoltà di rilevarlo.

Col tempo, affinando i calcoli e correggendo al ribasso quell'iniziale "una parte su mille", ci si rese conto che le fluttuazioni di temperatura misurabili sulla superficie dell'ultimo *scattering* dovevano essere comprese fra una parte su diecimila e una parte su un milione, e quando finalmente, nei primi anni Novanta, la missione del COBE le misurò dell'ordine di una parte su centomila, il risultato venne accolto come una benedizione. Una decina d'anni dopo, le misure sarebbero state ripetute e confermate dalla WMAP.

L'origine delle fluttuazioni

Lo straordinario valore dei risultati del COBE, che il Comitato di Stoccolma ha giustamente ritenuto di premiare con il Premio Nobel, sta nell'aver dimostrato che lo spettro della CBR è quello di un perfetto corpo nero, che effettivamente esistono le fluttuazioni di densità e che queste sono dell'entità attesa; inoltre, nell'aver suggerito che tale entità è la stessa su tutte le scale spaziali e che deve esistere qualche forma di materia non-barionica capace di preparare le condizioni per l'avvio dell'aggregazione di materia barionica subito dopo l'era della ricombinazione, con il successivo collasso e la formazione delle strutture cosmiche.

Resta però ancora un grosso interrogativo aperto: qual è l'origine delle fluttuazioni di densità? Come mai l'Universo primordiale non era assolutamente omogeneo? Quale meccanismo può aver generato le disomogeneità locali, su piccola e su grande scala? Attualmente si pensa che la loro genesi debba essere fatta risalire al tempo dell'inflazione, quando le dimensioni dell'Universo erano ultramicroscopiche.

Nel mondo macroscopico che ci circonda, il determinismo sembra essere la ferrea regola che guida il comportamento della Natura. Alla scala subatomica non è così. Lì dominano la meccanica quantistica e il *principio di indeterminazione* di Heisenberg (si veda il box a pag. 170). Il vuoto è sede di fluttuazioni quantistiche che concedono una brevissima esistenza a coppie di particelle-antiparticelle, le quali scaturiscono dal nulla e subito ritornano nel nulla, annichilendosi.

Nell'Universo ultramicroscopico dell'era dell'inflazione le fluttuazioni quantistiche sono la regola. Qui nasce una coppia, lì un'altra è appena sparita. Se potessimo scattare un'istantanea alla densità dell'energia, otterremmo una rappresentazione a macchia di leopardo. Ebbene, si pensa che l'inflazione abbia avuto buon gioco a "congelare" e a espandere a livello macroscopico queste tenui fluttuazioni di densità.

Benché le idee al riguardo siano ancora abbastanza incerte, lo scenario prevede che le disomogeneità locali siano state "stirate" dall'inflazione a dimensioni ben maggiori di quelle dell'orizzonte osservativo del tempo, di modo che le parti estreme di tali regioni non si trovavano più in un rapporto causale: le disomogeneità restarono perciò come congelate, non essendo nelle condizioni di scambiarsi informazioni, di interagire, di tendere all'equilibrio. Mentre l'inflazione proseguiva, nuove fluttuazioni venivano espanse a dimensioni sempre diverse, le più antiche su scale maggiori, le più recenti su scale ridotte. Ecco perché si ritiene che l'inflazione abbia prodotto disomogeneità suppergiù della stessa entità a tutte le scale spaziali. Quando poi l'inflazione ebbe termine e l'Universo si incamminò sulla via di un'espansione "normale", non più parossistica, l'orizzonte osservativo, che sappiamo va allargandosi alla velocità della luce, cominciò poco per volta a inglobare le disomogeneità, dapprima quelle di dimensioni minori, poi quelle più estese. Restaurato il rapporto causale, le disomogeneità andarono soggette alla specifica evoluzione via via dettata dalle condizioni vigenti al momento del rientro dalla fase di "congelamento".

Ma sarà andata davvero così? È difficile pronunciarsi in maniera definitiva fintantoché resteranno avvolte nel mistero la causa prima dell'inflazione e la fisica che la sottende, per cui, come si suol dire, la cautela è d'obbligo. Se i cosmologi da trent'anni guardano con interesse all'inflazione non è perché ne hanno compreso fino in fondo la radice e il meccanismo, ma perché è un'ipotesi che, partendo da poche e semplici premesse, sembra fornire una giustificazione assai naturale a una molteplicità di fatti, come la geometria piatta dell'Universo, l'omogeneità, che è elevata ma non totale, la distribuzione delle fluttuazioni di densità in funzione della scala spaziale, la formazione delle strutture cosmiche.

Anche i fisici, come la Natura, sono affascinati dalla semplicità. Non è però da escludere che in futuro possano essere proposti scenari alternativi anche molto diversi da questo. Le ipotesi non vengono legittimate *sic et simpliciter* dalla compatibilità con ciò che si osserva: devono anche fondarsi su basi fisiche salde e concrete, quelle che ancora mancano allo scenario inflattivo e che si spera possano emergere dai progressi della fisica teorica e dagli esperimenti che si stanno conducendo presso i più potenti acceleratori di particelle.

Ancora una volta, alla fine si scopre che la chiave per capire l'Universo nel suo complesso si cela nelle leggi che regolano il comportamento dei costituenti basilari della materia. La cosmologia e la fisica delle particelle sono due facce della stessa medaglia.

9 Cosmologia di precisione

Eredi di Hubble

"A giudicare dall'influenza che esercitò negli anni successivi, l'articolo di Hubble e Humason del 1931 fu il più grande e preveggente lavoro nel campo della cosmologia osservativa. Esso indicò la via alle ricerche più significative che continuarono a svilupparsi fin dopo il secondo trentennio del XX secolo. Dal 1929 fino alla scoperta della radiazione cosmica di fondo quello fu il terreno proprio della 'cosmologia pratica', che è stata descritta come 'la semplice ricerca di due numeri' di contro alla nuova meravigliosa cosmologia teorica odierna, che combina la fisica delle particelle con i modelli matematici dell'Universo caldo primordiale."

Questo scriveva Allan Sandage nel 1999, in un saggio nel quale commentava il famoso articolo (ne abbiamo parlato nel capitolo 4) con il quale Edwin Hubble e il fido Milton Humason comunicavano al mondo che le galassie si allontanano dalla Via Lattea con una velocità proporzionale alla loro distanza. Sandage aveva perfettamente ragione. Per oltre mezzo secolo, le osservazioni in campo cosmologico furono prevalentemente rivolte a precisare sempre meglio per ogni galassia e per ogni ammasso quei "due numeri", la distanza e il *redshift*, misurati su oggetti tendenzialmente sempre più lontani, che venivano messi in grafico allo scopo di confermare che v'era tra di essi una relazione lineare e nel tentativo di ricavare il valore della costante di proporzionalità che li lega, la H_0, la costante di Hubble al tempo presente. Il grafico distanza/*redshift*, o magnitudine/*redshift*, è noto come *diagramma di Hubble* e ha rappresentato una vera ossessione per gli astronomi della seconda metà del secolo scorso.

Allan Sandage (1926-2010) è stato certamente tra le figure più rappresentative della cosmologia osservativa di quel periodo. Laureatosi con Walter Baade a Monte Wilson, ebbe per maestri Martin Schwarzschild e Jesse Greenstein. Tutti grandissimi astronomi. Era fresco di laurea quando Greenstein lo spedì a Monte Palomar come assistente di Edwin Hubble, al cui fianco avrebbe volentieri lavorato a lungo, per acquisire esperienza e far proprie le leggendarie abilità osservative del maestro. Oltretutto, Hubble l'aveva preso in simpatia e – fatto straordinario – gli concedeva persino una certa confidenza. Purtroppo, la collaborazione fu saltuaria a causa dei problemi di salute che cominciavano ad affliggere il grande astronomo, e durò solo quattro anni, fino al secondo attacco di cuore che se lo portò via nel 1953.

Fu del tutto naturale per Sandage assumere l'eredità scientifica di Hubble. Per oltre quarant'anni, lavorando al grande riflettore di 5 m, prima da solo, poi in stretta collaborazione con il collega svizzero Gustav Tamman, Sandage inseguì l'ambizioso programma di stabilire un sistema di candele-standard (sorgenti per le quali si conosce la magnitudine assoluta, ossia la luminosità intrinseca) utili per stimare la distanza di galassie lontane, al fine di rendere sempre più preciso ed esteso il diagramma di Hubble e per caratterizzare sempre meglio la costante H_0.

Come si ricorderà (ne abbiamo parlato nei capitoli 2 e 3), le prime candele-standard utilizzate in cosmologia furono le variabili Cefeidi, per le quali Henrietta Lea-

Allan Sandage nel 1984, vicino al riflettore Hooker di Monte Wilson. (Dough Cunningam)

vitt aveva stabilito la relazione tra periodo e luminosità che consente di conoscere la magnitudine assoluta M di una di queste stelle dalla semplice misura del periodo della sua variazione di luce. Hubble aveva utilizzato proprio le Cefeidi per ricavare le distanze delle galassie e degli ammassi considerati nel suo diagramma del 1931.

Ma le Cefeidi soffrono d'un limite: pur essendo stelle giganti, decine di migliaia di volte più luminose del Sole, possono essere osservate e riconosciute come tali dai telescopi al suolo solo in galassie che siano relativamente vicine, che distino al più qualche decina di milioni di anni luce (si arriva un po' più in là con il Telescopio Spaziale "Hubble"). Purtroppo, un diagramma di Hubble costruito solo con punti rappresentativi di galassie vicine è di scarsa utilità. Le galassie vanno infatti soggette anche a moti locali e non sempre è possibile riconoscere il contributo di tali moti alla velocità radiale che si misura al telescopio, così da sottrarlo e da mettere in grafico solo il *redshift* che interessa ai cosmologi, quello relativo al *flusso di Hubble*, ossia all'espansione dell'Universo. Solo quando la galassia è molto lontana la componente locale si riduce ad essere un'esigua frazione della componente cosmologica e le deviazioni che introduce sono del tutto trascurabili. Ciò si verifica grosso modo al di là di 300 milioni di anni luce. Sfortunatamente, il metro delle Cefeidi non arriva fino a queste distanze.

Da qui la necessità di individuare altre candele-standard, utilizzabili a distanze sempre maggiori, stabilendo una sequenza piramidale di indicatori nella quale ciascuno viene legittimato da quello che sta un gradino più sotto e fa da garante per quello che lo segue. È la strategia che avevano già adottato i "preveggenti" Hubble e Humason e che per loro funzionò suppergiù così: con le Cefeidi si stabilisce la distanza di un certo numero di galassie vicine; dentro ciascuna di queste si individua la stella blu più brillante (che è molto più brillante delle Cefeidi), della quale si può ricavare la magnitudine assoluta, visto che adesso la distanza è nota. Verificato che il valore è pressoché lo stesso per tutte le galassie considerate, queste stelle diventano le nuove candele-standard che consentono di stabilire la distanza di un certo numero di altre galassie, un poco più lontane, dentro le quali si va alla ricerca di una candela-standard di un nuovo tipo, ancora più luminosa (per esempio, una supernova), da sfruttare per sondare distanze ancora maggiori. E via di questo passo, gradino dopo gradino.

La sequenza a cui Sandage e Tamman lavorarono era un po' meno *naïf* di quella adottata da Hubble, ma la filosofia era la stessa. Le candele-standard considerate, oltre alle Cefeidi e alle stelle luminose blu, erano le giganti rosse più brillanti, il diametro delle regioni di idrogeno ionizzato (regioni HII), le luminosità medie di varie classi di galassie, una particolare classe di supernovae. La molteplicità degli indicatori si rivelava utile anche per effettuare verifiche e riscontri incrociati.

Le preziose misure collezionate da Sandage in oltre quarant'anni non raccolsero però solo consensi. Il più intransigente oppositore fu l'astronomo d'origine francese

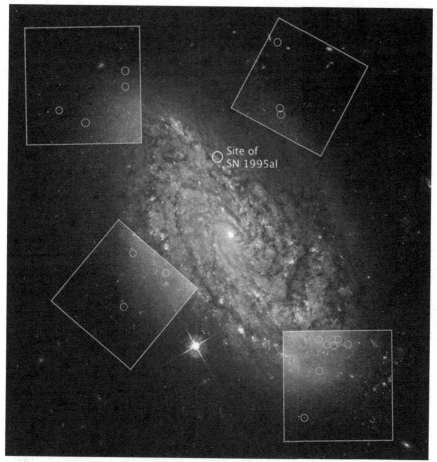

La ripresa del Telescopio Spaziale "Hubble" della galassia NGC 3021 esemplifica come si costruisce la piramide degli indicatori. Grazie alle Cefeidi (nei riquadri ne vengono identificate 17), si stabilisce la distanza della galassia che, nel 1995, fu sede di un evento di supernova di tipo Ia: un cerchietto segnala il sito dell'esplosione. La precisa misura della distanza consente di calibrare la magnitudine assoluta della SN Ia, nuova candela-standard da utilizzare su oggetti ancora più lontani. (A. Riess; NASA, ESA)

Gerard de Vaucouleurs (1918-1995), in forze all'Università del Texas, che sfruttava un assai più nutrito bagaglio di indicatori di distanza, quali le novae al massimo di luce, le binarie a eclisse, gli ammassi globulari, la dispersione di velocità nelle regioni HII, il diametro efficace delle galassie, la larghezza delle righe dell'idrogeno, oltre che le candele-standard tradizionali.

Tra gli anni Sessanta e gli anni Ottanta del secolo scorso, Sandage e de Vaucouleurs furono su sponde opposte nella disputa scientifica che aveva per argomento la scala delle distanze cosmiche: il *ring* era il diagramma di Hubble che ciascuno dei contendenti aveva costruito con le proprie misure, interpretate alla luce dei propri indicatori, ove i punti si presentavano indubbiamente allineati – sia per l'uno che per l'altro –, a conferma del fatto che i *redshift* sono proporzionali alle distanze,

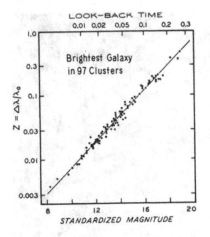

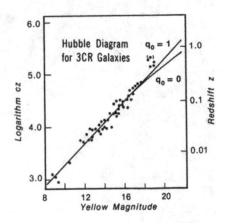

Due diagrammi di Hubble della metà degli anni Settanta. A sinistra, si è usata come candela-standard la galassia più luminosa dei 97 ammassi considerati e il diagramma era volto a determinare il valore di H_0 (Sandage & Hardy). A destra, le candele-standard sono le radiogalassie del catalogo 3C e lo scopo era di ricavare anche il parametro di decelerazione q_0: non lo consentono, però, l'eccessiva dispersione dei punti (le radiogalassie non sono affidabili candele-standard) e le misure che non giungono a valori di *redshift* sufficientemente elevati.

ma attorno a segmenti rettilinei di diversa pendenza (l'inclinazione fornisce la misura della costante di proporzionalità, la H_0).

Sandage, campione della scuola detta della "scala lunga", dal suo diagramma ricavava un valore di 55 km s^{-1} Mpc^{-1}; de Vaucouleurs propendeva per un valore circa doppio, 100 km s^{-1} Mpc^{-1}, e dunque per una "scala corta", ove le distanze cosmiche sono tutte dimezzate. Anche il tempo di Hubble è la metà: 10 miliardi di anni, contro i 20 di Sandage. (Il tempo di Hubble, come si ricorderà, è dato dall'inverso della costante H_0 e indica approssimativamente da quando si avviò l'espansione).

Dai 550 km s^{-1} Mpc^{-1} che Hubble pensava d'aver stabilito per certo nel 1931, con un'incertezza stimata al più del 15%, si era giunti a confrontarsi su valori tra 5 e 10 volte minori! Il che la dice lunga su quali siano le insidie che si celano nella piramide degli indicatori. La prima correzione l'aveva introdotta Baade nel 1952, dopo essersi accorto che esistono due popolazioni distinte di Cefeidi e che Hubble aveva osservato le Cefeidi di Popolazione I in galassie lontane assimilandole erroneamente a quelle di Popolazione II della Via Lattea, che sono circa quattro volte meno luminose. Col che le distanze andavano raddoppiate, e H_0 scendeva a 250.

Negli anni immediatamente successivi toccò a Sandage correggere ancora al ribasso, dopo aver messo in luce che le supposte stelle blu luminose adottate da Hubble come candele-standard secondarie erano in realtà regioni gassose compatte che si mostravano puntiformi, come le stelle, solo perché il telescopio di Monte Wilson non era in grado di risolverle. Era il 1956, e H_0 calava a 180; ma la discesa non era finita perché in un articolo del 1961 Sandage ricavava nuove stime, comprese fra 80 e 110, e nel 1975, al termine dei primi vent'anni di osservazioni, si convinceva definitivamente che 55 fosse il valore giusto, con uno scarto al più del 10%.

L'anno seguente, de Vaucouleurs portava alla XVI Assemblea Generale IAU tenutasi a Grenoble (Francia) le sue conclusioni, con H_0 pari a 100 km s^{-1} Mpc^{-1} e

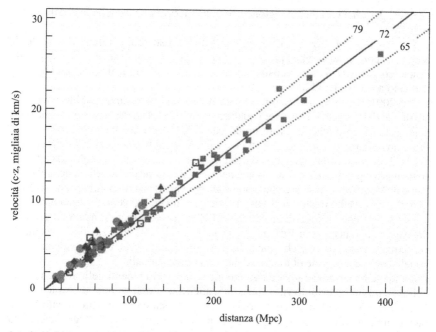

Il risultato del Progetto Chiave HST sulla costante di Hubble, condotto dal gruppo di W. Freedman (2001), presentato in forma grafica. I diversi simboli si riferiscono a misure effettuate con indicatori secondari di diversa natura, calibrati con le Cefeidi. I dati si accordano bene con il valore di 72 km s^{-1} Mpc^{-1} per la costante H_0.

un errore al più del 10%. Viene spontaneo chiedersi come sia possibile che osservazioni condotte per decenni da validissimi scienziati, che si avvalevano della collaborazione di colleghi e di Osservatori sparsi in tutto il mondo, portassero a risultati così diversi e incompatibili. Se per Sandage e la sua scuola H_0 doveva cadere nell'intervallo che ha per estremi 50 e 60 km s^{-1} Mpc^{-1}, evidentemente c'era qualche grossolano errore nei calcoli di de Vaucouleurs che circoscrivevano H_0 tra 90 e 110. Oppure sbagliava Sandage. In ogni caso, il risultato dell'uno escludeva quello dell'altro: possibile che nessuno si avvedesse degli errori che si compivano?

Se rimarchiamo questo aspetto non è certo per mettere in dubbio l'appartenenza della cosmologia alla famiglia delle scienze esatte, ma è per sottolineare ancora una volta l'intrinseca difficoltà di misurare le distanze in astronomia, specie di sorgenti lontane. Contano l'abilità al telescopio, l'esperienza alla guida dello strumento e in camera oscura, la sensibilità dell'astronomo nell'interpretare quei deboli batuffoli luminosi rimasti impressi sulle lastre fotografiche, oltre che la familiarità con la matematica e la statistica. L'astronomia è scienza, ma è un po' anche un'arte.

S'aggiunga poi che non è vero, come spesso si dice, che misurare le velocità sia molto più facile che stimare le distanze, e che basta disporre di uno spettrografo sensibile e preciso. In realtà, anche le velocità nascondono tranelli. L'Universo è disseminato di grosse concentrazioni di materia – i superammassi – che con i loro campi gravitazionali distorcono localmente il flusso di Hubble e di ciò risentono i gruppi, gli ammassi e le galassie isolate, quelle che sono dette "di campo". Le anomalie locali possono essere importanti, sono significative anche a distanze relativamente grandi e variano da regione a regione, per cui conta anche in che direzione si guarda.

Il 1976 segnò l'inizio dell'aspro conflitto tra i sostenitori delle due scale, la lunga e la corta, che sarebbe proseguito per un altro quarto di secolo, fino a quando l'incarico di quantificare la costante venne affidato all'HST, il telescopio orbitale dedicato a Edwin Hubble.

Nel 2001, il gruppo dell'astronoma canadese Wendy Freedman pubblicava i risultati di uno dei Progetti Chiave per i quali era nato l'HST, la determinazione della scala delle distanze cosmiche. Era il frutto di sette anni d'osservazioni su galassie distanti fino a un miliardo di anni luce. Sfruttando a fondo le enormi potenzialità della camera WFPC2, da poco installata al fuoco del telescopio, tutta la catena degli indicatori era stata rivista e precisata, a partire da una nuova calibrazione delle Cefeidi della Piccola Nube di Magellano, le stesse che erano state studiate quasi un secolo prima da Henrietta Leavitt. Dalle misure dell'HST la costante di Hubble veniva fissata a $H_0 = 72$ km s^{-1} Mpc^{-1}, con un'incertezza stimata del 10%, giusto a metà strada tra le stime di Sandage e de Vaucouleurs. Ed è questo il valore attualmente adottato, sostanzialmente confermato anche da ricerche che si basano su metodi diversi e indipendenti, come l'analisi della radiazione di fondo e delle lenti gravitazionali.

Sandage ha potuto seguire da vicino gli sviluppi più recenti delle ricerche a cui egli ha dato un contributo rilevantissimo, anche se ormai solo da dietro le quinte. Non così de Vaucouleurs, scomparso nel 1995. "È stato davvero sfortunato" commentò amaramente Sandage, riferendosi al rivale di un tempo. "Ogni scienziato che vive da protagonista nel mezzo di una crisi dovrebbe poter vivere abbastanza a lungo da vederne la conclusione."

Le SN Ia e l'espansione accelerata

La semplice ricerca di due numeri. La stringata definizione di Sandage della ricerca cosmologica del suo tempo, invece che alla coppia di valori (il *redshift* e la distanza) che si potevano ottenere al telescopio dovrebbe essere più propriamente riferita ai due parametri che gli astronomi ambivano di ricavare dal diagramma di Hubble: la costante di Hubble, H_0, e il parametro di decelerazione, q_0.

Il parametro di decelerazione, che abbiamo introdotto nel capitolo 6, ha una formulazione matematica piuttosto ingarbugliata: funzionale per i teorici che l'hanno proposta, ma non certo per chi vorrebbe darne un'idea intuitiva. Accontentiamoci allora di dire che, in buona sostanza, con i suoi valori positivi o negativi, che non si discostano mai troppo dall'unità, questo parametro tiene conto del fatto che l'espansione dell'Universo potrebbe essere accelerata (quando il fattore di scala $R(t)$ cresce più velocemente del tempo), oppure decelerata (se la crescita è meno che lineare rispetto al tempo). Nel primo caso, q_0 assume valori negativi, nel secondo valori positivi; nella situazione intermedia, quando cioè, per capirci, 6 miliardi di anni dopo il Big Bang il fattore di scala è doppio che a 3 miliardi di anni e la metà che a 12 miliardi di anni, q_0 risulta essere nullo.

Si può ben capire quanto sia importante conoscere q_0: dal suo valore possiamo infatti risalire al contenuto materiale dell'Universo (è la materia, con la sua massa, che frena l'espansione), nonché tratteggiare la storia dinamica passata del Cosmo e prevederne quella futura. Il q_0 ci può dire se l'espansione durerà in eterno, oppure se rallenterà fino al punto di tramutarsi in una contrazione, con la caduta a capofitto verso il Big Crunch, il collasso finale speculare al Big Bang, che perciò qualcuno chiama scherzosamente Gnab Gib.

Fintantoché ci si limita a considerare galassie vicine, a bassi valori di *redshift*, il diagramma di Hubble è un segmento rettilineo la cui inclinazione ci dà una misura della costante H_0. Ma il grafico non prosegue rettilineo per sempre. Ci si deve infatti aspettare che, a parità di *redshift*, una sorgente si trovi a una maggiore distanza (e perciò ci appaia più debole) nel caso in cui l'espansione dell'Universo stia accelerando, e a una distanza minore se l'espansione sta rallentando: ecco perché se tracciassimo sullo stesso grafico i diagrammi di Hubble teorici per tutta una serie di modelli di Universo caratterizzati dalla stessa H_0, ma da evoluzioni dinamiche differenti, troveremmo che, dopo l'iniziale tratto rettilineo comune a tutti, a *redshift* crescenti i vari diagrammi si aprirebbero a ventaglio, con divaricazioni verso l'alto e verso il basso più o meno accentuate a seconda del valore adottato per q_0, ovvero a seconda di quanto sia accelerata (o decelerata) l'espansione dell'Universo. La forma specifica che viene ad assumere il grafico empirico ci può dunque rivelare quale sia il valore attuale del parametro di decelerazione.

Questo è il motivo per cui, per tutta la seconda metà del secolo scorso, gli sforzi dei cosmologi osservativi si sono concentrati su programmi miranti a raccogliere misure di *redshift* e di distanza per sorgenti il più possibile lontane. Purtroppo con scarsi risultati, perché i grafici cominciano a divaricarsi in modo tangibile, e perciò le misure diventano realmente discriminanti tra i diversi possibili valori di q_0, solo a *redshift* decisamente elevati, diciamo prossimi a 1: la luce ha impiegato più di 7 miliardi di anni per raggiungerci da queste sorgenti, che ora si trovano a una distanza di luminosità di circa 20 miliardi di anni luce.

Sorgenti così remote mettevano a dura prova gli strumenti del tempo: sia i telescopi che le dovevano rivelare sia, ancor più, gli spettrografi che dovevano scomporne la luce per misurare il *redshift*. Senza contare che a questi *redshift* una parte significativa dell'emissione si sposta dall'ottico all'infrarosso, in bande spettrali per le quali l'atmosfera terrestre è un filtro severo. Naturalmente, era d'obbligo rivolgere l'attenzione a sorgenti che fossero particolarmente luminose. Non più singole stelle, e neppure galassie normali, ma semmai radiogalassie, o anche quasar, che esibiscono potenze emissive formidabili, essendo sede di fenomeni violenti dovuti al buco nero insediato nel loro nucleo. Si dovevano però scontare tutti i rischi del caso, perché le galassie dal nucleo attivo non sono certamente le più indicate ad incarnare il ruolo di candele-standard: non solo la luminosità intrinseca potrebbe variare anche di molto da galassia a galassia, ma spesso non si mantiene costante nel tempo neppure per lo stesso oggetto. E infatti la dispersione dei punti sul diagramma, per effetto della disomogeneità delle sorgenti, finiva coll'essere così marcata da mascherare la forma vera del grafico, vanificando ogni sforzo.

Nonostante queste difficoltà, per tutti gli anni Settanta e Ottanta l'impressione generale era che q_0 fosse moderatamente positivo (diciamo attorno a 0,5), ossia che l'Universo stesse rallentando la sua espansione. I dati empirici realmente significativi erano pochi e di discutibile precisione, ma la conclusione pareva abbastanza ragionevole. Dopotutto, la materia è la componente dominante dell'Universo (così allora si credeva), e la sua massa non può che esercitare un'azione gravitazionale frenante nei confronti dell'espansione.

Tutto cambiò nel 1998. E fu una vera rivoluzione, che sovvertì certezze sedimentate e aspettative. In quell'anno, due gruppi di ricerca che avevano lavorato in modo autonomo e indipendente (oltre che in competizione fra loro) su programmi simili, resero pubblici i rispettivi risultati che non lasciavano adito a dubbi: l'espansione cosmica non solo non rallenta, ma è addirittura accelerata!

I due gruppi, il Supernova Cosmology Project, guidato da Saul Perlmutter (Lawrence Berkeley National Laboratory), e l'High-Z Supernovae Search Team, guidato da Brian Schmidt (Osservatorio di Mount Stromlo, Australia), dalla metà degli anni Novanta si erano applicati all'osservazione sistematica di una particolare classe di supernovae in galassie lontane.

Come è ben noto, le supernovae sono esplosioni stellari di inaudita potenza. Gli astronomi le classificano in diversi tipi, a seconda delle righe che presentano negli spettri. Quelle che sono dette di tipo II, ma anche quelle dei tipi Ib e Ic, si pensa siano prodotte dal collasso del nucleo di stelle molto massicce. Perlmutter e Schmidt erano però interessati alle supernovae di tipo Ia, che sono più rare e che si distinguono dalle altre per l'assenza di righe dell'idrogeno e dell'elio nello spettro, e per la presenza di certi caratteristici assorbimenti dovuti al silicio.

All'origine delle supernovae di tipo Ia (SN Ia) v'è un sistema binario costituito da una nana bianca e da una stella evoluta di Sequenza Principale. Le due stelle sono molto vicine fra loro e la nana bianca, che ha una massa di poco inferiore al cosiddetto *limite di Chandrasekhar* (1,4 masse solari), al di sopra del quale collasserebbe trasformandosi in una stella di neutroni, ha buon gioco nel risucchiare materia dall'atmosfera espansa della compagna, accumulandola sulla propria superficie. Nelle nane bianche non sono più attive le reazioni nucleari che nelle stelle normali sviluppano la pressione termica capace di contrastare il peso del corpo stellare. Qui la struttura stellare è parzialmente collassata, tanto che la stella ha ormai le dimensioni di un pianeta, e viene sostenuta da una pressione d'altro tipo, d'origine quantistica, dovuta agli elettroni e detta *pressione di degenerazione*. Però, la massa della stella non deve superare il limite di Chandrasekhar, perché altrimenti neppure l'azione di contrasto degli elettroni degeneri basta più a reggerne il peso e allora l'edificio stellare crolla ulteriormente su se stesso.

Nel sistema binario stretto l'accrescimento di materia prosegue senza sosta e, a mano a mano che la massa totale della nana bianca si avvicina alla soglia fatidica di 1,4 masse solari, la temperatura cresce, il carbonio inizia la fusione e riscalda tutto l'interno stellare fino a che vengono a crearsi le condizioni per l'innesco delle reazioni che riguardano anche l'ossigeno, con la liberazione di quantità imponenti d'energia e la creazione di un'onda d'urto diretta verso l'esterno che dilanierà l'intero corpo stellare. A differenza delle *supernovae a collasso del nucleo*, in questo caso abbiamo una *supernova termonucleare*, che non lascia dietro di sé alcun resto stellare, né stelle di neutroni, né buchi neri. Le convulse fasi finali si svolgono in tempi rapidi: generalmente, per una supernova di tipo Ia si osserva una salita al massimo di luce che dura circa tre settimane, a cui segue una più lenta fase di declino, e il picco di luminosità raggiunge valori tra dieci e cento volte superiori a quelli tipici delle supernovae di tipo II, a collasso del nucleo.

Perché i due gruppi erano interessati proprio alle SN Ia? Anzitutto perché, essendo così luminose, potevano essere viste in galassie molto lontane, ma soprattutto perché si prestavano ad essere candele-standard ideali. Visto che l'esplosione viene innescata quando la massa supera una soglia fissa, la stessa per tutte, e visto che le reazioni che si innescano sono pressoché le stesse, c'è da attendersi che l'energia totale liberata nel corso dell'evento sia grosso modo identica. La verifica positiva venne fatta verso la metà degli anni Novanta studiando le più recenti SN Ia occorse in galassie vicine, che in effetti mostravano una notevole omogeneità. Misure di

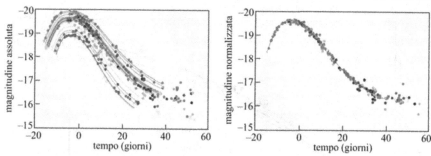

A sinistra, curve di luce di varie SN Ia. C'è una certa dispersione nella luminosità al picco di luce, però si può notare che le SN più luminose hanno una discesa più lenta dopo il massimo. Tenendo conto di questa correlazione, è possibile correggere la magnitudine al picco di luce, come è stato fatto nel grafico di destra: ora le curve di luce normalizzate mostrano una straordinaria omogeneità, ciò che fa delle SN Ia le migliori candele-standard a disposizione dei cosmologi.

dettaglio riscontrarono una leggera dispersione dei valori della luminosità al picco, dell'ordine di qualche decimo di magnitudine, ma quasi subito ci si rese conto che le SN Ia più brillanti mostravano una più lenta discesa dopo il picco, di modo che, dall'andamento della curva di luce rilevata per qualche mese dopo il massimo, e sfruttando questa correlazione, era possibile normalizzare il valore di magnitudine osservato. Le SN Ia si dimostrarono ottime candele-standard, con una magnitudine assoluta normalizzata attorno al valore −19,5 per tutte.

La strategia adottata dai due gruppi era suppergiù la medesima. A cavallo della Luna Nuova, quando il cielo è più buio, si prendevano immagini profonde di una certa regione celeste ove comparivano migliaia di galassie lontane. Comparando le riprese con quelle effettuate precedentemente sulla stessa area, si scopriva ogni volta una manciata di nuove supernovae, che venivano indagate spettroscopicamente per selezionare quelle di tipo Ia. Ai telescopi più potenti al mondo, come il Keck di 10 m, il VLT di 8,2 m, e talvolta anche l'HST, veniva poi affidato il compito di rilevare il *redshift* e di ricavare la curva di luce. Normalizzata la magnitudine assoluta e comparata con quella apparente, il gioco era fatto. Ora bisognava solo mettere in grafico le misure della magnitudine apparente (rappresentativa della distanza) con quelle del *redshift* e osservare dove andavano a cadere i punti: per facilitare la lettura del risultato, sarebbe stato utile tracciare vari diagrammi teorici di Hubble, calcolati adottando diversi possibili valori di q_0, e rilevare su quale tra questi andavano a collocarsi i dati empirici.

La conclusione, resa pubblica dai due gruppi quasi in contemporanea, tra il dicembre 1997 e il gennaio 1998, fu clamorosa e sbalordì per primi gli stessi scopritori, che infatti avevano indugiato qualche mese prima di annunciarla, nel timore di aver sottovalutato o trascurato qualche effetto sistematico. Le SN Ia apparivano tutte più deboli di circa un quarto di magnitudine e quindi più lontane delle attese: il parametro di decelerazione q_0 risultava essere moderatamente negativo, con un valore attorno a − 0,6. L'espansione dell'Universo non solo non decelera, ma, al contrario, sta accelerando!

A voler essere precisi, i due gruppi confrontavano i dati empirici con le curve teoriche calcolate per diversi valori non di q_0, ma dei parametri di densità della materia (Ω_{m0}) e della costante cosmologica ($\Omega_{\Lambda 0}$). L'effetto dinamico era importante, ma lo era ancor di più la causa: la particolare combinazione di contributi alla densità

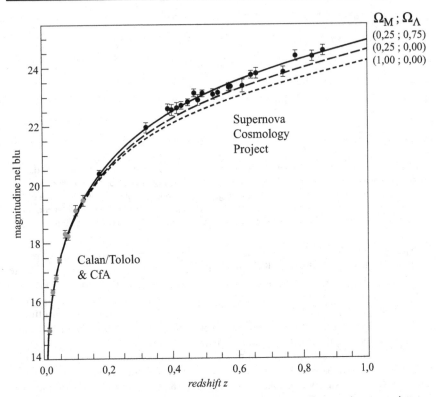

$\Omega_M ; \Omega_\Lambda$
(0,25 ; 0,75)
(0,25 ; 0,00)
(1,00 ; 0,00)

Supernova
Cosmology
Project

Calan/Tololo
& CfA

magnitudine nel blu

redshift z

Il diagramma di Hubble costruito dal gruppo SCP di S. Perlmutter sulla base di misure relative a SN la lontane. Sono stati tracciati, per confronto, anche tre diagrammi teorici relativi a modelli caratterizzati da contributi diversi della materia e della costante cosmologica. I dati empirici si accordano bene con la linea superiore, attinente a un Universo a geometria piana, con un contributo della materia del 25% e della costante cosmologica per il restante 75% (questi valori in seguito sono stati corretti in 27% e 73%).

cosmica dei diversi componenti[1]. Da questa si perviene al corrispondente q_0 attraverso la relazione (6.6): $q_0 = \Omega_{m0}/2 - \Omega_{\Lambda 0}$. Per entrambi i gruppi la curva più rappresentativa era quella per cui: $\Omega_{m0} = 0,3$ e $\Omega_{\Lambda 0} = 0,7$. Si noti che $\Omega_{m0} + \Omega_{\Lambda 0} = 1$, come è giusto che sia se la densità dell'Universo è proprio quella critica.

Così, la vecchia costante cosmologica Λ tornava di colpo al centro della scena, dopo decenni d'oblio. Anche dopo il disconoscimento da parte di Einstein, che per primo l'aveva introdotta ipoteticamente allo scopo di contrastare la gravità, i teorici non l'avevano mai del tutto dimenticata. Essa continuava a comparire nelle equazioni e veniva compresa nei calcoli, ma più per amore di completezza formale che per la convinzione che potesse avere qualche ruolo effettivo. Tanto è vero che, ancora negli ultimi decenni del secolo scorso, quando si trattava di interpretare e discutere le soluzioni proposte dai vari modelli, quasi sempre la Λ veniva posta uguale a zero e il parametro di densità della materia veniva assimilato *tout court* al parametro di densità dell'Universo, come se la materia fosse l'unico ingrediente del Cosmo e la Λ non esistesse. Qualche attenzione in più le venne di nuovo riservata solo dopo i primi anni Ottanta, quando cominciò a farsi strada l'idea dell'in-

[1] Si ricordi quanto detto nel capitolo 6: che nell'equazione di Friedmann (6.4) la costante cosmologica svolge un ruolo assimilabile a quello della densità materiale, di cui condivide ruolo e funzioni.

flazione: poiché sulle cause di questo evento si brancolava nel buio più totale, qualche teorico cominciava a chiedersi se non potesse essere la costante cosmologica, o qualcosa che le assomigliava, la molla della super-espansione esponenziale dei primordi. Ora, sul finire del XX secolo, le SN Ia riproponevano con forza la sua presenza, suggerendo addirittura che il suo contributo alla densità totale fosse più che doppio di quello della materia.

Il risultato, del tutto imprevisto, ha ricevuto solide convalide negli anni successivi, dopo che studi approfonditi hanno potuto escludere che le supernovae apparissero più deboli per altri motivi, per esempio per qualche effetto evolutivo, o per l'attenuazione della luce ad opera di polveri interposte. Le misure del Telescopio Spaziale "Hubble" si sono spinte ormai fino a $z = 1,8$; diversi programmi condotti da telescopi al suolo hanno scoperto diverse centinaia di SN Ia, osservate ben oltre $z = 1$, decuplicando il numero di quelle su cui si basavano le conclusioni del 1998. E non solo quei risultati sono stati sempre confermati, ma ora si può anche precisare che l'espansione risulta accelerata solo da 4 miliardi d'anni a questa parte (grosso modo, da $z = 0,4$ fino a noi), essendo invece moderatamente decelerata nelle epoche cosmiche precedenti, quando il contributo maggioritario alla densità era ancora fornito dalla materia.

Una conferma ancora più convincente è venuta poi negli anni a cavallo del cambio di millennio dalle misure sulla radiazione cosmica di fondo raccolte da numerosi esperimenti imbarcati su palloni stratosferici e soprattutto dalla missione WMAP della NASA, che ha completato il programma del satellite COBE. Benché il metodo sia del tutto diverso da quello basato sulle supernovae lontane, la conclusione è assolutamente la stessa. L'energia attribuibile alla costante cosmologica è la componente dominante della densità dell'Universo: s'è imposta in epoche recenti, ma probabilmente in via definitiva, e non abbandonerà mai più il bastone del comando fino alla fine dei tempi.

Armonie cosmiche

I due satelliti della NASA, COBE e WMAP, che avevano come obiettivo lo studio della radiazione cosmica di fondo nelle microonde, hanno impresso una svolta decisiva alla ricerca cosmologica. Dopo la missione del COBE, e soprattutto dopo quella della WMAP, la determinazione delle grandezze fondamentali che caratterizzano l'Universo, come la sua età, la costante di Hubble, i parametri di densità della materia barionica e non-barionica, quello dell'energia attribuibile alla costante cosmologica, solo per citare i più significativi, escono dal vago delle stime approssimative: nasce la cosiddetta *cosmologia di precisione*.

Non è un esercizio agevole comprendere intuitivamente in che modo tutti questi valori possano essere ricavati dall'analisi della radiazione cosmica di fondo, ma ci proveremo a farlo, cercando di aggirare i tecnicismi estremi, anche concettuali, che sono insiti in questa analisi. Scontando il rischio di qualche eccessiva semplificazione, ci aiuteremo con un'analogia.

Può infatti essere d'aiuto considerare la fisica degli strumenti musicali a percussione. Perché una chitarra emette un suono? Perché la corda pizzicata dal pollice del suonatore, soggetta a una forza elastica, oscilla attorno alla posizione d'equilibrio e comunica la vibrazione alle molecole dell'aria che stanno a diretto contatto con essa. Queste premono sulle molecole vicine e così, sotto forma di onde longitudinali di compressione e di rarefazione, le vibrazioni si propagano nell'aria fino al nostro orecchio, ove colpiscono la membrana del timpano che le traduce in impulsi nervosi diretti al cervello.

Il plasma che costituisce l'Universo primordiale presenta una certa similitudine con una corda vibrante. Abbiamo visto che, cessata l'inflazione, l'espansione cosmica riprende il suo ritmo normale e che le disomogeneità locali, create dalle fluttuazioni quantistiche, dopo essere state stirate a dimensioni tanto macroscopiche da debordare oltre l'orizzonte causale, restano per così dire congelate fino a quando non fanno il loro rientro nell'orizzonte e iniziano ad evolvere. Le prime a rientrare sono le fluttuazioni di dimensioni più piccole; quelle a scale maggiori vengono inglobate in seguito.

Possiamo pensare alle disomogeneità come a eccessi (o difetti) locali di densità. In una regione ove la densità è di poco superiore alla media troveremo un addensamento di particelle baironiche e non-barioniche che tendono ad attrarre a sé altra materia. Le due componenti si comportano però in maniera differente, e non solo perché la componente non-barionica ha una bassa velocità termica (per questo si parla di "materia oscura fredda"), al contrario dell'altra. Si è già detto più volte che i barioni sono strettamente accoppiati con la radiazione: dove v'è un eccesso degli uni v'è un eccesso anche dell'altra. Ma la radiazione esercita una pressione che è tanto più forte quanto maggiore è la sua densità, di modo che quanto più i barioni si addensano, tanto più efficacemente essa tende a sospingerli via. Comportandosi la radiazione come una molla, che moltiplica la forza di rilascio quanto più viene compressa, i barioni si troveranno ad oscillare avanti e indietro, trascinati in avanti dall'attrazione gravitazionale e sospinti indietro dalla pressione dei fotoni. In questo senso il plasma primordiale ha una sua "elasticità", simile a quella di una corda di chitarra, e diventa sede di onde materiali non diverse da quelle sonore. L'oscillazione dei barioni dentro e fuori le buche di potenziale gravitazionale popolate da materia non-barionica (che, non essendo accoppiata con la radiazione, non risente della sua azione, non oscilla, e già da ora prepara il terreno per il collasso che verrà), comunicandosi al plasma circostante, produce un'onda sonora a tutti gli effetti, caratterizzata da una ben precisa velocità di propagazione, che dipende dalle condizioni ambientali del momento.

Quando viene pizzicata, una corda di chitarra emette un suono ben preciso, dipendente dalle caratteristiche geometriche e fisiche della corda stessa, come la lunghezza, la tensione a cui è sottoposta, il materiale di cui è fatta. La frequenza del suono coincide con la frequenza propria delle onde che si instaurano sulla corda vibrante, e parliamo di onde, al plurale, perché pizzicando la corda instauriamo su di essa non una singola onda stazionaria, ma un certo numero di onde le cui frequenze sono tutte multiple intere della frequenza più bassa, che è detta *fondamentale*, mentre le altre sono le *armoniche*. Spesso la fondamentale viene anche detta *prima armonica*; la chiameremo così anche noi; allora, l'onda con frequenza doppia della fondamentale è la seconda armonica, quella con frequenza tripla è la terza armonica, e così via.

Per accordare la chitarra, si può usare un particolare strumento, il diapason, che ha la caratteristica di produrre un suono puro, costituito dalla sola onda fondamentale. Percuotendo con un martelletto il diapason, il suono che si propaga nell'aria ha un profilo sinusoidale perfetto, come sono quelli dei suoni puri. Supponiamo che il diapason emetta la nota musicale La3, alla frequenza di 440 Hz (vuol dire che il diapason compie 440 oscillazioni al secondo), e supponiamo che, manovrando sulle chiavette per aggiustare opportunamente la tensione, la chitarra venga accordata in modo che una delle sue corde dia anch'essa il La3.

Nonostante che la nota sia la stessa, i suoni che l'orecchio percepisce sono ben diversi: metallico, algido, inespressivo quello del diapason, caldo, palpitante e coinvolgente quello della chitarra. Questo perché la nota prodotta dalla chitarra è frutto della sovrapposizione di tutte le armoniche che si instaurano sulla corda, ciascuna delle quali fornisce un proprio specifico contributo alla qualità del suono finale: la fondamentale contribuirà con un "peso" relativo C_1, la seconda armonica, a 880 Hz, con un peso C_2, generalmente minore, la terza, a 1320 Hz, con C_3, ancora minore, e così via (la "C" sta per chitarra). Da notare che l'onda risultante dalla somma delle varie armoniche (si veda il disegno a pag. 188) mantiene la frequenza della fondamentale, e la nota sarà un La3, ma il suo profilo non sarà certo una sinusoide, presentando invece una forma che dipende dai "pesi" relativi e che è caratteristica di quella chitarra: è il suo *timbro musicale*. Se suonassimo la stessa nota La3 al pianoforte, otterremmo un'onda con la medesima frequenza, ma con un profilo differente, perché il timbro del pianoforte (i "pesi" P_1, P_2, P_3 ecc.) è diverso da quello della chitarra. Lo stesso vale per il violino, per il violoncello, oppure per gli strumenti a fiato, come la tromba o il clarinetto: ciascuno strumento, oltre che la fondamentale, emette un certo numero di armoniche che contribuiscono in misura diversa e caratteristica a determinarne il timbro. Il timbro del diapason evidentemente è $D_1 = 1$, $D_2 = 0$, $D_3 = 0$, $D_4 = 0...$).

Il nostro orecchio, ammaestrato da anni d'esperienza musicale, sa riconoscere non solo la frequenza (la nota) del suono che lo raggiunge, ma anche il timbro. Non c'è bisogno di stare davanti al televisore per capire se la musica che ascoltiamo proviene dagli archi o dai fiati di un'orchestra, e ciascuno di noi percepisce la diversità delle note emesse da una chitarra rispetto a quelle di un pianoforte. Ciò significa che il nostro apparato uditivo è così raffinato da cogliere il valore dei "pesi" delle armoniche presenti in un suono e quindi di effettuare un'analisi timbrica, tanto è vero che ci basta sentir parlare per cinque minuti una persona è già siamo in grado di riconoscere la sua voce tra decine d'altre, anche se ci sta alle spalle e non la vediamo. Ne riconosciamo il timbro vocale. Il nostro orecchio compie un'operazione che i matematici chiamano *analisi spettrale*, o *analisi di Fourier*, che consiste nella scomposizione di ogni oscillazione periodica nelle sue armoniche costitutive, con la determinazione del "peso" di ciascuna.

Nel plasma primordiale si generano onde come su una corda di chitarra. Però la corda è una, mentre qui le regioni interessate da oscillazioni sono innumerevoli; la corda ha una precisa lunghezza, le regioni sono delle più varie dimensioni. Nel plasma, le onde cominciano a prodursi nel momento in cui la regione interessata fa il suo rientro nell'orizzonte causale (e abbiamo visto che i tempi sono diversi, a seconda della scala spaziale); inoltre, la velocità di propagazione delle onde varia nel tempo, in funzione delle mutate condizioni fisiche del plasma. Ciò per rimarcare quanto diversa ed enormemente più complessa sia l'analisi che s'ha da fare sulle onde sonore che percorrevano l'Universo primordiale.

Oltretutto, non è che i cosmologi possano accedere direttamente a quei suoni. Non li ricevono, non li sentono, non li registrano: la superficie dell'ultimo *scattering* è un tendale opaco che nasconde tutto ciò che avviene in tempi precedenti. Al di là di esso, possiamo solo immaginare una sconfinata distesa di plasma caldo che viene percorso da ogni sorta di onde sonore. Dall'inflazione fino alla ricombinazione, dentro il plasma cosmico hanno avuto modo di instaurarsi oscillazioni di tutte le frequenze; però, nelle previsioni dei cosmologi, ce ne saranno alcune che devono essere più presenti di altre e che perciò contribuiscono alla sinfonia cosmica con un "peso" maggiore.

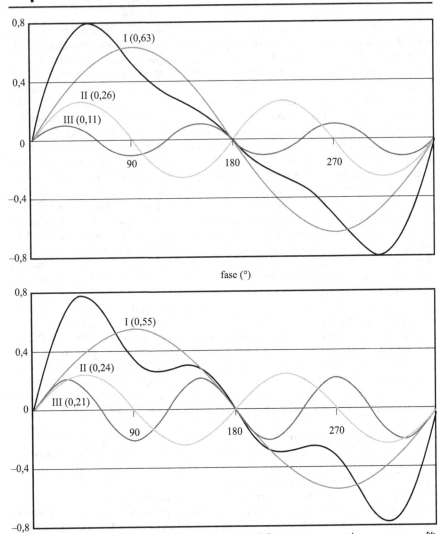

Le onde risultanti (linee più marcate) dalla sovrapposizione delle prime tre armoniche presentano profili diversi a seconda dei "pesi" relativi (indicati tra parentesi) con cui vengono sommate le tre onde di base. Le armoniche hanno profili perfettamente sinusoidali; la seconda e la terza armonica hanno lunghezze d'onda che sono la metà e un terzo di quella della fondamentale; l'onda risultante ha la stessa lunghezza d'onda della fondamentale. Negli strumenti musicali, la forma del profilo determina il timbro dello strumento. Con un metodo matematico noto come *analisi di Fourier*, partendo dal profilo dell'onda risultante è possibile risalire ai "pesi" delle tre (o eventualmente più) armoniche.

Possiamo assimilare queste frequenze favorite alla fondamentale e alle armoniche di uno strumento musicale. Anche qui, come nello strumento, tali frequenze sono fissate dalle caratteristiche geometriche e dalle proprietà fisiche dell'ambiente in cui le onde si propagano. Le prime tre armoniche della nota La3 suonata dalla chitarra si propagano nell'aria con lunghezze d'onda rispettivamente di 75 cm, di 37,5 cm (la metà) e di 18,7 cm (un terzo). Queste sono le distanze che separano due creste consecutive dell'onda, o anche due gole. Nel plasma primordiale, secondo i calcoli dei cosmologi, che tengono conto del tempo che le onde hanno per propagarsi e della velocità con cui si muovono in quell'ambiente, c'è una dimensione caratteristica che è l'analogo della lunghezza d'onda della fondamentale in uno strumento musicale: viene detta *scala acustica*, e si valuta che all'era della ricombinazione misurasse circa 440mila anni luce. Come nella chitarra, le altre oscillazioni favorite sono quelle con lunghezze d'onda sottomultiple di questa (220mila, 110mila anni luce ecc.): possiamo assimilarle alle armoniche d'ordine 2, 3 e successive.

Tutt'a un tratto, all'era della ricombinazione, la sinfonia cosmica (che in realtà è una scompigliata cacofonia) si rivela ai nostri occhi perché i fotoni si liberano dall'opprimente abbraccio della materia e possono vagare nel Cosmo consegnandoci l'informazione di cui sono portatori. (Tra l'altro, sciamati i fotoni, cessano anche le oscillazioni sonore perché i barioni non vengono più sospinti via dalle buche di potenziale: la "molla" si è spezzata.) Il tendale si squarcia e cosa vediamo? Chiediamoci cosa vedremmo se scattassimo una fotografia a una corda di chitarra vibrante: vedremmo punto per punto il profilo dell'onda che la percorre, utile per farne l'analisi spettrale, per ricavare le lunghezze d'onda della fondamentale e delle armoniche e i "pesi" relativi con cui si combinano. In modo analogo, grazie alle misure dei due satelliti della NASA, i cosmologi oggi dispongono di un'istantanea che ritrae punto per punto lo stato della temperatura del plasma all'era della ricombinazione, che sappiamo essere rappresentativo dello stato della densità: vediamo le regioni in cui si hanno compressioni e rarefazioni di materia, ossia, per dirla in modo semplice, vediamo le creste e le gole delle varie onde. Che però si mischiano e sovrappongono in maniera caotica, difficile da interpretare. Il mantello di un cane dalmata è abbastanza caratteristico e riconoscibile, così come lo è quello di una giraffa o di un ghepardo. Se però sovrapponessimo a più livelli, immaginando che siano trasparenti, questi tre mantelli, più quello di un ocelot, di un cavallo appaloosa e di chissà quanti altri animali maculati, giù giù fino alla coccinella, otterremmo alla fine una composizione in cui le strutture relativamente ordinate di partenza hanno perso ogni riconoscibilità.

Le mappe della temperatura della CBR raccolte dal COBE e dalla WMAP sono qualcosa del genere. Esse mostrano la superficie dell'ultimo *scattering* come un mosaico di innumerevoli regioni delle più varie dimensioni, alcune un poco più calde della media, altre un poco più fredde. Le temperature vengono generalmente codificate con colori che vanno dal magenta al blu. Capire se sono presenti regolarità in questo coacervo di macchie variamente colorate rappresenta una vera sfida per i matematici: si tratta di analizzare con criteri statistici come sono distribuite le macchie per rilevare quali sono le distanze che preferenzialmente le separano (riconducibili alle lunghezze delle onde sonore). A ciascuna di queste distanze favorite, che sulle mappe misuriamo come separazioni angolari, corrisponderanno certi "pesi" a seconda che risultino molto o poco favorite, che siano molto o poco presenti nella mappa. Infine, si potrà esprimere il risultato di questa analisi di Fourier bidimensionale (perché non riguarda una corda, uno spazio unidimensionale, ma una superficie, l'intera volta celeste) attraverso un grafico che mette in evidenza quale sia "l'indice di gradimento" per ciascuna separazione angolare, il "peso" relativo delle varie lunghezze d'onda preferite.

Questo grafico è il famoso *spettro di potenza angolare* delle anisotropie della CBR (figure a pag. 192 e 194), uno scrigno che custodisce un vero tesoro sotto

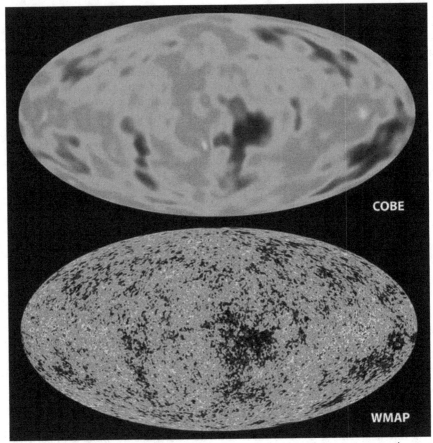

Confronto tra le mappe della CBR rilevate sull'intera volta celeste dai satelliti COBE e WMAP: la prima ha una risoluzione di soli 7°, la seconda di circa 13'. I diversi toni di grigio codificano differenze di temperatura dell'ordine del decimillesimo di grado. Dall'analisi di Fourier relativa alla distribuzione delle macchie calde e fredde in queste mappe si ricava lo spettro di potenza angolare, un grafico ricco d'informazioni sul valore dei principali parametri cosmologici.

forma di fondamentali informazioni sui parametri dinamici dell'Universo, sul suo contenuto e sulla sua geometria. George Smoot, Premio Nobel 2006, che grazie al COBE mise per primo in evidenza le tenui fluttuazioni di temperatura nella CBR, ammirando estasiato lo spettro di potenza ricavato dalle misure della WMAP ebbe a dire che gli pareva di scorgervi "il volto di Dio". Un modo d'esprimersi un poco enfatico, se si vuole, ma incisivo. Vediamo perché.

I picchi acustici

Già nei primi anni Settanta, quando era ancora fresca la scoperta della radiazione di fondo nelle microonde da parte di Penzias e Wilson, gli astrofisici teorici si cimentarono nella previsione di quale sarebbe stato l'aspetto di una mappa della

CBR estesa a tutta la volta celeste, pur essendo ben consci che l'opportunità di rilevare tale mappa l'avrebbero avuta i loro colleghi osservativi di una o due generazioni dopo. In quegli anni lontani si disponeva solo di misure su aree di cielo circoscritte, su poche bande di lunghezze d'onda (e non ancora su quella più significativa, la millimetrica, ove cade il massimo dell'emissione!), eppure i teorici non solo erano fermamente convinti che la CBR fosse proprio il bagliore residuo del Big Bang, ma già si interrogavano sulla natura e sulla distribuzione delle anisotropie, delle minuscole differenze di temperatura da punto a punto, che si sarebbero dovute osservare.

Era infatti scontato che all'era della ricombinazione dovesse esservi qualche disomogeneità, altrimenti non si spiegherebbero la formazione e l'evoluzione delle strutture cosmiche. Già, ma di quale tipo? Le fluttuazioni di densità che un giorno si sarebbe riusciti a "leggere" sulla mappa della CBR dovevano essere frutto dell'evoluzione, intervenuta nel corso dei primi 380mila anni di vita dell'Universo, di fluttuazioni primordiali delle quali nulla si conosceva, né l'origine, né la natura. Oggi le attribuiamo a fluttuazioni ultramicroscopiche figlie dell'indeterminazione quantistica, avvenute durante la fase inflattiva e "pompate" a scale macroscopiche, ma l'inflazione è un concetto che sarebbe stato introdotto dieci anni dopo il tempo di cui stiamo parlando.

Una domanda che ci si poneva era la seguente: in che modo le ampiezze delle fluttuazioni primordiali si rapportano alle rispettive scale spaziali? In parole povere: gli eccessi di densità su piccola scala sono maggiori o minori che su grande scala? I teorici esploravano tutte le possibilità e di ciascuna verificavano la compatibilità con i tempi effettivi d'evoluzione delle strutture cosmiche, gli ammassi e le galassie, scartando quelle che si dimostravano irrealistiche. La più promettente, che era anche la più semplice che si potesse immaginare, era stata ventilata indipendentemente dall'americano Edward Harrison e dal russo Yakov Zel'dovich in articoli del 1970 e del 1972: si ipotizzava che le perturbazioni primordiali di densità interessassero alla stessa maniera tutte le componenti materiali dell'Universo (i quark, gli elettroni, i neutrini ecc.) e che l'ampiezza fosse la stessa su tutte le scale spaziali. È l'ipotesi detta delle *perturbazioni adiabatiche e invarianti di scala* che ancora oggi è alla base del modello cosmologico standard non solo perché sarebbe stata avvalorata una decina d'anni dopo dagli scenari inflattivi, dai quali scaturisce in maniera assai naturale, ma anche perché ha predetto con trent'anni d'anticipo la forma dello spettro di potenza angolare della CBR.

Se esistono frequenze favorite, e quindi dimensioni lineari e scale angolari favorite, come più sopra si diceva, queste si riveleranno nel grafico dello spettro di potenza sotto forma di picchi, a indicare valori particolarmente elevati dei rispettivi "pesi". L'aveva già previsto nel 1965 il fisico russo Andrei Sakharov. I teorici si aspettavano che i *picchi acustici* rilevabili fossero tre, o forse qualcuno di più: i primi tre, comunque i più netti, sarebbero quelli riferibili alla scala acustica fondamentale e alle sue armoniche di frequenza doppia e tripla; quindi il secondo e il terzo sarebbero dovuti cadere a scale angolari rispettivamente pari alla metà e a un terzo di quella del primo. È proprio ciò che la WMAP avrebbe poi rivelato.

I picchi più evidenti sono solo i primi tre perché, come anticipato dall'americano Joseph Silk nei primi anni Settanta, a scale angolari più piccole di una decina di primi d'arco, dove dovrebbero cadere i picchi acustici successivi, subentrano certi processi dissipativi che contrastano lo sviluppo delle onde e che le smorzano; invece, a scale angolari maggiori di 3-4° troviamo regioni così estese da non essere causalmente

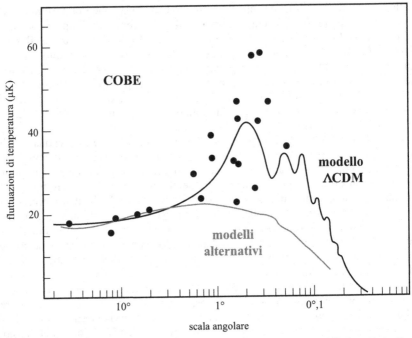

Spettro di potenza angolare delle anisotropie della CBR. Le misure del satellite COBE (pallini), affette ciascuna da errori dell'ordine di una decina di microkelvin, permettevano solo di intuire la presenza del picco acustico principale a una scala angolare poco sotto 1°, senza saperlo collocare con precisione. Deponevano comunque a favore dello scenario inflattivo, la cui previsione è la curva continua in alto, escludendo lo spettro di potenza previsto da modelli alternativi (curva in basso).

connesse, oppure da essere rientrate nell'orizzonte osservativo così di recente, all'era della ricombinazione, che le onde non avevano ancora avuto il tempo di instaurarsi e stabilizzarsi. A queste scale opera anche un effetto, detto di Sachs-Wolfe, tale per cui le lunghezze d'onda dei fotoni emergenti da regioni di maggiore densità (più "calde") vengono allungate per *redshift* gravitazionale, simulando la provenienza da regioni "fredde", meno dense, con un generale livellamento delle isotropie, ciò che determina il *plateau* nello spettro di potenza alle grandi scale angolari.

Ma dove cadono esattamente i tre picchi di questo grafico il cui profilo, più che il volto di Dio, rimanda prosaicamente alla groppa di un cammello trigibboso accovacciato?

Già la posizione del primo contiene un'informazione di fondamentale importanza. Se vedo un'auto parcheggiata nel senso della sua lunghezza, che so essere di 5 m esatti, mi basta misurare l'angolo sotto cui la vedo per ricavare la distanza del parcheggio. Se, per esempio, l'angolo è 2°, con un po' di trigonometria posso calcolare che la distanza è 150 m. Se vedo l'auto sotto un angolo minore, la distanza sarà maggiore, e viceversa. In modo analogo, poiché conosciamo l'estensione lineare della scala acustica (440mila anni luce), l'angolo sotto cui la traguardiamo dipenderà dalla distanza a cui si trova e quindi anche dalla geometria dell'Universo. Se infatti lo spaziotempo ha una curvatura positiva, come quella di una sfera, i raggi luminosi che partono dalle estremità di una regione di una certa estensione lineare, e che conver-

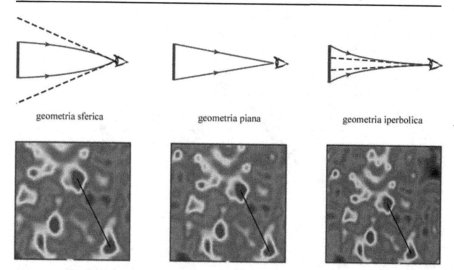

geometria sferica   geometria piana   geometria iperbolica

In uno spaziotempo a curvatura positiva (a sinistra), i raggi luminosi convergono nel nostro occhio dopo essersi mossi lungo geodetiche concave e perciò ci mostrano la stessa dimensione lineare angolarmente più estesa che se la osservassimo in uno spaziotempo a curvatura negativa (a destra). Dunque, le dimensioni angolari di oggetti lontani dipendono dalla geometria dell'Universo e l'esperimento BOOMERanG ha per primo dimostrato che viviamo in un Universo piano, euclideo, a densità critica, come previsto dallo scenario dell'inflazione (al centro).

gono nel nostro occhio dopo essersi mossi lungo geodetiche concave, ce la mostreranno angolarmente più estesa che se la osservassimo in uno spaziotempo a curvatura negativa (quella di una sella), ove le geodetiche sono divergenti. Ricordando che la geometria dell'Universo è fissata dalla sua densità media, possiamo dire che in un Universo a densità maggiore di quella critica gli oggetti lontani sembrano angolarmente più estesi, come se li guardassimo attraverso una lente d'ingrandimento. Il contrario avviene in un Universo di bassa densità.

Dalle misure del satellite COBE, i cui strumenti avevano una modesta risoluzione angolare, intorno a 7°, i cosmologi riuscirono con difficoltà (e con rischiose estrapolazioni) a individuare solo la presenza del primo picco, che pareva collocarsi a una scala angolare poco sotto 1° (vedi grafico della pagina a fronte). Le misure erano affette da notevoli incertezze e facevano solo intuire la possibile presenza anche di picchi secondari; bastarono comunque per escludere tutti gli scenari alternativi a quello dell'inflazione e delle fluttuazioni quantistiche primordiali: lo spettro di potenza previsto dagli altri modelli era completamente diverso da quello osservato dal COBE.

Tra la fine degli anni Novanta e i primi anni del XXI secolo, numerosi esperimenti condotti su palloni d'alta quota si cimentarono nell'impresa di determinare con maggior precisione la scala angolare del primo picco. Tra i molti è da ricordare soprattutto l'esperimento BOOMERanG (1998), guidato da Paolo de Bernardis, dell'Università "La Sapienza" di Roma, e Andrew Lange, del Caltech. Gli esperimenti su pallone, condotti ad alta quota per eludere l'azione di filtro dell'atmosfera sulle microonde, hanno il vantaggio di una maggiore flessibilità e di un minor costo rispetto alle missioni spaziali, ma naturalmente devono fare i conti con un tempo osservativo assai più ridotto, che costringe a circoscrivere le misure a un'areola di cielo poco estesa. Il BOOMERanG (Balloon Observations Of Millimetric Extragalactic Radiation and Geophysics) fu il

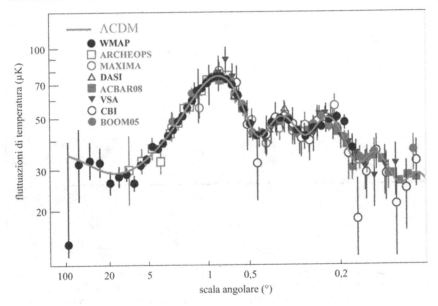

Lo spettro di potenza della CBR ricavato dalle misure raccolte per sette anni della missione WMAP (2010) e da una serie di esperimenti condotti dal suolo o da palloni sonda. La curva continua è costruita per un modello cosmologico standard, a materia oscura fredda e con la costante cosmologica (modello ΛCDM), a densità critica, con ripartizioni (0,73; 0,23; 0,04) rispettivamente dei contributi dell'energia oscura, della materia non-barionica e della materia ordinaria, con $H_0 = 72$ km s^{-1} Mpc^{-1}. Si noti come certi esperimenti (non la WMAP, che non aveva sufficiente risoluzione) mettano in luce anche un quarto e un quinto picco. (Ned Wright; adattato)

primo esperimento a determinare con precisione la posizione del picco acustico principale e quindi anche la distanza della superficie dell'ultimo *scattering*.

Passato il testimone alla WMAP, la cui risoluzione era inferiore a quella del BOOMERanG, ma trenta volte migliore di quella del COBE, si è potuto definitivamente appurare che il primo picco cade a circa 0°,7: questo è proprio ciò che i teorici si aspettavano di trovare, dato il valore attuale della costante di Hubble, qualora la geometria dello spaziotempo fosse euclidea, ovvero se l'Universo fosse piatto, con densità esattamente pari a quella critica. Come si ricorderà, la piattezza dell'Universo è una delle previsioni più impegnative che scaturiscono dallo scenario dell'inflazione. Verificata!

Oltre che la posizione, anche l'altezza di ciascuno dei tre picchi reca con sé informazioni preziose. Decrittare il messaggio delle tre "gobbe" è un'attività complessa, che coinvolge una decina di parametri cosmologici fondamentali, fra i quali H_0, il parametro di densità dei barioni e della materia oscura, l'età dell'Universo, l'epoca a cui si verifica la ricombinazione, solo per citarne alcuni. Per esempio, il divario tra le altezze del primo e del secondo picco è indicativo dell'abbondanza dei barioni (il valore trovato dalla WMAP si accorda perfettamente con quello ricavato dalle abbondanze degli elementi leggeri); il confronto fra il terzo picco e i primi due è rivelatore dell'abbondanza della materia oscura non-barionica; tutti e tre i picchi sono più alti o più bassi a seconda del contenuto materiale dell'Universo, ma anche del

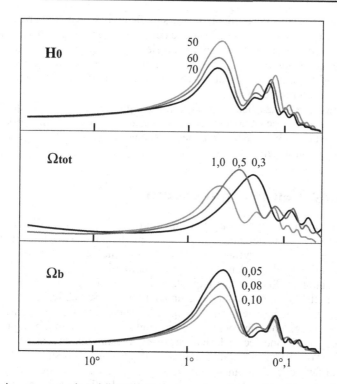

Lo spettro di potenza angolare della CBR calcolato per via teorica varia in funzione dei valori di alcuni dei parametri cosmologici fondamentali, come la costante di Hubble, il parametro di densità totale e quello dei barioni. I picchi sono d'altezza diversa e cadono in posizioni diverse. (adattato da *Physics Today*, nov. 1997, pag. 37)

valore di H_0 e della natura delle perturbazioni primordiali (le misure WMAP depongono a favore delle perturbazioni adiabatiche e invarianti di scala, previste dagli scenari inflattivi). E così via.

Senza perderci nei dettagli, riassumiamo le conclusioni più significative che emergono dai dati WMAP e che hanno aperto l'era della cosmologia di precisione, a indicare che, dopo questa missione, la cosmologia ha abbandonato la strada fin qui seguita, lastricata di stime incerte, per imboccarne una più consona al suo vero *status* di scienza fisica osservativa, ove si eseguono misure accurate, per ciascuna delle quali si sa valutare il grado di precisione:

a) il Big Bang è avvenuto 13,7 miliardi di anni fa (con un'incertezza di un centinaio di milioni di anni);

b) l'era della ricombinazione è avvenuta (379 ± 8) migliaia di anni dopo il Big Bang, al *redshift* $z = (1089 \pm 1)$;

c) la costante di Hubble vale (72 ± 4) km s^{-1} Mpc^{-1};

d) la temperatura della CBR è $(2,725 \pm 0,002)$ K;

e) il rapporto numerico tra fotoni e barioni è $1,6 \times 10^9$;

f) il parametro di densità dell'Universo vale $\Omega_{tot} = (1,02 \pm 0,02)$;

g) il parametro di densità della materia vale $\Omega_m = (0,27 \pm 0,04)$;

h) quello della materia barionica vale $\Omega_b = (0,044 \pm 0,004)$.

Gli ultimi tre dati sono particolarmente significativi. Se la materia barionica contribuisce solo per il 4% alla densità totale dell'Universo (in perfetto accordo con la stima che si deduce dalle abbondanze degli elementi leggeri) e se la materia nel suo complesso contribuisce per il 27%, la differenza del 23% è riferibile alla materia oscura non-barionica, che quindi avrebbe una densità quasi sei volte maggiore di quella della materia ordinaria.

Un'altra conseguenza, ben più intrigante, è la seguente: se la densità è quella critica e se la materia fornisce un apporto pari al 27%, qual è la natura della "sostanza" che contribuisce per il 73% restante, imponendosi come la componente energetica di gran lunga maggioritaria nell'Universo?

L'enigma dell'energia oscura

Se, parlando di materia oscura, avevamo ammesso l'imbarazzo di non sapere di cosa fosse fatto l'85% della materia cosmica, qui di nuovo ci troviamo nell'impaccio di confessare la nostra totale ignoranza relativamente alla sostanza che contribuisce per i due terzi alla densità energetica dell'Universo.

Di che si tratta? Non di materia: questa è già stata conteggiata. Non di radiazione, che all'era attuale darebbe comunque un contributo trascurabile. Resta la costante cosmologica, di cui però nessuno sa spiegare la reale natura. E siamo punto e a capo. Così, i cosmologi, che sono persone serie e non sono usi millantare cognizioni che non posseggono, hanno deciso di chiamare *energia oscura* questa sostanza misteriosa. L'aggettivo "oscura" è un'onesta ammissione d'ignoranza; il sostantivo "energia" si riferisce al fatto che la sostanza contribuisce alla densità energetica dell'Universo: non si poteva coniare una locuzione più compatta ed efficace per esprimere il poco che si sa e il molto che si ignora. Attenzione a non confondere materia oscura con energia oscura, che sono entità diverse e scorrelate: il solo aspetto che le avvicina è la nostra incapacità di spiegarne l'essenza. Attenzione pure a non considerare come sinonimi l'energia oscura e la costante cosmologica. Quest'ultima è attualmente il candidato più credibile a quel ruolo, ma non è il solo, come vedremo.

Richiamiamo velocemente le caratteristiche della costante cosmologica. Einstein la introdusse nelle equazioni di campo come un asettico termine matematico, indicato con il simbolo Λ, con la funzione di contrastare gli effetti della gravità. Nell'equazione di Friedmann (6.4) si vede che la Λ viene ad assumere un ruolo non diverso da quello della densità materiale attraverso il termine $\rho_\Lambda = \Lambda c^4/8\pi G$ che ha le dimensioni di una densità energetica (energia per unità di volume, misurata in J/m^3). Essendo tale espressione una combinazione di costanti fisiche, è a sua volta una costante, il cui valore numerico (attualmente stimato in $\rho_\Lambda = 6,4 \times 10^{-10}$ J/m^3) non varia nello spazio e nel tempo, né dipende dalla temperatura o dal fattore di scala dell'Universo.

Visto che non è soggetta a evoluzione, viene da pensare che la costante cosmologica esprima una "qualità" intrinseca allo spaziotempo, forse intimamente connessa con le leggi fisiche che operano nel Cosmo, forse rivelatrice di proprietà che ancora ci sfuggono e che hanno a che vedere con la grande unificazione delle forze, in particolare con le teorie della gravità quantistica. Ma sono solo supposizioni. In ogni caso, essa viene considerata come una sorta di "energia del vuoto", intendendo con questo una forma energetica connessa con la struttura stessa dello spaziotempo. Si noti che l'energia del vuoto, se esiste (e i fisici delle particelle assicurano che esiste), non può che avere una densità costante, dato che il vuoto è vuoto, e non ospita nulla da cui l'energia potrebbe dipendere o a cui potrebbe riferirsi. Costante nello spazio e nel tempo, proprio come la Λ di Einstein.

Einstein trattò la costante cosmologica come un fluido omogeneamente disseminato per tutto l'Universo e caratterizzato da un'equazione di stato $P = \omega \cdot \rho \cdot c^2$, ove la costante ω ha il valore -1. Cosa rappresenta l'equazione di stato? È l'espressione matematica che mette in relazione la densità ρ di un fluido, misurata in kg/m^3, con la pressione P che tale fluido esercita. Spesso la si trova scritta in quest'altra forma: $P = \omega \cdot \rho$, che equivale alla precedente a patto che ora si intenda la ρ come densità energetica ($\rho \cdot c^2$), misurata in J/m^3. Nel seguito, utilizzeremo anche noi quest'altra forma più compatta.

L'equazione di stato è una sorta di carta d'identità della sostanza che si sta considerando, il cui comportamento risulta compiutamente caratterizzato dal valore del parametro ω, che può essere positivo, negativo o nullo; e, in generale, può essere costante, oppure no. Einstein assunse che quello della costante cosmologica fosse costante e pari a -1.

Per cogliere intuitivamente il significato dell'equazione di stato, pensiamo a un contenitore riempito di un gas monoatomico, come può essere l'elio, e chiediamoci da cosa dipende la pressione che il gas esercita sulle pareti del recipiente (ricordiamo che la pressione è la forza applicata sull'unità di superficie). La pressione è frutto degli urti delle particelle del gas contro le pareti ed è intuibile che dipenda da due fattori: la frequenza degli urti e la velocità delle particelle. Quanto più numerose sono, tanti più urti si verificheranno nell'unità di tempo; quanto più energetiche sono, tanto più vigorose saranno le spinte che i singoli atomi comunicheranno alle pareti. L'intensità della pressione è perciò determinata dal contributo congiunto di questi due parametri, il numero di particelle presenti nell'unità di volume e l'energia cinetica media di ciascuna di esse. Ma il prodotto di queste due grandezze non è proprio la densità d'energia presente all'interno del recipiente? Ecco dunque chiarita la relazione tra pressione e densità energetica. Tra l'altro, pressione e densità energetica hanno la stessa dimensione fisica, essendo il N/m^2 del tutto equivalente al J/m^3. Sviluppando per bene i calcoli, nel caso specifico del gas monoatomico si trova che la pressione è pari ai due terzi della densità energetica: $P = 2\rho/3$. Per un gas di particelle la ω è dunque costante e vale 2/3.

Detta così, sembra che ci siamo dimenticati di un fattore importante, la temperatura. È infatti la temperatura il primo parametro a cui si pensa parlando della pressione di un gas: l'immagine che ci passa per la mente è la minaccia rappresentata dalla bombola di propano della cucinetta del campeggio pericolosamente esposta al calore del Sole, che potrebbe cedere alla pressione; in realtà, della temperatura si è tenuto conto nel calcolo dell'energia cinetica media degli atomi del gas. E, con la densità, abbiamo anche tenuto conto del fatto che il pericolo è maggiore se la bombola è ben carica, piena di gas. Dunque, non abbiamo trascurato niente: l'equazione di stato contiene tutte le informazioni necessarie per prevedere il comportamento del fluido considerato.

Adesso pensiamo a un fluido composto non da particelle materiali, ma da fotoni, particelle di luce. L'interno delle stelle molto massicce e calde si comporta proprio come il contenitore di gas dell'esempio precedente e anche in questo caso i fotoni esercitano una pressione, che è detta *pressione di radiazione*. Se procediamo al calcolo quantitativo, si trova che l'equazione di stato della radiazione ha la costante ω pari a 1/3.

Capire l'Universo

Anche le galassie, in quanto costituenti dell'Universo, nelle equazioni di campo relativistiche vengono trattate alla stregua di un fluido, con una specifica equazione di stato. In questo caso abbiamo $\omega = 0$, per il semplice fatto che le galassie sono così distanti fra loro e le loro velocità relative sono mediamente così basse che gli urti sono estremamente improbabili, e la pressione è sempre nulla.

Ogni costituente del Cosmo ha una sua propria equazione di stato, ma certamente quella della costante cosmologica è del tutto peculiare, presentando la costante ω negativa. Ciò significa che la pressione da essa esercitata è negativa, una sorta di risucchio, un concetto decisamente lontano dalla nostra intuizione.

Sfida ancor più l'intuizione il fatto che pure il vuoto esercita una pressione! E anche questa è negativa. Possiamo rendercene conto dal seguente esempio. Torniamo al contenitore di gas e immaginiamolo di forma cilindrica, chiuso con un pistone a tenuta. La pressione (positiva) del gas tende a sospingere il pistone verso l'esterno e il gas che si espande di un piccolo volume ΔV fa un lavoro $L = P \cdot \Delta V$, ove P è la pressione. Il lavoro riversato all'esterno viene fatto a spese dell'energia interna, che cala di un corrispondente ΔU. Per la legge di conservazione dell'energia, il lavoro fatto dal gas sarà uguale e contrario alla variazione dell'energia interna: $L = -\Delta U$. Se il pistone fa un lavoro di 10 J, l'energia interna sarà calata di 10 J.

Ora immaginiamo che dentro il contenitore non ci sia il gas, ma il vuoto, e che il pistone venga spostato di poco verso l'esterno, di modo che il volume interno cresca di un piccolo ΔV. Poiché la densità di energia del vuoto ρ è costante, a fronte di un aumento del volume avremo un aumento dell'energia interna $\Delta U = \rho \cdot \Delta V$, non più un calo come prima. Ma se l'energia interna cresce di 10 J, qualcuno deve averli immessi: il qualcuno è colui che ha fatto un lavoro di 10 J per estrarre di poco il pistone, e che per farlo evidentemente ha dovuto sudare. Se prima bisognava tenere a freno il pistone per non lasciarlo espandere, ora è vero il contrario: bisogna spendere energia per estrarlo. Dal che deduciamo che il vuoto esercita una pressione negativa[*2]. Ancora, vale la conservazione dell'energia: $L = -\Delta U$. Ricordando che $L = P \cdot \Delta V$ e che $\Delta U = \rho \cdot \Delta V$, si ricava che: $P = -\rho$. Così, abbiamo ottenuto l'equazione di stato dell'energia del vuoto, con la $\omega = -1$, costante nello spazio e nel tempo. Ora si capisce bene perché la costante cosmologica viene spesso assimilata all'energia del vuoto: perché ne condivide l'equazione di stato.

Da quanto s'è detto, potremmo pensare al vuoto, alla struttura spaziotemporale, come a una sorta di molla in perenne tensione, che tende a ritrarsi. Lo stesso vale per la costante cosmologica. Il che mette di nuovo in crisi la nostra intuizione, perché ci risulta difficile comprendere come una molla che si ritrae possa efficacemente contrastare la forza d'attrazione gravitazionale. A prima vista, verrebbe da dire l'esatto contrario. Invece no.

Per Einstein era una scelta obbligata quella di attribuire alla costante cosmologica una pressione negativa. Infatti, nella Relatività Generale la pressione produce effetti gravitazionali, proprio come la massa. In tutte le equazioni che mirano a calcolare una forza, o un'accelerazione, di gravità, la densità energetica ρ della sostanza da cui la forza scaturisce si trova sempre accompagnata dalla pressione che essa esercita, precisamente attraverso il termine $(\rho + 3P)$. Da ciò si vede che una pressione positiva tende a rafforzare l'effetto dovuto alla massa, mentre una pressione negativa tende a contrastarlo. Per esorcizzare la possibilità del collasso gravitazionale dell'Universo su se stesso, Einstein aveva bisogno di contrapporre alla materia un nuovo ingrediente del Cosmo, una sostanza che sviluppasse una pressione negativa. Né qualche altro tipo di materia, che ha pressione nulla, né la

---

[*2] In tutta onestà, va detto che l'esempio si presta a qualche critica. Non diremo quale per evitare di entrare in questioni piuttosto tecniche. Il lettore lo consideri un semplice esperimento concettuale, utile per aiutare l'intuizione.

In che senso il vuoto esercita una pressione negativa? Questo esempio ci aiuta a capirlo. C'è un cilindro riempito di gas e chiuso da un pistone a tenuta. Le particelle gassose esercitano una pressione positiva P sulle pareti del cilindro: quando il gas si espande di un piccolo volume ΔV, sospinge il pistone verso l'esterno facendo un lavoro $L = P \cdot \Delta V$; supponiamo che sia $L = 10$ J. Per la conservazione dell'energia, l'energia interna del gas, che all'inizio era U, sarà calata di 10 J. Supponiamo ora che nel contenitore ci sia il vuoto, che ha una densità d'energia costante: un tot d'energia per ogni m³ di volume. Se il pistone viene tirato verso l'esterno, aumenta il volume, e quindi aumenta l'energia interna: l'esatto contrario di quanto avveniva precedentemente. Ciò significa che il vuoto ha compiuto un lavoro negativo, ovvero che la sua pressione è negativa.

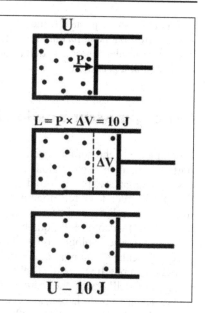

radiazione, che ha pressione positiva, potevano svolgere quel ruolo. Ecco perché si era inventato la costante cosmologica e l'aveva introdotta nelle equazioni, caratterizzandola con un'equazione di stato con $\omega = -1$.

La costante cosmologica è un curioso ingrediente dalla doppia personalità, perché da un lato, con la sua densità energetica, è alleata della materia nel conferire una densità all'Universo (energia e massa sono concetti equivalenti), dall'altro, con la sua pressione negativa, ne contrasta gli effetti gravitazionali. Per ottenere un Universo statico, Einstein sapeva che bisognava immetterne la giusta dose, non troppa, né troppo poca. Ipotizzò infatti che la densità energetica della costante cosmologica fosse la metà di quella della materia: $\rho_\Lambda = 0{,}5\,\rho_m$. In questo modo, la densità energetica totale ($\rho_m + \rho_\Lambda$) era pari a una volta e mezza quella della materia ($1{,}5\,\rho_m$), e la pressione $P = -\rho_\Lambda = -0{,}5\,\rho_m$ era quella giusta per annullare il termine ($\rho + 3P$): così, nell'Universo statico di Einstein l'effetto gravitazionale attrattivo della materia era vanificato da quello della costante cosmologica, che si comporta come se fosse una sorta di "massa negativa".

A questo punto, ci sarà ancora qualche lettore che medita incredulo su una pressione negativa che contrasta l'attrazione gravitazionale e una positiva che la rafforza. Una pressione positiva non dovrebbe determinare semmai un'espansione, proprio il contrario della tendenza a contrarre, tipica della gravitazione? E una pressione negativa non dovrebbe indurre una contrazione, dando una mano alla gravità? Il dubbio è legittimo, ma si trascura un fattore. Una pressione positiva innescherebbe un'espansione se agisse su una superficie, su uno strato di materia, o quant'altro, che non fosse in grado di resistere, contrapponendo un'identica pressione. Ma nell'Universo omogeneo e isotropo la pressione di ciascuna componente del fluido cosmico è la stessa ovunque. E allora, non esistendo differenze di pressione da punto a punto, l'equilibrio è garantito in ogni luogo, senza espansioni o contrazioni di sorta, tanto che le pressioni siano positive o negative. Non è la pressione che determina di per sé espansioni o contrazioni, ma la differenza di pressione.

Capire l'Universo

La questione va posta alla luce della Relatività Generale: l'effetto gravitazionale è la manifestazione della curvatura dello spaziotempo e questa è determinata dalla distribuzione dell'energia e della quantità di moto, ovvero, per l'appunto, dalla densità e dalla pressione.

L'energia oscura nella storia dell'Universo

Il parametro ω che compare nell'equazione di stato caratterizza, oltre che il comportamento, anche l'evoluzione temporale dei vari fluidi cosmici. Nel caso in cui ω si mantenga costante, la loro densità risulta infatti variare in funzione del fattore di scala R secondo la relazione di proporzionalità: $\rho \div 1/R^{3(1+\omega)}$. Così, ritroviamo tutta una serie di risultati già incontrati nei capitoli precedenti. La densità della materia ($\omega = 0$) va come $1/R^3$; quella della radiazione ($\omega = 1/3$) va come $1/R^4$; quella della costante cosmologica ($\omega = -1$) si mantiene invariata, indipendentemente dal fattore di scala, e così pure quella del vuoto ($\omega = -1$).

Ma c'è di più. Il valore di ω del fluido cosmico dominante in una certa epoca impone i ritmi dell'espansione cosmica. Determina infatti come cresce nel tempo il fattore di scala, secondo la relazione: $R(t) \div t^{2/3(1+\omega)}$. Così, nell'era radiativa ($z > 6000$), quando la radiazione ($\omega = 1/3$) era la componente che la faceva da padrona, il fattore di scala variava come la radice quadrata del tempo: $R(t) \div t^{1/2}$; nell'era dominata dalla materia ($0,4 < z < 6000$) variava invece come il quadrato della radice cubica del tempo: $R(t) \div t^{2/3}$; infine, nell'era presente ($z < 0,4$), dominata dall'energia oscura, il fattore di scala cresce asintoticamente in maniera esponenziale: $R(t) \div e^{Ht}$.

La situazione è dunque la seguente. C'è un ingrediente del Cosmo – l'energia oscura – che non sappiamo cosa sia. I cosmologi ne hanno rilevato la presenza e i fisici brancolano nel buio quanto alla sua natura. Attraverso il parametro ω, questo fantasma gioca un ruolo importante quale motore dell'espansione cosmica e, di riflesso, detta i tempi dell'evoluzione delle strutture, delle galassie e degli ammassi. Ma allora, se lungo tutta la storia dell'Universo, specie la più recente, troviamo il marchio dell'energia oscura, forse il modo per svelare l'arcano della sua natura consiste nell'esplorare a fondo le varie tappe di quella storia, nel tentativo di ricavare dalle osservazioni ogni possibile informazione sul valore del suo parametro ω. Per esempio, sarebbe illuminante stabilire se si mantiene costante nello spazio e nel tempo, oppure no.

Naturalmente, se fosse facile ricostruire passo dopo passo tutta la storia passata dell'Universo fino al tempo presente i cosmologi l'avrebbero già fatto e avrebbero portato a termine il loro compito. Sappiamo invece che esaminare nel dettaglio le varie fasi dell'evoluzione cosmica richiede strumenti e qualità dei dati empirici che vanno al di là delle possibilità attuali. Tuttavia, bisogna dire che qualche timido risultato in questa direzione è già stato ottenuto, mentre diversi gruppi stanno lavorando su programmi ambiziosi che dovrebbero essere avviati nei prossimi anni, sia dal suolo che dallo spazio.

Le osservazioni mirano a sondare le modalità specifiche di crescita nel tempo sia del fattore di scala, sia del numero e della consistenza degli ammassi di galassie, spingendo lo sguardo il più possibile in profondità per poter accedere agli stadi iniziali della storia del Cosmo e partire da lì per seguire tutti i successivi sviluppi.

Il metodo principe per rappresentare l'evoluzione del fattore di scala consiste nella costruzione di un diagramma di Hubble che si estenda fino a *redshift* elevati. Il problema è trovare candele-standard realmente omogenee che siano sufficientemente luminose perché le si possa individuare anche a grandi distanze. Con le SN Ia si è giunti ormai al limite estremo. Spingersi oltre è arduo e rischioso, perché fattori evolutivi potrebbero introdurre insidiosi errori sistematici. Sette o dieci miliardi di anni fa l'ambiente in cui nacquero le stelle destinate ad esplodere come SN Ia era chimicamente molto diverso dall'attuale, molto meno ricco di elementi pesanti, e non si può escludere a priori che ciò abbia a riflettersi nella luminosità al picco di quelle supernovae. Attualmente si pensa che il limite prudenziale per l'utilizzo delle SN Ia come candele-standard debba essere posto attorno a $z = 1,3\text{-}1,5$.

Un'idea su cui si lavora è quella di registrare pazientemente migliaia e migliaia di eventi, per disporre di un vasto campionario dal quale selezionare uno o più sottogruppi di esplosioni ospitate da galassie dalle caratteristiche simili, che potrebbero costituire una famiglia ragionevolmente omogenea. È evidente quale sia la mole imponente di lavoro richiesta da questo programma: si tratta infatti non solo di monitorare l'andamento fotometrico di ciascuna supernova per ricavarne la curva di luce, ma anche di caratterizzare spettroscopicamente la galassia sede dell'esplosione. E non si dimentichi che si sta parlando di sorgenti debolissime.

Un secondo metodo molto promettente, e già in parte sperimentato, mira a estendere il diagramma di Hubble facendo uso non di una candela-standard, ossia di una sorgente di luminosità nota, ma piuttosto di un regolo-standard, vale a dire di una dimensione lineare nota. È il metodo detto delle *oscillazioni acustiche dei barioni*. Abbiamo visto che nella radiazione di fondo esiste una scala angolare preferenziale, evidenziata dal primo picco dello spettro di potenza, che rappresenta la distanza tra le regioni un poco più dense della media. È quella che abbiamo chiamato scala acustica, che all'epoca della ricombinazione misurava circa 440mila anni luce. Le regioni sovradense costituiscono le buche di potenziale primordiali, popolate di materia oscura, attorno alle quali andranno aggregandosi i barioni nelle epoche cosmiche successive. Qualche centinaio di milioni d'anni dopo la ricombinazione, le galassie cominceranno a formarsi e saranno risucchiate in quelle regioni: lì preferenzialmente verranno a costituirsi gli ammassi. Dovremmo dunque aspettarci che anche tra gli ammassi di galassie si evidenzi una distanza di separazione preferenziale.

Se potessimo compilare un catalogo di galassie sufficientemente vasto da essere rappresentativo della realtà del Cosmo e che riportasse per ciascuna, oltre che la posizione sulla volta celeste, anche la terza coordinata spaziale, la distanza, eseguendo sui dati un'analisi di Fourier riferita alle separazioni angolari dovremmo ricavare uno spettro di potenza in qualche modo simile a quello della CBR, con alcuni picchi che segnalano la preferenza per certe precise separazioni. Attenzione, però. La scala preferenziale nella distribuzione della materia cresce nel tempo con l'espansione dell'Universo. Era di 440mila anni luce all'epoca della ricombinazione ed è di circa 480 milioni di anni luce oggi, essendo il fattore di scala cresciuto di 1090 volte nel frattempo. Ad ogni z corrisponde una precisa scala lineare (a $z = 1$ era 240 milioni di anni luce; a $z = 3$ era 120 milioni, e così via) e, selezionando nel nostro catalogo solo gli ammassi di quel determinato *redshift z*, dall'analisi di Fourier metteremo in luce il primo picco, la separazione angolare preferenziale, da cui, confrontandola con la separazione lineare, si ricaverà la distanza dell'ammasso (come nell'esempio dell'auto e del parcheggio che abbiamo fatto a pag. 192). Non sarà più la distanza di luminosità, che ottenevamo con le supernovae, ma la distanza di diametro angolare: poco male, perché abbiamo visto nel capitolo 6 come si passa

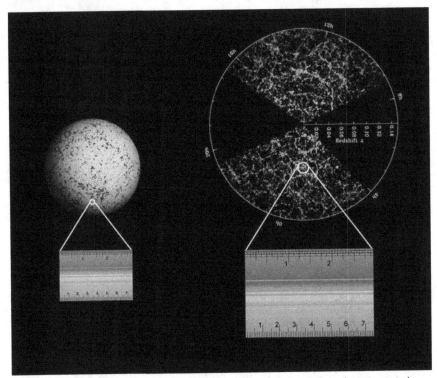

Se nella radiazione di fondo esiste una separazione lineare preferenziale tra le regioni più dense, la *scala acustica*, di circa 440mila anni luce, è logico attendersi che anche tra gli ammassi di galassie, che in quelle regioni più dense si sono formati, ci sia una distanza di separazione preferenziale, che naturalmente andrà crescendo con l'espansione del Cosmo. Osservazioni positive in questo senso sono già state condotte negli anni scorsi, per esempio dalla collaborazione SDSS (a cui si deve la mappa delle galassie in figura), mentre nuove e più estese *survey* sono in programma. La scala acustica può essere sfruttata come un regolo che reca testimonianza della storia dell'espansione cosmica. (WMAP; SDSS)

facilmente dall'una all'altra. Infine, si potrà costruire un diagramma di Hubble mettendo in grafico la distanza e il *redshift*, proprio come si fa con le supernovae. Qui però ci si può spingere più lontano, visto che usiamo come indicatori non una stella in esplosione, ma interi ammassi di galassie.

Il metodo richiede che si proceda a catalogare un campione vastissimo di sorgenti. La cosa non è proibitiva. La collaborazione della Sloan Digital Sky Survey (SDSS), su un campione di circa 50mila galassie di basso *redshift* ($z < 0,5$), ha già dimostrato (2004) la fattibilità del metodo, rilevando il picco acustico dei barioni proprio là dove era previsto che si trovasse nell'ipotesi di una crescita lineare delle strutture dall'epoca della ricombinazione fino ai nostri giorni.

A risultati analoghi è giunta la collaborazione 2dF Galaxy Redshift Survey (2008) su un campione di 220mila galassie. Guardando al futuro, la Dark Energy Survey, una collaborazione guidata da centri di ricerca americani, facendo uso di una nuova potente camera per immagini applicata al telescopio Blanco di 4 m del Cerro Tololo Inter-American Observatory (Cile), si prepara a raccogliere informazioni su circa 300 milioni di galassie entro i prossimi cinque anni, con l'obiettivo di estendere il campionamento della scala acustica dei barioni fin verso $z = 1,3$.

Metodi ancora più complessi si basano sul conteggio degli ammassi di galassie di una data massa all'interno di regioni d'Universo di volume comovente costante (ossia, al netto della variazione del fattore di scala), per verificare come il loro numero vari in funzione del tempo. L'energia oscura lascia il suo marchio nell'evoluzione delle strutture perché da un lato, dettando il ritmo dell'espansione cosmica, influenza la velocità di crescita dei volumi spaziali e, dall'altro, contrastando la gravità, determina anche il ritmo di crescita degli ammassi stessi. I conteggi dovranno poi essere confrontati con le previsioni di modelli matematici nei quali lo sviluppo degli ammassi viene simulato facendo variare nel tempo parametri come la densità dell'energia oscura e la sua ω. Il modello vincente sarà quello che più si avvicinerà ai dati empirici.

Come si può ben capire, si tratta di metodologie estremamente sofisticate e impegnative, sia dal lato teorico che da quello osservativo. Basti dire che nella rilevazione della massa degli ammassi occorre tener conto soprattutto della materia oscura che li pervade e che per fare questo si deve ricorrere all'analisi delle deformazioni che le immagini di lontanissime galassie di fondo subiscono, per l'effetto di lente gravitazionale, quando la loro luce attraversa il campo di gravità dell'ammasso. La distribuzione della materia oscura viene dedotta dalle distorsioni che si leggono nelle immagini a una scala angolare minore del secondo d'arco (!).

Incrociando i risultati di questi diversi programmi si dovrebbe alla fine capire quanto vale il parametro ω dell'energia oscura, mettendo anche in luce ogni sua eventuale variazione nel tempo. Bisogna dire che i lavori fin qui prodotti sembrano tutti favorire la soluzione di un parametro ω costante nel tempo e pari a −1, con un'incertezza dell'ordine del 10%. L'indicazione è abbastanza forte, ma non conclusiva, poiché siamo ancora alle fasi preliminari di questa ricerca, che Istituti e Agenzie Spaziali di tutto il mondo pongono in cima alle priorità strategiche del prossimo decennio, con l'obbiettivo di ridurre l'incertezza fino all'1%. Sono almeno venti i programmi dal suolo e dallo spazio attualmente in fase di definizione, oppure da poco avviati.

Una nuova fisica?

Quanto alla natura dell'energia oscura, sono sostanzialmente tre le idee attorno a cui si lavora.

La prima è che essa rappresenti la manifestazione cosmologica di quell'energia del vuoto proposta indipendentemente, e in un contesto diverso, dai fisici delle particelle.

Il vuoto, dicono i fisici, non può essere uno stato di energia nulla, esattamente pari a zero: lo vieta il principio d'indeterminazione di Heisenberg (si veda il capitolo 8), secondo il quale è impossibile conoscere con precisione assoluta lo stato energetico di un sistema in un dato istante. L'abbiamo già detto, ma ripetiamolo: se proviamo a pronunciarci sul contenuto energetico di una certa regione di spazio che sia vuota di campi e di particelle, circoscrivendo la nostra valutazione a un intervallo temporale brevissimo, un Δt pari a una frazione infinitesimale di secondo, dovremo fare i conti con indeterminazioni energetiche tanto grandi da non poter escludere che una coppia particella-antiparticella possa attingere a quell'energia materializzandosi dal nulla, e che subito nel nulla abbia a ritornare, prima che trascorra il Δt. Il vuoto è sede di una spumeggiante attività quantistica alla quale compete una certa densità energetica: è questo che i fisici intendono quando parlano di *energia del vuoto*.

Può dunque essere una qualche forma di energia del vuoto la misteriosa energia oscura che pervade l'Universo? Indubbiamente, i cosmologi guardano con favore a questa possibilità. Innanzitutto, perché abbiamo visto che il vuoto sviluppa una forte pressione negativa, capace di contrastare la gravità e di accelerare l'espansione cosmica. Il vuoto è un candidato naturale al ruolo di motore dell'espansione accelerata. In secondo luogo, perché la sua equazione di stato è identica ($\omega = -1$) a quella della costante cosmologica: le due entità sono matematicamente equivalenti, sono intercambiabili, e perciò non si dovrebbe modificare nulla nelle equazioni cosmologiche, che hanno fin qui mostrato la loro validità, se non l'interpretazione da dare a quell'enigmatica lettera greca Λ, che non aveva alcuna base fisica quando fu introdotta da Einstein e che ora verrebbe finalmente ad acquisire una precisa fisionomia. Inoltre, l'energia oscura presenta spiccate analogie con l'energia liberatasi nella fase dell'inflazione. Per quella si parlava di una specie di salto quantico verso il basso a partire da uno stato eccitato di "falso vuoto"; per questa potremmo pensare a un ulteriore salto verso il basso, che avvicinerebbe sempre più il vuoto attuale al "vuoto vero", ma con un balzo di entità di gran lunga ridotta e che si produce su scale temporali enormemente più dilatate.

Almeno in linea teorica, non è difficile pensare a una verifica diretta di questa stuzzicante possibilità. Basterebbe confrontare la densità dell'energia del vuoto congetturata dai fisici quantistici con quella dell'energia oscura misurata in ambito cosmologico: se i valori fossero identici, o almeno comparabili, saremmo a un passo dalla soluzione del mistero. Malauguratamente, non è così. Il divario tra gli ordini di grandezza delle due densità energetiche è enorme: quella del vuoto quantistico sarebbe addirittura 10^{120} (!) volte maggiore di quella dell'energia oscura. Un numero che si fatica a concepire tanto è grande. La discrepanza è incolmabile anche nell'ambito delle teorie della Supersimmetria, che taluni propugnano come ideale completamento del Modello Standard delle particelle elementari: in questo nuovo scenario, le distanze si riducono considerevolmente, ma restano pur sempre abissali, dell'ordine di 10^{60}. Così, il tentativo di interpretare l'energia oscura come l'energia del vuoto fisico si scontra con questa barriera che attualmente non si sa come superare.

La seconda idea è che l'energia oscura sia un'energia potenziale di un campo scalare dinamico presente in tutto l'Universo. Non ci spaventino questi termini tecnici. In parole semplici, si pensa a una "sostanza" (particelle o altro), a cui è stato dato il nome di *quintessenza*, caratterizzata da un'equazione di stato in cui il parametro ω abbia un valore negativo, minore di $-1/3$ (se fosse maggiore, si ridurrebbe la capacità di contrasto della gravità), ma non necessariamente costante nello spazio e nel tempo. Per esempio, un valore che sia funzione del *redshift z*.

Quale sarebbe la sua natura? Non se ne ha la minima idea. Se si trattasse di una componente materiale, dispiegherebbe un comportamento del tutto nuovo e singolare, molto diverso da quello delle usuali particelle di materia. Ma potrebbe essere anch'essa qualcosa di simile a un'energia del vuoto, una non meglio precisata componente energetica diffusa con pressione variabile nello spazio e nel tempo.

La variazione nel tempo dell'equazione di stato potrebbe aver indotto comportamenti passati della quintessenza anche molto diversi da quelli attuali e indubbiamente ne avrebbe risentito l'intera storia dell'Universo. Forti di questa convinzione, i teorici si cimentano nello sviluppo di modelli matematici nei quali si introduce un nuovo ingrediente del Cosmo con le caratteristiche della quintessenza e dai quali scaturiscono previsioni sull'evoluzione dinamica dell'Universo e sulla crescita delle strutture. Previsioni che devono andare a confrontarsi con i dati empirici. Se una previsione mostrasse un'aderenza alle misure particolarmente stretta, il corrispondente valore di ω, o la corrispondente funzione $\omega(z)$, sarebbero il punto di partenza per ulteriori studi di dettaglio, miranti a dare una base fisica alla quintessenza. Per inciso, a seconda dei valori di ω e della loro variazione nel tempo, l'Universo va incontro a destini assai diversi: dall'espansione eternamente accelerata, all'espansione decelerata, fino al ricollasso nel Big Crunch.

La terza idea è vagamente tautologica: l'energia oscura è compiutamente descritta dalla costante cosmologica. Peccato che, così come non lo sapeva Einstein, neppure noi, quasi un secolo dopo, sappiamo cosa rappresenti fisicamente questa costante, che tuttavia nelle equazioni funziona molto bene, nel senso che giustifica, o addirittura è stata capace di prevedere, tutta una serie di proprietà inattese dell'Universo, dall'espansione accelerata alla distribuzione statistica delle anisotropie della CBR. Si può pensare alla costante cosmologica come a una misteriosa forma d'energia uniformemente diffusa, ancora una volta qualcosa di molto simile all'energia del vuoto. Ma più di questo non sappiamo dire.

In mezzo a tanti dubbi e incertezze, una cosa però è certa: l'energia oscura ci sta gridando a gran voce che c'è qualcosa da rivedere nella fisica di base. Forse ci sono errori da correggere, forse verità rimaste finora nascoste.

Se la densità dell'energia del vuoto dei fisici è molti ordini di grandezza superiore a quella dell'energia oscura, dobbiamo necessariamente pensare che il calcolo di quella densità è inadeguato. Se così non fosse, il vuoto dello spazio cosmico avrebbe innescato un'espansione dell'Universo di tipo esplosivo che non avrebbe lasciato spazio alla formazione di strutture. Una densità tanto elevata è semmai confacente al periodo dell'inflazione, non alle fasi successive. Come abbiamo visto, il valore della densità del vuoto cala nelle teorie supersimmetriche e forse calerebbe ulteriormente ipotizzando l'esistenza di ulteriori nuove particelle e di una nuova teoria che superi anche la Supersimmetria.

Una nuova fisica dovrebbe essere invocata anche nel caso in cui si rivelasse giusta l'idea della quintessenza, oppure quella della costante cosmologica: bisogna pur spiegare cosa sono queste "sostanze" di cui non si trova traccia nei libri di fisica. Occorrerà aggiungere qualche capitolo. In particolare, se confermata, la costante cosmologica verrebbe a imporsi come una nuova costante fisica fondamentale, al pari della costante G di gravitazione universale, o della velocità della luce, ma senza alcuna teoria a cui la si possa riferire. Infine, l'espansione accelerata potrebbe anche segnalarci un'incompletezza della Relatività Generale.

In ogni caso, la cosmologia di precisione sta indicando ai fisici teorici nuovi territori sconosciuti e strade impervie per raggiungerli. Lo studio dell'immensamente grande si sta rivelando il laboratorio più stimolante e produttivo anche per lo studio dell'immensamente piccolo.

Epilogo

Abbiamo aperto questo libro con una pulce sogghignante di fronte al nostro eroico (presuntuoso?) tentativo di ricostruire la storia dell'Universo. C'è da pensare che il ghigno sarebbe ancora più beffardo adesso, in chiusura del libro: la malefica pulce potrebbe rinfacciarci che, per voler sostenere certe tesi, siamo finiti nel *cul de sac* di evocare costanti, grandezze fisiche ed eventi quanto mai improbabili, come la materia oscura, l'energia oscura e l'inflazione. Come darle torto?

In effetti, ci sono ricercatori che ultimamente hanno iniziato a fare le pulci – è il caso di dirlo – ai dati empirici e ai metodi di riduzione adottati, allo scopo di verificare se non siano presenti errori sistematici che sono stati sottovalutati e che hanno condotto a interpretazioni improprie.

Nel mirino di questi ricercatori scettici c'è anzitutto la mappa della CBR, giustamente considerata il pilastro fondamentale che sorregge il modello cosmologico standard, il cosiddetto ΛCDM, fatto di materia oscura "fredda" (Cold Dark Matter, CDM) e di costante cosmologica (Λ). I dubbi riguardano le calibrazioni dei telescopi della missione WMAP.

Utane Sawangwit e Tom Shanks, in una lettera inviata alla rivista *Monthly Notices of the Royal Astronomical Society* (giugno 2010), sollevano un dubbio sulla scelta di Giove come sorgente-test per le calibrazioni strumentali e sostengono che sarebbe stato più opportuno prendere come riferimento galassie lontane, deboli e praticamente puntiformi. Loro l'hanno fatto e, riducendo i dati, hanno ottenuto dimensioni tipiche per le increspature della CBR che sono circa la metà di quelle "ufficiali", compatibili con modelli che non richiedono né la materia oscura, né l'energia oscura. In aggiunta, essi affermano che finora non si è trovata traccia di un particolare effetto, noto in sigla come ISW (effetto di Sachs-Wolfe Integrato), che dovrebbe essere presente nei dati se l'espansione cosmica fosse davvero accelerata. Si tratta di un apparente aumento della temperatura della CBR nelle direzioni lungo le quali i fotoni hanno attraversato le buche di potenziale dei più grossi superammassi: si potrebbe metterlo in luce qualora si trovasse una correlazione positiva tra le posizioni sulla volta celeste delle regioni calde della CBR e degli ammassi.

Dal canto loro, tre astronomi cinesi (Hao Liu, Shao-Lin Xiong e Ti-Pei Li, 2010) sollevano la questione della non perfetta sincronia tra il puntamento dei telescopi della WMAP e il rilevamento della temperatura: la leggera discrepanza di 25 millesimi di secondo tra i due tempi introdurrebbe nella mappa finale certi artefatti che potrebbero essere interpretati come anisotropie su larga scala, falsando i risultati complessivi.

Premesso che la scienza vive e prospera sul contraddittorio tra posizioni diverse e che perciò devono essere considerate non solo utili, ma indispensabili, critiche come queste che costringono la comunità dei cosmologi a verificare sempre meglio dati e conclusioni, a noi non sembra che il rilievo di simili obiezioni sia tale, allo stato, da costringere a clamorose retromarce.

Le critiche vengono rivolte ai risultati della WMAP, ma non si deve trascurare il fatto che almeno una mezza dozzina di esperimenti condotti dal suolo con telescopi e metodologie diversi portano a conclusioni del tutto identiche. In ogni caso, fortunatamente, non dovremo aspettare a lungo prima di avere una verifica diretta della bontà (o meno) delle misure del satellite americano, visto che è in volo, e già lavora intensamente, la missione europea Planck, che è la sua erede naturale.

Per ciò che riguarda la materia oscura, si deve tener conto che la sua esistenza non viene ipotizzata solo a partire dalla mappa della CBR. La richiedono le curve di velocità delle galassie spirali, le misure di dispersione di velocità delle ellittiche, le velocità orbitali delle galassie negli ammassi. Quando, dall'entità delle deflessioni, si desume la massa totale di un ammasso di galassie che fa da lente gravitazionale nei confronti di una sorgente lontana, generalmente il risultato che si ottiene si accorda molto bene con quello suggerito dalle velocità orbitali delle galassie che lo compongono, e comunque è sempre molto maggiore di quello riferito alla massa barionica, ossia alla materia visibile. In modo analogo, la densità materiale dell'Universo che si ricava dall'analisi dell'effetto di "lente debole" (è l'effetto combinato di tutte le masse deflettenti che la luce incontra sul suo cammino fino a noi) è la stessa che viene suggerita dalle anisotropie della CBR. Rispetto alle primitive stime di Zwicky, il rapporto tra materia oscura e materia barionica negli ammassi di galassie è sceso considerevolmente: da un fattore 4-500, negli anni Trenta del secolo scorso, a circa un fattore 5-6, dopo che si è imparato a stimare il contributo del gas caldo intergalattico attraverso osservazioni nei raggi X. Questo nuovo rapporto è lo stesso che emerge dalle misure sulla radiazione di fondo. Infine, anche lo scontro fra ammassi di galassie, come nel caso famoso del Bullet Cluster, osservato congiuntamente in ottico e nei raggi X, testimonia che il grosso della massa di un ammasso è costituito da materia che non si vede e che non risente delle interazioni meccaniche ed elettromagnetiche a cui va soggetto il gas.

Tutto ciò per dire che, seppure non sappiamo che cosa sia, le prove a favore dell'esistenza della materia oscura sono molte, indipendenti e concomitanti.

L'energia oscura è un ingrediente ancora più stravagante e misterioso, ne conveniamo. Eppure, anche in questo caso, le prove della sua esistenza non stanno tutte e sole nell'analisi delle anisotropie della CBR. Nessuno mette più in dubbio che l'espansione dell'Universo sia accelerata, dopo che i diagrammi di Hubble si sono arricchiti in questi ultimi anni di molte centinaia di puntini, rappresentativi di altrettante esplosioni stellari osservate a distanze di miliardi di anni luce. A riprova della bontà delle analisi sulla mappa della CBR, in particolare di quelle che hanno condotto all'individuazione del picco principale nello spettro di potenza, ci sono i lavori sulla distribuzione degli ammassi nell'Universo, sulle oscillazioni acustiche dei barioni, che finora hanno dato incoraggianti risultati positivi.

Contrariamente a quanto affermato da Sawangwit e Shanks, diversi gruppi sostengono d'aver messo in luce l'effetto ISW, confrontando le mappe della CBR con una mezza dozzina di cataloghi di galassie in ottico, nelle onde radio e nei raggi X. Tale effetto testimonierebbe che l'Universo è entrato in tempi relativamente recenti in una fase di espansione accelerata. Se l'impianto della Relatività Generale è corretto, si deve necessariamente ascrivere l'accelerazione all'energia oscura, ovvero a una forma d'energia diffusa, caratterizzata da una forte pressione negativa, presente nell'Universo con una densità pari circa ai tre quarti della densità critica.

D'altra parte, se non ci fosse l'energia oscura e se il Cosmo avesse solo un contenuto materiale, stante il valore attuale della costante di Hubble si ricaverebbe un'età dell'Universo inferiore a dieci miliardi di anni, quando invece le stelle degli ammassi globulari denunciano un'età di una dozzina di miliardi di anni. L'energia oscura e l'espansione accelerata ci fanno uscire da questa imbarazzante situazione, accordando all'Universo un'età che è superiore a quella degli oggetti più antichi finora osservati.

Semmai, si potrebbero avanzare altre difficoltà e problemi astrofisici, che però dai cosmologi non vengono ritenuti insuperabili. L'inconveniente più serio è il fatto che nel modello standard ΛCDM la formazione delle strutture cosmiche avviene per aggregazione gerarchica: prima si formano le galassie e solo in seguito gli ammassi, che crescono di dimensioni quanto più passa il tempo. Gli ammassi più imponenti e massicci dovrebbero perciò essere relativamente giovani e invece le osservazioni ce li rivelano antichi. È un'incongruenza che richiede d'essere spiegata.

Allo stesso modo, ci si può interrogare se sia un caso che noi si viva proprio nell'era cosmica in cui la densità dell'energia oscura ha un valore paragonabile a quella della materia: non era mai successo prima, nella storia dell'Universo, né succederà più in futuro. I valori delle due densità divergono spostandoci sia in un verso sia nell'altro sull'asse dei tempi; sono comparabili solo da pochi miliardi di anni e lo saranno ancora per poco. È una di quelle curiose situazioni di *fine tuning* (di "precisa sintonizzazione") che fanno suonare un campanello d'allarme nella testa dei cosmologi. È casuale questa coincidenza, oppure ha un significato recondito che dobbiamo svelare?

Materia oscura, energia oscura, inflazione sono quasi certamente misteri interconnessi. Il giorno in cui scopriremo la causa dell'espansione accelerata, con ogni probabilità comprenderemo anche il meccanismo dell'inflazione, inquadreremo sotto una luce nuova il problema dell'energia del vuoto e ci troveremo a fare i conti con nuove particelle (comprese le WIMP della materia oscura), nuovi schemi interpretativi, nuovi concetti. E magari, come pensano i fautori della teoria delle stringhe, anche nuove dimensioni spaziali.

Le sfide che attendono i cosmologi e i fisici teorici sono formidabili, ma non ci spaventano. Al contrario, ci esaltano. Le domande che ci pone la nostra insaziabile curiosità intellettuale sono parte di noi stessi, sono la manifestazione più schietta della nostra natura di esseri intelligenti. Solo fintantoché ci confrontiamo con i problemi ci sentiamo vivi per davvero, e la molla che ci spinge è l'intima gratificazione che ci dà la volontà di affrontarli più ancora che la smania di conoscere le risposte.

La strada che abbiamo imboccato con Herschel, con Einstein, con Hubble è impervia e tortuosa, impegnativa ed eccitante. È proprio ciò che fa per noi. È una sfida inebriante cercare di capire l'Universo.

Costanti fisiche
e grandezze astronomiche

velocità della luce, c	$c = 2,9979 \times 10^8$ m/s
costante di gravitazione universale, G	$G = 6,6726 \times 10^{-11}$ N·m²/kg²
costante della legge di Coulomb (nel vuoto), k	$k = 1/4\pi\varepsilon_0 = 8,99 \times 10^9$ N·m²/C²
carica elementare, e	$e = 1,60 \times 10^{-19}$ C
costante di Planck, h	$h = 6,626 \times 10^{-34}$ J·s
costante di Boltzmann, k	$k = 1,381 \times 10^{-23}$ J/K
costante di struttura fine, α	$\alpha = 1/137,04 = 7,297 \times 10^{-3}$

massa del protone, m_p	$m_p = 1,6726 \times 10^{-27}$ kg $= 938,27$ MeV/c^2
massa del neutrone, m_n	$m_n = 1,6749 \times 10^{-27}$ kg $= 939,57$ MeV/c^2
massa dell'elettrone, m_e	$m_e = 9,109 \times 10^{-31}$ kg $= 0,511$ MeV/c^2
elettronvolt, eV	1 eV $= 1,602 \times 10^{-19}$ J

massa del Sole, M_S	$M_S = 1,99 \times 10^{30}$ kg
raggio del Sole, R_S	$R_S = 6,96 \times 10^8$ m
luminosità del Sole, L_S	$L_S = 3,84 \times 10^{26}$ W
Unità Astronomica, UA	1 UA $= 1,496 \times 10^{11}$ m
parsec, pc	1 pc $= 3,09 \times 10^{16}$ m
anno luce, al	1 al $= 9,46 \times 10^{15}$ m

lunghezza di Planck, l_p	$l_p = (G \cdot h/2\pi c^3)^{1/2} = 1,6 \times 10^{-35}$ m
tempo di Planck, t_p	$t_p = (G \cdot h/2\pi c^5)^{1/2} = 5,4 \times 10^{-44}$ s
massa di Planck, m_p	$m_p = (c \cdot h/2\pi G)^{1/2} = 2,2 \times 10^{-8}$ kg
densità di Planck, d_p	$d_p = 2\pi c^5/(h \cdot G^2) = 5,1 \times 10^{96}$ kg/m³
energia di Planck, E_p	$E_p = c^2 \cdot (c \cdot h/G)^{1/2} = 4,9 \times 10^9$ J $\approx 10^{19}$ GeV
temperatura di Planck, T_p	$T_p = c^2 \cdot (c \cdot h/2\pi G)^{1/2}/k = 1,4 \times 10^{32}$ K

Indice

Govert Schilling
Caccia al Pianeta X
Nuovi mondi e il destino di Plutone

Corrado Lamberti
Capire l'Universo
L'appassionante avventura della cosmologia

Di prossima pubblicazione

Daniele Gasparri
L'Universo in 25 cm
Tutto quello che può mostrarvi un telescopio amatoriale
e una camera digitale

Govert Schilling
Caccia al Pianeta X
Nuovi mondi e il destino di Plutone

Corrado Lamberti
Capire l'Universo
L'appassionante avventura della cosmologia

Printed in the United States
By Bookmasters